零基础STC8系列单片机原理及应用

主　编　孙勇智
副主编　李津蓉　王利军

U0221502

ZHEJIANG UNIVERSITY PRESS
浙江大学出版社
·杭州·

图书在版编目（CIP）数据

零基础STC8系列单片机原理及应用 / 孙勇智主编
. — 杭州 : 浙江大学出版社，2024.3
ISBN 978-7-308-24629-3

Ⅰ．①零… Ⅱ．①孙… Ⅲ．①单片微型计算机－研究
Ⅳ．①TP368.1

中国国家版本馆CIP数据核字（2024）第035244号

零基础STC8系列单片机原理及应用
LINGJICHU STC8 XITONG DANPIANJI YUANLI JI YINGYONG

主　　编　孙勇智

副主编　李津蓉　王利军

责任编辑	吴昌雷
责任校对	王　波
封面设计	林智广告
出版发行	浙江大学出版社
	（杭州市天目山路148号　邮政编码310007）
	（网址：http://www.zjupress.com）
排　　版	杭州晨特广告有限公司
印　　刷	杭州捷派印务有限公司
开　　本	787mm×1092mm　1/16
印　　张	17
字　　数	409千
版印次	2024年3月第1版　2024年3月第1次印刷
书　　号	ISBN 978-7-308-24629-3
定　　价	45.00元

前　言

党的二十大报告明确了高质量创新型人才培养的目标任务,为新时代高校教育教学改革指明了前进方向。单片机及其应用技术是电类创新型人才的必备技能。本书是一本介绍如何学习单片机的教材,也是介绍如何学习制作智能车,参与智能车竞赛的入门教材。

当前,在各种设备中,小到价值几十元的简单玩具,大到成百上千万元的重型设备,都可以看见单片机的身影。学习好、掌握好和使用好单片机,是对电类专业大学毕业生的基本要求。但是单片机的入门是相对较难的,很多同学站在单片机学习的门口时,就因为困难停下来了。在笔者看来,主要的问题是由于单片机具有软件和硬件密切联系的特性,对初学者来说,又有很多新的概念需要接受,因此会遇到各种各样的困难。如果没有正确的引导,没有强大的兴趣驱动,学习单片机是一个痛苦的过程。

但是从另外一方面讲,单片机又是一个一通百通的工具。一旦入门学好一种单片机后,学习其他类型的单片机将是一件非常简单的事情。将来如果要学习更复杂的嵌入式系统,良好的单片机基础将会使你如虎添翼。

尽管从体系结构上看,8051系列单片机有各种各样的缺点,例如其复杂而低效的存储结构一直以来广受诟病,但是由于其结构简单、易于学习、用户众多和可扩展性好等优点,长期以来,8051系列单片机是国内单片机教学的首选。本书所选用的STC8系列单片机也是8051家族的一员。与传统8051单片机相比,STC8系列单片机无论从内部结构还是从外部设备上都做了改进,体现了单片机技术的最新发展,同时又保留了简单易学的特点,适合初学者学习和使用。

与一般的介绍8051系列单片机的教材相比,本书在内容选择上体现了以下特点:

(1)本书在介绍单片机基本概念的基础上,着重对软件编程能力的培养。单片机的学习要求是软硬件结合,二者缺一不可。硬件的掌握需要大量的基础知识,作为初学者,掌握软件相对比较容易一些。因此本书主要从软件入手,尽量降低硬件学习的难度。但是,读者在学习软件编程的时候一定要深刻理解硬件系统的变化,特别是要理解单片机片内外设的变化情况。

(2)本书以C语言为编程语言,没有涉及汇编语言的内容。虽然汇编语言更有利于对计算机硬件的理解,但是其可移植性和可读性很差,不适合于较大规模项目的开发。另外,对于8051系列单片机来说,C语言与计算机底层之间的关系也足够密切,各种寄存器的访问都可以通过C语言实现,不存在对底层硬件不够重视的问题。

(3)本书没有介绍在通常的单片机教材中普遍存在的三总线并行扩展技术。因为单片机系统追求的是单芯片解决方案,如果采用三总线并行扩展,需要增加很多外部芯片,对于单片机系统来说,无论是从成本还是从可靠性方面考虑,三总线并行扩展都不是好的选择。相反,本书对SPI和I²C等串行扩展技术做了比较全面的介绍,这符合单片机系统设计的主流发展方向。

对单片机外部设备的编程是单片机编程的重点。本书按照如下体例介绍单片机外部设备:首先介绍相关背景知识,然后介绍内部结构,接着列出了相关寄存器,最后结合实例进行编程。要掌握好单片机,读者应该深刻理解单片机的内部结构,结合例程详细推演其工作原理和编程思路,只有真正理解了,才能学好单片机。诚然,在网络上可以获得大量的程序,但是如果只知道从网上下载程序,而不对其内部结构进行理解,是学不好单片机的。

书中还给出了三个设计任务,并给出了设计要求和设计思路,但没有给出相关程序,读者可以自行完成相关设计。

本书的例程都是编者自己编写并在STC8A系列单片机上运行测试过的。限于篇幅,书中并没有列出全部程序清单。读者在学习中可以一步步按照内容将其完善。相信随着学习的深入,读者的本事也会逐渐提升的。

在本书的写作过程中,浙江科技大学智能车队的同学给出了不少意见和建议。他们的建议是弥足珍贵的,因为他们在学习单片机的过程中,经历了一个从"菜鸟"到"大神"转变的过程。如何实现这种转变,他们最有体会。

江苏国芯科技有限公司董事长姚永平先生和聂双女士对本书的写作内容提出了良好的建议,对笔者遇到的问题做出了详尽的解释,并提供了程序测试用芯片,在此表示由衷的感谢。我的学生黄晓宇、曾成和余婉婷调试了例程代码,并提出了宝贵的修改意见,在此一并表示感谢。

编者

2023年6月

目　录

第3章 单片机编程语言C51基础

第4章 STC8系列单片机基本外部设备

第5章　STC8系列单片机扩展外部设备

第6章　电磁导引自主循迹智能车设计

第1章 数字逻辑与电子电路基础 ——

要学好单片机编程,必须掌握单片机内部和外部设备的工作原理。否则,如果仅仅学会调用现成的例程进行编程,只会学到些皮毛,很难做到灵活应用。单片机是一种数字计算机,要理解其工作原理,必须掌握数字逻辑基础和基本的模拟与数字电子电路。本章对单片机中常用的一些基础知识作简要介绍,更多的数字逻辑和模拟与数字电子电路知识请参阅相关的参考书。

1.1 计算机中的数与码

人们在日常生活中广泛使用十进制计数,其特点是"逢十进一"。从古至今,不同文明都发展出了十进制计数,这大概是由于人有十个手指的缘故。想一想成语"屈指可数",再想一想我们在比划多少个时,经常用到手指,因此对发展出十进制计数也就不足为奇了。

除了十进制之外,我们在生活中也经常会遇到其他的计数进制。例如,一个星期有七天,可以看作是七进制计数,一天有二十四小时,一小时有六十分钟分别可以看作二十四进制和六十进制。

既然十进制计数已经渗透到人们生活的方方面面,人们已经把它当成一种很自然的计数法,那么计算机是不是也是采用十进制计数的?遗憾的是,答案是否定的。对计算机来说,十进制逻辑电路的实现存在着很大的困难,而二值逻辑实现起来既简单又可靠,因此在计算机中普遍使用的是基于二值逻辑的电路。二进制计数在计算机中具有重要的意义,并由此衍生出了十六进制计数(使用广泛)和八进制计数(较少使用)。单片机作为计算机的一种,当然也不例外。那么生活中广泛采用的十进制怎么办呢?在二进制的基础上可以通过软件实现十进制的编码、计数和运算等。

》 1.1.1 二进制

我们日常应用的十进制是以 10 为基数,表示数的数码是从"0"到"9"10个数码,任何一个 n 位十进制数 $d_{n-1}d_{n-2}\cdots d_1d_0$ 都可以表示为

$$d_{n-1}d_{n-2}\cdots d_1d_0 = d_{n-1} \times 10^{n-1} + d_{n-2} \times 10^{n-2} + \cdots + d_1 \times 10^1 + d_0 \times 10^0$$

式中,任一位 d_i 的取值范围为 0~9。

例如,一个四位十进制数3436可以表示为

$$3436_{(10)} = 3 \times 10^3 + 4 \times 10^2 + 3 \times 10^1 + 6 \times 10^0$$

所谓二进制,是指以2为基数的进位体制。二进制中,只有"0"和"1"两个数码,其基本计算规律是"逢二进一"。任意一个n位二进制数$b_{n-1}b_{n-2}\cdots b_1 b_0$都可以表示为

$$b_{n-1}b_{n-2}\cdots b_1 b_0 = b_{n-1} \times 2^{n-1} + b_{n-2} \times 2^{n-2} + \cdots + b_1 \times 2^1 + b_0 \times 2^0 \qquad (1-1)$$

式中,任一位b_i的取值范围为0或1。

例如,一个七位二进制数1011101可以表示为

$$1011100_{(2)} = 1 \times 2^6 + 0 \times 2^5 + 1 \times 2^4 + 1 \times 2^3 + 1 \times 2^2 + 0 \times 2^1 + 0 \times 2^0$$
$$= 92_{(10)}$$

请注意:无论是在单片机还是在C语言中,在计数的时候,一般不是从1开始计数的,而是从0开始计数的。因此,一个n位二进制数的数位为第0位b_0到第$n-1$位b_{n-1}。

式(1-1)同时也给出了二进制数转换为十进制数的基本方法,七位二进制数1011101转换为十进制数就是92。

要将十进制数转换为二进制数,标准方法是"除二取余",其基本计算步骤是依次将数据除以2,并将每次计算的余数记录下来,最终将余数按照从后到先的顺序排列就可以得到二进制数据。例如,要将十进制数92转换为二进制数,计算过程如表1-1-1所示。

表1-1-1 十进制数转换为二进制数示例

步数	被除数	商	余数
1	92	46	0
2	46	23	0
3	23	11	1
4	11	5	1
5	5	2	1
6	2	1	0
7	1	0	1

将余数从后到前排列,可以得到转换成的二进制数为1011100。

当然,用以上手算算法进行二—十进制转换是比较麻烦的,使用Windows中或智能手机中的计算器软件可以很容易实现不同进制之间相互转换,这里就不介绍了。

1.1.2 十六进制与八进制

计算机内对数据的存储和处理是以二进制形式进行的。但是,一个二进制数的长度较长,读写不太方便,在实际中经常使用十六进制数和八进制数来代替二进制数。

与十进制和二进制类似,十六进制的特点是"满16进一",表示数的数码除了"0"到"9"外,还有"A"到"F"(或"a"到"f")六个数码,分别对应于十进制的10到15。十六进制表示法在计算机中应用得非常广泛。

八进制的特点是"逢八进一",表示数的数码为"0"到"7"。与十六进制相比较,八进制应用较少。

表1-1-2给出了十进制数0到15所对应的不同进制之间的转换。更多位数的转换依次进位即可。

表1-1-2 十进制数0到15对应的不同进制转换

十进制	二进制	八进制	十六进制	十进制	二进制	八进制	十六进制
0	0000	0	0	8	1000	10	8
1	0001	1	1	9	1001	11	9
2	0010	2	2	10	1010	12	A
3	0011	3	3	11	1011	13	B
4	0100	4	4	12	1100	14	C
5	0101	5	5	13	1101	15	D
6	0110	6	6	14	1110	16	E
7	0111	7	7	15	1111	17	F

十六进制、八进制和二进制之间关系密切。如果将一个二进制数按照四个一组分开,并分别将其转换为十六进制数,则会将二进制数转换为十六进制数。如果将一个二进制数按照三个一组分开,并分别将其转换为八进制数,则会将该二进制数转换为八进制数。反之,如果将十六进制数的每位都转换成四位二进制数,并按照从高位到低位的顺序排列在一起,就可以实现十六进制数到二进制数的转换。同理,如果将八进制数的每位都转换成三位二进制数,并按照从高位到低位的顺序排列在一起,就可以实现八进制数到二进制数的转换。

例如,将二进制数11000001转换为十六进制数,可以将二进制数四个一组分开为1100|0001,其中1100对应十六进制数C,0001对应十六进制数1,因此可以将二进制数11000001转换为十六进制数C1。如果要将其转换为八进制数,则可以将二进制数三个一组分开为11|000|001,不难得出,将二进制数11000001转换为八进制数的结果是301。

在C语言中,经常以前缀来区分不同进制的数据。对十进制数,不需要任何前缀;对二进制数,前缀为0b,数位只能取0或1;对八进制数,前缀为0,数位只能取0~7;对16进制数,前缀为0x,数位取值可以为0~F。例如:

```
unsigned char a=145;
//无符号字符型变量,取值为十进制数145;
unsigned char a=0b10010001;
//无符号字符型变量,取值为二进制数10010001;
unsigned char a=0221;
//无符号字符型变量,取值为八进制数221
unsigned char a=0x91;
//无符号字符型变量,取值为十六进制数91;
```

很容易就可以算出,以上四句C语言赋值语句是等效的,都是将同一个数赋值给8位无符号字符型变量a,对于计算机中变量a的存储内容四种赋值语句是没有任何差别的。另外要说明的是,八进制表示中"0221"和十进制数"221"很容易混淆,因此不建议在编程中使用八进制计数。

最后看个笑话。

程序员A:"哥们儿,最近手头紧,借点钱?"

程序员B:"成啊,要多少?"

程序员A:"一千行不?"

程序员B:"咱俩谁跟谁! 给你凑个整,1024,拿去吧。"

你看懂这个笑话了吗? 请选出正确答案。

A)因为他同情程序员A,多给他24块

B)这个程序员不会数数,可能是太穷饿晕了

C)这个程序员故意的,因为他"独裁"的老婆规定1024是整数

D)就像100是10的整数次方一样,1024是2的整数次方,对于程序员来说就是整数

如果你的答案是D),恭喜你,你已经理解了二进制!

》》 1.1.3 负数与补码表示

前面给出的二进制、八进制和十六进制数据表示法只适用于无符号的正整数,在实际计算中,我们经常会遇到有符号数的情况,这就需要既能表示正数,又能表示负数。在计算机中,要表示一个有符号数,必须既能表示其大小,又能表示其符号,常用的表示方法有三种:原码、反码和补码。

采用原码表示有符号数的方法是最容易理解的。在原码表示中,用最高位表示符号位,最高位为"0"表示正数,最高位为"1"表示负数,其余位表示数值的大小。例如,8位有符号数+3表示为0b00000011,8位有符号数-3表示为0b10000011。

从表面上看,采用原码表示比较简单易懂,但是其至少有如下缺点:①编码不唯一。数值0既可以编码为0b00000000,又可以编码为0b100000000。②数和码的方向不一致。对于正数来讲,这不是问题,例如0b00000010<0b00000011(即2<3);但对于负数,很显然-2>-3,但其编码0b10000010<0b10000011(至少从通常意义上理解是如此)。负数和正数的运算存在较大的不同,这增加了计算机实现的复杂性。

在反码表示中,正数表示与原码表示相同,负数表示符号位为1,其余位与对应的正数相反。例如,-2的反码表示为0b11111101,-3的反码表示为0b11111100。采用反码表示解决了原码表示的第二个问题,编码的变化方向和数的变化方向一致了,但还是存在两个数值0的编码的问题,即表示的唯一性问题。

为了解决上面的问题,在计算机中普遍采用补码来表示二进制数据。补码表示的正数与原码表示相同,负数的编码等于反码表示加1。以一个8位二进制数-1为例,原码表示为0b10000001,反码表示为0b11111110,补码表示为0b11111111。采用补码表示,数0有唯一

编码,为 0b00000000,原码的第一个缺点也就解决了。由于补码表示有很多优点,在计算机中的数基本上都是采用补码表示的。

图 1-1-1 所示为 8 位无符号数和有符号数分别在计算机中的编码,有符号数采用补码表示。可以看出,对于 0~127,无符号数和有符号数具有相同的编码,表示为十六进制的 (0x00~0x7F)。无符号数 128(0x80)~255(0xFF) 的编码平移到负数范围表示 -127~-1,相当于减去了 256。要计算负数对应的二进制编码,也可以将其加上 256,然后计算相应的无符号数的编码。例如,要计算 -10 的编码,只要计算 $-10+256=246_{(10)}=11110110_{(2)}$,即可得到其编码。

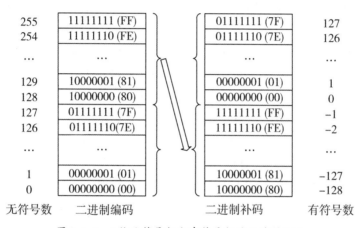

图 1-1-1　8 位无符号数和有符号数的二进制编码

我们理解了补码表示,就可以理解有符号整数的表示范围。8 位非负整数的范围是 0b00000000~0b01111111(即 16 进制 0x00~0x7F,十进制 0~127),负整数的范围是 0b10000000~0b11111111(即 16 进制 0x80~0xFF,十进制 -128~-1)。同样我们也可以得到 16 位有符号整数的范围是 -32768~32767,32 位有符号整数的范围是 -2147483648~ 2147483647。

理解了这一点,就会明白在 C 语言编程中如果不注意数的范围,就可能得到奇怪的结果。如以下程序:

```
signed char a, b, c;
a = 120;
b = 30;
c = a + b;
```

这里 c 的结果是多少?正确答案是 -106,你算对了吗?如果你能够得到正确答案,说明你已经理解了数的补码表示。

关于补码,还有好多有趣的特性,网上都可以搜得到,这里就不详细展开了。

1.1.4 BCD 码与 ASCII 码

在计算机中,除了用二进制表示数值外,还经常要表示各种字符,这就需要对字符进行编码处理。这些字符可能是十进制数字、字母、符号、汉字或其他文字以及各种控制符等。字符的编码方式很多,有 ASCII 码、Unicode 码、UTF-8 码等。这里介绍两种最简单的也是在单片机中经常使用的编码:BCD 码和 ASCII 码。

1.BCD 码

BCD 码是英文 Binary-Coded Decimal 的缩写,是用 4 位二进制数来表示 1 位十进制数中的 0~9 这 10 个数码,即用二进制编码的十进制代码。BCD 码本身也包含多种编码形式,如8421 码、2421 码、5421 码、余 3 码等,其中应用最多的也最方便的就是 8421 码。8421 码简单地将数字 0~9 编码为二进制数 0000~1001,二进制数 1010~1111 未使用,为非法编码。

当表示多位数字时,有非压缩 BCD 码和压缩 BCD 码两种表示方法。非压缩 BCD 码使用8 位数据表示一个字符,例如十进制数字"2345",用非压缩 BCD 码表示为:

0000 0010 | 0000 0011 | 0000 0100 | 0000 0101

可以看出,用非压缩 BCD 码表示一个多位数,需要的字节数就等于数据位数,每个字节高 4 位数据都为 0000,占用空间相对较多。

为了减少空间的占用,广泛采用了压缩 BCD 码。在压缩 BCD 码中,用 4 位二进制编码表示 1 位十进制数字,8 位二进制编码可以表示 2 位十进制数字。同样以 2345 为例,用压缩BCD 码可以表示为:

0010 0011 | 0100 0101

用两个字节就可以表示 4 位十进制数字,占用存储空间变为原来的一半。

2.ASCII 码

ASCII 码是美国信息交换标准代码(American Standard Code for Information Interchange)的简称,是一种标准的单字节字符编码方案,使用 7 位二进制进行编码。它最初是美国国家标准,供不同计算机在相互通信时用作共同遵守的西文字符编码标准,后来被国际标准化组织(International Organization for Standardization,ISO)定为国际标准,称为 ISO-646标准。

标准 ASCII 字符集共 128 个字符,编码为 16 进制 0x00-0x7F,如表 1-1-3 所示,其中编码采用 16 进制表示。字符集包含了大小写字母、数字、标点符号、控制字符及其他符号,其中有 95 个可显示字符,33 个不可显示的控制字符(编码 0x00~0x1F 和 0x7F)。

为了解决标准 ASCII 字符集字符数目有限的问题,国际标准化组织又制定了 ISO-2022标准,将 ASCII 字符集扩充为 8 位代码。前 128 个编码(0x00-0x7F)与标准 ASCII 码兼容,后128 个编码(0x80-0xFF)用于不同的编码扩展。例如汉字机内码就是用两个 0x80-0xFF 的字节编码为一个汉字。

表 1-1-3　ASCII 字符集

编码	字符	编码	字符	编码	字符	编码	字符	编码	字符	编码	字符	编码	字符
00	NULL	13	DC3	26	&	39	9	4C	L	5F	_	72	r
01	SOH	14	DC4	27	'	3A	:	4D	M	60	`	73	s
02	STX	15	NAK	28	(	3B	;	4E	N	61	a	74	t
03	ETX	16	SYN	29	)	3C	<	4F	O	62	b	75	u
04	EOT	17	ETB	2A	*	3D	=	50	P	63	c	76	v
05	ENQ	18	CAN	2B	+	3E	>	51	Q	64	d	77	w
06	ACK	19	EM	2C	,	3F	?	52	R	65	e	78	x
07	BEL	1A	SUB	2D	–	40	@	53	S	66	f	79	y
08	BS	1B	ESC	2E	.	41	A	54	T	67	g	7A	z
09	HT	1C	FS	2F	/	42	B	55	U	68	h	7B	{
0A	LF	1D	GS	30	0	43	C	56	V	69	i	7C		
0B	VT	1E	RS	31	1	44	D	57	W	6A	j	7D	}
0C	FF	1F	US	32	2	45	E	58	X	6B	k	7E	~
0D	CR	20	空格	33	3	46	F	59	Y	6C	l	7F	DEL
0E	SO	21	!	34	4	47	G	5A	Z	6D	m		
0F	SI	22	"	35	5	48	H	5B	[	6E	n		
10	DLE	23	#	36	6	49	I	5C	\	6F	o		
11	DC1	24	$	37	7	4A	J	5D	]	70	p		
12	DC2	25	%	38	8	4B	K	5E	^	71	q		

在 C 语言中,字符或字符串中的元素都采用 ASCII 码。如以下程序:

```
char a, b, c;
a = 109;
b = 0x6D;
c = 'm';
```

三个变量 a、b、c 数值上都是相等的。你能想出为什么吗?

读者不妨试着编写一个程序,将最多 4 位的 ASCII 字符表示的十进制数(0~9999)转换为压缩 BCD 码表示。

1.2　数字逻辑与布尔代数

二进制对计算机之所以重要,是因为它是数字电路的基础。数字电路的基本状态就是"0"和"1"两种状态。在一般的电路中,"0"往往表示低电平,其电压在 0V 左右,"1"一般表示高电平,典型的高电平电压为5V。与后文中提到的模拟电路相比,数字电路具有良好的抗干扰能力,特别是计算机处理能力越来越高,数字化成为现代信息技术发展的一个重要特征。需要说明的是,随着低功耗产品需求越来越多,低压逻辑电路应用越来越广泛,表示高电平的逻辑电压也越来越低,如3.3V、2.5V、1.8V和1.2V等也得到了越来越多的应用。

单片机基本上算是一种特殊的可以执行指令的数字电路(当然,大部分单片机都有ADC(模—数转换)电路或DAC(数—模转换)电路,实际上是一种混合电路,但是其主体还是数字电路)。数字电路又称为数字逻辑电路或逻辑电路,相应的研究工具称为布尔逻辑或布尔代数,以英国数学家乔治·布尔(George Boole)(图1-2-1)得名。

图1-2-1　乔治·布尔(1815—1864)

》》》 1.2.1　基本逻辑运算

刘慈欣的小说《三体》中描述了这样一个场景:在三体游戏中,秦始皇用三千万士兵构成了一个人列计算机,这台计算机的基本组成单元是一个个"门部件",每个门部件都由若干名士兵组成。例如,由三名士兵组成一个"与门",每名士兵执一黑一白两面旗子,黑色代表1,白色代表0,其中两名士兵表示输入,另外一名士兵表示输出。只有当输入的两名士兵都举黑棋时,输出的士兵才举黑棋,否则输出的士兵举白旗。按照同样的方式,也可以构成"或门""非门"等部件,最后可以将这些部件相互连接,构成一个复杂的人列计算机,完成复杂的三体问题计算。

《三体》中的这个故事从逻辑上讲是没有什么问题的,只是计算速度恐怕就不行了。正如小说中揭示的那样,无论功能多么复杂的计算机,都可以由简单的与门、或门和非门三种基本的门电路构成。门电路的概念在后面会提到,它们实现的功能就是三种基本的逻辑运算:与运算、或运算和非运算。尽管这一点看上去很不可思议,但是现代计算机,无论是复杂的超级计算机还是在小家电中作为控制器的单片机,其本质上都是由这三种基本逻辑构成的。

1.与运算

与运算反映了一种"只有……,才……"的关系。如果有两个输入 A 和 B,将 C=AB 称为 A、B 两个输入的与运算。其运算规律是:只有当两个输入 A 和 B 同时为真(1)时,输出 C 为真(1),否则输出为假(0)。其输入、输出之间的关系如表 1-2-1 所示,称为真值表。实现与运算的电路称为与门,与门的符号如图 1-2-2 所示,单片机中经常使用图 1-2-2(a)的常用符号来表示与门。

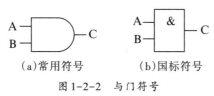

(a)常用符号　　　　　(b)国标符号

图 1-2-2　与门符号

从另外一个角度来看,与运算可以看作一种门控电路:如果将 A 看作要传输的信号,B 可以看作一个门控信号。当 B=1 时,输出 C=A,门控开通;当 B=0 时,无论 A 如何变化,始终有 C=0,门控关闭。这种门控信号在单片机电路中用得非常普遍,希望读者能够深切理解。

表 1-2-1　与运算真值表

A	B	C=AB
0	0	0
0	1	0
1	0	0
1	1	1

2.或运算

或运算反映了一种"只要……,就……"的关系。如果有两个输入 A 和 B,将 C=A+B 称为 A、B 两个输入的或运算。其运算规律是:只要两个输入 A 和 B 中任何一个为真(1)时,输出 C 为真(1),否则输出为假(0)。其真值表如表 1-2-2 所示。实现或运算的电路称为或门,其符号如图 1-2-3 所示,单片机中经常使用左边图 1-2-3(a)的常用符号来表示或门。

表 1-2-2　或运算真值表

A	B	C=A+B
0	0	0
0	1	1
1	0	1
1	1	1

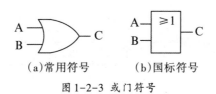

(a)常用符号　　　　　(b)国标符号

图 1-2-3　或门符号

从另外一个角度来看,或运算也可以看作一种门控电路:如果将 A 看作要传输的信号,B 可以看作一个门控信号。当 B=0 时,输出 C=A,门控开通;当 B=1 时,无论 A 如何变化,始终有 C=1,门控关闭。或门作为门控和与门不同的是:与门采用 1 作为开通信号,或门采用 0 作为开通信号;与门关闭时输出为 0,或门关闭时输出为 1。

3.非运算

非运算反映了一种否定关系。如果输入为 A,将 $C = \bar{A}$ 称为 A 的非运算。其运算规律是:当输入 A 为真(1)时,输出 C 为假(0);当输入 A 为假(0)时,输出 C 为真(1)。其真值表如表 1-2-3 所示。实现非运算的电路称为非门,非门的逻辑符号如图 1-2-4 所示,有些时候图 1-2-4(b)中的"1"也会省略。

表 1-2-3　非运算真值表

A	$C = \bar{A}$
0	1
1	0

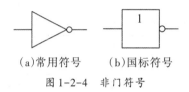

(a)常用符号　　　(b)国标符号

图 1-2-4　非门符号

4.其他常用逻辑运算

除了与、或、非三种基本运算之外,在单片机和数字电路中还经常使用一些其他的基本运算,如与非、或非、异或和同或等。

与非运算是与运算和非运算的组合,逻辑表达式写为 $C = \overline{AB}$。实现与非运算的电路称为与非门,与非门的逻辑符号和真值表分别如图 1-2-5 和表 1-2-4 所示。

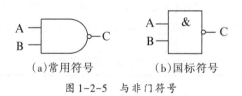

(a)常用符号　　　(b)国标符号

图 1-2-5　与非门符号

表 1-2-4　与非运算真值表

A	B	$C = \overline{AB}$
0	0	1
0	1	1
1	0	1
1	1	0

或非运算是或运算和非运算的组合,逻辑表达式写为 $C = \overline{A + B}$。实现或非运算的电路称为或非门,或非门逻辑符号和真值表分别如图1-2-6和表1-2-5所示。

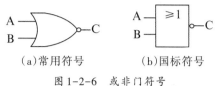

（a)常用符号　　　　（b)国标符号

图1-2-6　或非门符号

表1-2-5　或非运算真值表

A	B	$C = \overline{A + B}$
0	0	1
0	1	0
1	0	0
1	1	0

异或运算的基本逻辑关系是:当两个输入状态相同时,输出为0;当两个输入状态不同时,输出为1。异或门的逻辑符号和真值表分别如图1-2-7和表1-2-6所示。实现异或运算的电路称为异或门,异或运算的逻辑表达式为 $C = A \oplus B = A\overline{B} + \overline{A}B$。

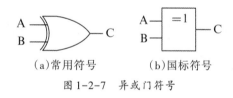

（a)常用符号　　　　（b)国标符号

图1-2-7　异或门符号

表1-2-6　异或运算真值表

A	B	$C = A \oplus B$
0	0	0
0	1	1
1	0	1
1	1	0

同或运算与异或运算相反,其基本逻辑关系是:当两个输入状态相同时,输出为1;当两个输入状态不同时,输出为0。实现同或运算的电路称为同或门,同或门的逻辑符号和真值表分别如图1-2-8和表1-2-7所示。同或运算的逻辑表达式为 $C = A \otimes B = AB + \overline{AB}$。

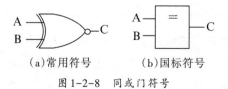

（a)常用符号　　　　（b)国标符号

图1-2-8　同或门符号

表 1-2-7　同或运算真值表

A	B	C = A ⊗ B
0	0	1
0	1	0
1	0	0
1	1	1

在这里特别对异或运算做出一点说明。仔细分析一下异或运算的真值表,可以看到异或运算有三个特征:

(1)异或运算可以看作一个一位加法器(不考虑进位);

(2)异或运算可以看作一个一位减法器(不考虑借位);

(3)如果将其中一个输入作为控制信号,另一个输入作为输入信号,当控制信号为 0 时,输出信号与输入信号相反,当控制信号为 1 时,输出信号与输入信号相同。

加法和减法运算是计算机中最基本的运算,前两个特征说明了计算机中执行加减法运算的运算器的基础就是异或门。至于第三个特征,在后文 C 语言的位运算部分可以看到其应用,用于将部分位取反,而其余位保持不变。

》》》 1.2.2　布尔代数

逻辑运算有一系列的定律、定理和规则,可以用于对逻辑电路的化简、变换分析和设计,这些运算规律称为布尔代数。其基本运算规律如表 1-2-8 所示。

表 1-2-8　布尔逻辑基本运算规律

基本定律	或	与
常用恒等式	$A + 0 = A$	$A \cdot 0 = 0$
	$A + 1 = 1$	$A \cdot 1 = A$
	$A + A = A$	$A \cdot A = A$
	$A + \bar{A} = 1$	$A \cdot \bar{A} = 0$
	$\bar{\bar{A}} = A$	
交换律	$A + B = B + A$	$A \cdot B = B \cdot A$
结合律	$(A + B) + C = A + (B + C)$	$(A \cdot B) \cdot C = A \cdot (B \cdot C)$
分配律	$A \cdot (B + C) = A \cdot B + A \cdot C$	$A + B \cdot C = (A + B) \cdot (A + C)$
吸收率	$A + A \cdot B = A$	$A \cdot (A + B) = A$
反演律	$\overline{A + B} = \bar{A} \cdot \bar{B}$	$\overline{A \cdot B} = \bar{A} + \bar{B}$
其他	$A + \bar{A} \cdot B = A + B$	$A \cdot (\bar{A} + B) = A \cdot B$
	$A \cdot B + \bar{A} \cdot C + B \cdot C = A \cdot B + \bar{A} \cdot C$	

以上布尔代数运算规律都不难利用真值表证明,读者不妨自己试一下。

在这里需要特别注意的是反演律。反演律又称为德·摩根定律,在概率论和集合论中都可以看到它的身影。在电路图中,有时会遇到所谓的负逻辑电路,这时需要利用反演律推导出其逻辑关系。与前面给出的逻辑符号不同,在输入端有时也会加一个圆圈,表示输入取反。如图1-2-9中,两个电路是逻辑等效的。利用反演律,不难得到(a)图的逻辑表达式 $C = \overline{\overline{A}\overline{B}} = \overline{\overline{A}} + \overline{\overline{B}} = A + B$。事实上,在读(a)图的时候可以将其解释为"当输入 A=0(A 输入有一个圈)并且(与门符号)输入 B=0(B 输入有一个圈)时,输出 C=0(输出 C 有一个圈)",仔细思考一下逻辑关系,是不是正是图(b)所示的或逻辑?

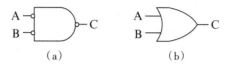

图1-2-9　两个等效的逻辑电路

图1-2-10所示为某计算机外围设备的使能逻辑,请列出使能信号 EN 的表达式,并讨论:当三个输入信号为何值时,使能信号 EN 为 1?

图1-2-10　某计算机外围设备的使能逻辑

布尔代数广泛应用于数字系统的分析和设计,本书只要求掌握一般的概念即可,就不加以展开了,感兴趣的读者可以阅读相关的参考书。

1.3　单片机电子电路与器件常识

虽然单片机内部已经最大限度地集成了一些主要的外部设备,但是不可避免地还需要一些外部电路的支持,这些外部电路可能是各种传感器及其信号处理电路,也可能是执行机构的驱动电路,也可能还有电源电路。这些电路中可能包含了大量的分立元件和集成电路,作为初学者,有必要对一些常用的元器件加以了解。

》》 1.3.1　常用分立元件

分立元件指的是如电阻、电容、二极管、三极管等独立的单独功能的元件,这些元件的功能不能再拆分,是电子电路中的基本功能单元。毫无疑问,当前电子技术发展的制高点是集成电路。但是,在很多场合下,分立元件还是不可替代的,分立元件使用的数量往往多于集成电路。

1.电阻

电阻是电阻器的简称,是电路中不可或缺的一种元器件。在电路中,电阻起到的主要作用有:分流、限流、分压、偏置、滤波(与电容器组合)、阻抗匹配、缓冲、负载、保护等。常用的电阻器有碳膜电阻、金属膜电阻、绕线电阻和水泥电阻等。

碳膜电阻器是用有机黏合剂将碳黑、石墨和填充料配成悬浮液涂覆于绝缘基体上,经加热聚合而成。碳膜电阻成本较低,电性能和稳定性较差,但由于它容易制成高阻值的膜,所以主要用作高阻高压电阻器。

金属膜电阻是采用高温真空镀膜技术将镍铬或类似的合金紧密附在瓷棒表面形成皮膜,经过切割调试阻值,以达到最终要求的精密阻值,然后加适当接头切割,并在其表面涂上环氧树脂密封保护而成的。和碳膜电阻相比,金属膜电阻体积小、噪声低、稳定性好,在各种电子设备中,金属膜电阻可能是应用最多的电阻了。

绕线电阻是用镍铬线或锰铜线、康铜线绕在瓷管上制成的。绕线电阻的特点是阻值精度极高,工作时噪声小、稳定可靠,能承受高温,在环境温度170℃下仍能正常工作。但它体积大、阻值较低,大多在100kΩ以下。绕线电阻经常用于电流测量的取样电阻。

水泥电阻采用工业高频电子陶瓷外壳,用特殊不燃性耐热水泥充填密封而成。水泥电阻具有耐高功率、散热容易、稳定性高等特点,同时有良好的绝缘性能和阻燃防爆性能。水泥电阻广泛用于大功率场合,额定功率一般在1W以上。

在单片机系统中常见电阻有插脚式或贴片式封装,早期电阻多为插脚式封装,近年来贴片式封装应用越来越多,插脚式和贴片式封装电阻如图1-3-1所示。

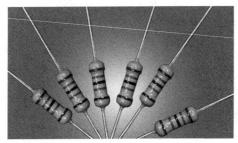

(a)插脚式电阻　　　　(b)贴片式电阻

图1-3-1　常见电阻的封装

图1-3-2所示为电阻的常用符号,其中(a)和(b)为固定电阻的符号,(c)为可变电阻,(d)为有中间抽头输出的可变电阻,一般称为电位器。

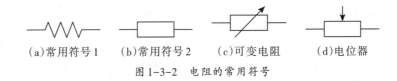

(a)常用符号1　(b)常用符号2　(c)可变电阻　(d)电位器

图1-3-2　电阻的常用符号

在电阻的选择和使用时主要考虑两个指标:电阻值和功率。电阻值的大小是电路设计中首先要满足的要求,在一般电路设计中,优先选择100Ω~10MΩ的电阻,这些阻值的电阻性能稳定,价格便宜。初学者在选择和使用电阻的时候,往往只注重电阻的阻值,而忽略了另外一个重要的参数:功率。在通过电流较大的场合,如果不加以注意,往往会导致电阻发热过大,烧坏电阻甚至于整个电路。在电路电阻的设计和计算时,要留出足够的裕量。例如,如果计算电阻消耗的功率是150mW,那么可以选择功率为1/4W(250mW)的电阻。

2. 电容

电容是电容器的简称,是由两个中间隔以绝缘材料(介质)的电极组成的具有存储电荷功能的电子元件。电容器的基本特点是"隔直通交",在电路中可起到旁路、耦合、滤波、隔直流、储存电能、振荡和调谐等作用。

电容器种类繁多,一般根据其绝缘介质不同进行分类,主要有铝电解电容、钽电解电容、瓷介电容、云母电容、聚苯乙烯电容、聚丙烯电容、涤纶电容、独石电容等。这里仅简单介绍一下在单片机电路中常用的电解电容和瓷介电容。

电解电容是电容的一种,金属箔为正极(铝或钽),与正极紧贴的金属氧化膜(氧化铝或五氧化二钽)是电介质,负极由导电材料、电解质(电解质可以是液体或固体)和其他材料共同组成,因电解质是负极的主要部分,电解电容因此而得名。使用时要注意电解电容正负极不可接错。图 1-3-3 所示分别为贴片钽电解电容和直插式铝电解电容。

(a)贴片钽电解电容　　　　　　　　　(b)直插式铝电解电容

图 1-3-3　电解电容

瓷介电容是用高介电常数的电容器陶瓷作为介质,并用烧渗法将银镀在陶瓷上作为电极制成,常见的直插式和贴片式瓷介电容如图 1-3-4 所示。瓷介电容可以分为低频瓷介电容和高频瓷介电容两种。低频瓷介电容介电常数大,电气性能较稳定,适用于隔直、耦合、旁路和滤波电路及对可靠性要求较高的中、低频场合。高频瓷介电容介电常数小,基本上不随温度、电压、时间的改变而变化,属超稳定、低损耗的电容器介质材料,常用于对稳定性、可靠性要求较高的高频、超高频或甚高频等场合。

(a)直插式瓷介电容　　　　　　　　　(b)贴片式瓷介电容

图 1-3-4　瓷介电容

图1-3-5所示为电容的常用符号,除了第一个可以表示一般电容之外,另外三个都是电解电容,一定要注意电解电容的极性。极性接反会引起电解电容损坏,甚至会引起爆炸。

图1-3-5 常见电容符号

在选择和使用电容时主要考虑两个指标:电容值和耐压值。电容值的大小是电路设计中首先要满足的要求,在容量小于$10\mu F$的场合,一般可以选择使用瓷介电容;如果容量要求较高,可以考虑选用电解电容。使用电容时一定要注意电容的耐压值,在超过耐压值条件下使用电容,也会导致耐压击穿,甚至引起爆炸。一般要保证电容耐压值是工作电压的1.5倍以上。

3.二极管

二极管也是在单片机应用中较为常见的元器件。利用二极管和电阻、电容、电感等可以构成不同功能的电路,实现整流、检波、限幅和钳位等功能。

顾名思义,二极管有两个极,分别称为阴极(cathode,简称K)与阳极(anode,简称A),如图1-3-6所示,在图中左图的白色圆环和右图的黑色圆环所引出的管脚是阴极,另外的管脚是阳极(注意:在表面贴装器件中,有的二极管有三个管脚,不要当成三极管)。二极管的电路符号如图1-3-7所示,三角箭头方向表示正向电流的方向。

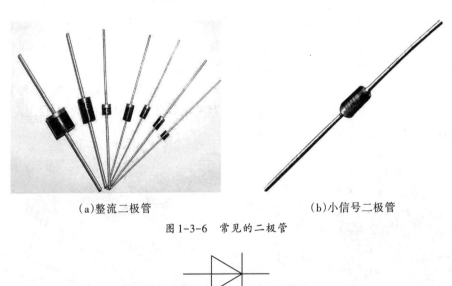

(a)整流二极管　　　　　　　　　　　　(b)小信号二极管

图1-3-6 常见的二极管

A ———▷|——— K

图1-3-7 二极管的符号

二极管最重要的特点是单向导电性。当给二极管阳极和阴极加上正向电压时,二极管导通;加上反向电压时,二极管截止。当二极管正向导通时,二极管的管压降因二极管的工艺不同而不同。一般来说,硅二极管如1N4148的正向电压为0.6~0.8V,锗二极管为0.2~0.3V。

电子电路中经常可以看到一种特殊的二极管——发光二极管(light emitting diode,简称LED),如图1-3-8所示。当正向电流流过发光二极管时,二极管发光。在单片机中,经常使用发光二极管进行显示。发光二极管发出的光有红、绿、黄、蓝、白等各种不同的颜色,不同颜色取决于半导体器件的材料。与一般二极管不同,发光二极管发光时的正向管压降一般为2V左右,而正向电流为5~10mA。

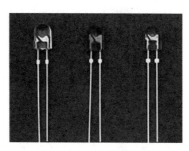

图1-3-8　发光二极管

使用二极管时,要考虑的参数除了正向电压、正向电流外,还要考虑反向击穿电压、反向电流、体电阻等参数,具体含义可以参考相关文献。

考虑图1-3-9所示的发光二极管显示电路,其中电阻R为限流电阻,防止过大的电流烧毁发光二极管。假设发光二极管正向压降为2V,设计工作电流为8mA,请思考一下,限流电阻R的取值应该大约是多少呢?

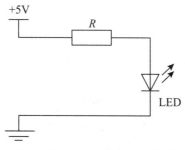

图1-3-9　发光二极管显示电路

4.晶体管

严格意义上讲,晶体管泛指一切以半导体材料制成的分立元件,包括各种二极管、三极管、场效应管等,通常情况下指的是晶体三极管,如图1-3-10所示。现在电子器件以集成电路以及大规模集成电路为主,但其核心还是晶体管。

图 1-3-10　常见的晶体管

　　晶体管可以用于各种各样的数字和模拟功能,包括放大、开关、稳压、信号调制和振荡器等。晶体管的工作原理比较复杂,初学者没有必要对此深究。在单片机应用中,晶体管起的作用主要是开关作用,因此本书仅介绍一下一般的双极型三极管(BJT)和MOS型场效应管(FET)在开关状态下的应用,其他方面的应用请参考相关的资料。

　　双极型三极管有三个极:发射极(emitter,简写为e)、基极(base,简写为b)和集电极(collector,简写为c)。从内部结构上看,双极型三极管可以分为PNP和NPN两种基本类型,常见的PNP三极管有9013、9014、8050等,常见的NPN三极管有9015、9018、8550等。PNP和NPN型三极管的符号如图1-3-11所示,图中也标出了三极管的发射极、基极和集电极。注意图中三极管的箭头方向,实际上表示的是三极管基极和发射极之间PN结的正方向。

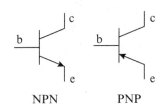

NPN　　　　　PNP

图 1-3-11　NPN和PNP三极管

　　作为开关管使用,可以将三极管看作一个连接发射极和集电极的开关,这个开关受基极控制。当基极和发射极之间按照箭头方向(PN结的正方向)通入电流时,开关闭合,否则开关断开。图1-3-12所示为NPN三极管控制发光二极管电路。当控制端V_i输入高电平时,三极管T的基极电压为正,三极管导通,发光二极管发光;当V_i输入低电平时,三极管基极和发射极之间没有加正电压,三极管T关断,发光二极管熄灭。图中电阻R_1作用是限制基极偏置电流的大小,R_2作用是偏置,当不施加输入信号时,提供一个稳定的输出。电阻R_3作用也是限流,防止流过三极管和发光二极管的电流过大。

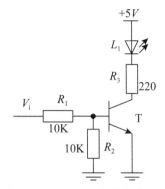

图 1-3-12　NPN三极管控制LED

MOS场效应晶体管同样也有三个极(端子),分别是源极(source,简写为s)、栅极(gate,简写为g)和漏极(drain,简写为d),从功能上看分别对应着双极型三级管的发射极、基极和集电极。MOS管分为增强型NMOS、耗尽型NMOS、增强型PMOS和耗尽型PMOS。在单片机控制电路中经常使用的是增强型NMOS,其电路符号如图1-3-13所示。

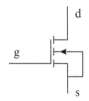

图 1-3-13　增强型NMOS

MOS场效应管是一种电压控制器件,不需要为栅极控制信号提供电流,只要一个电压即可。对于增强型NMOS,当栅极和源极之间输入一定大小的正电压,源极和漏极之间接通,导通电阻通常只有毫欧级;如果电压撤去,源极和漏极之间断开,此时电阻可达兆欧级。使用MOS管控制LED的电路与图1-3-12基本相同,由于基本上没有栅极电流,因此图1-3-12中的电阻R_1可以省去,电阻R_2可以取大约1MΩ的阻值。

5.石英晶体谐振器

石英晶体是二氧化硅(SiO_2)结晶体,具有各向异性的物理特性。从石英晶体上按一定方位切割下来的薄片叫石英晶片,不同切向的晶片具有不同的特性。将切割成型的石英晶片两面涂上银层作为电极,并焊接引线,装在支架上密封后就称为石英晶体谐振器,简称晶振。常见的石英晶体谐振器如图1-3-14所示。

图 1-3-14　常见的石英晶体谐振器

石英晶体之所以能做成谐振器,是由于它具有正负压电效应。如果在晶体两面施加压力或拉力,沿受力方向将产生电场,晶体两面将产生等量的正负电荷,这种效应称为正向压电效应。若在晶体两面施加一电场,晶体将产生机械形变,形变大小与外加电场强度成正比,这种效应称为反向压电效应。

当在晶体的两极上施加交变电压,晶体将随交变电压周期性地振动,同时晶体的振动又会产生交变电场。在一般情况下,这种振动和交变电场的幅度都非常微小。当外加交变电压的频率与晶体的固有振荡频率相等时,振幅急剧增大,这种现象称为压电谐振。石英晶体的谐振频率取决于晶体的切片方向、几何形状等,其谐振频率稳定性非常高,这使得石英晶体被广泛用作单片机的时钟源。

石英晶体用作时钟源的谐振电路如图1-3-15所示。其中,Y为石英晶体,C_1和C_2为负载电容,通常为10~30pF,虚线内的电阻R和反相器通常是单片机内部提供。

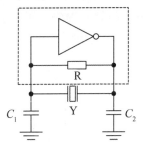

图1-3-15　石英晶体谐振电路

6.继电器

继电器也是单片机测控系统中的常见元器件,其特点是以某种输入物理量来控制开关的断开和闭合,在各种控制和保护电路中应用广泛。按照输入物理量的不同,继电器可分为电压继电器、电流继电器、时间继电器、热继电器、压力继电器等。在日常生活中,经常见到的是用低电压小电流控制高电压大电流的电磁继电器,如图1-3-16所示。

图1-3-16　电磁继电器

电磁继电器主要由铁芯线圈、衔铁、弹簧、动触点、静触点和一些接线端等组成,其工作原理如图1-3-17所示。静触点包括常闭触点、常开触点两种,线圈不通电时,动触点与常闭触点接通。只要在线圈两端加上一定的电压,线圈中就会流过一定的电流,衔铁在电磁力的作用下克服弹簧的拉力吸向铁芯,从而带动动触点与常闭触点分离,与常开触点接通。当线圈断电后,电磁力消失,衔铁在弹簧的作用下返回原来的位置,动触点与常闭触点恢复接通,与常开触点分离。可以看出,通过对电磁继电器线圈通电和断电,接通或断开常闭和常开触点,就可以实现对被控电路的开或关控制。

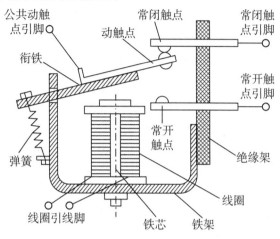

图 1-3-17　电磁继电器工作原理

　　单片机可以通过输出口来控制电磁继电器。一般情况下,电磁继电器控制线圈需要的电流高于单片机输出口所能提供的电流,这时可以用三极管来驱动电磁继电器,也可以用专用驱动集成电路如 ULN2003 等来驱动电磁继电器。采用三极管驱动电磁继电器的电路如图 1-3-18 所示。虚线框内为继电器 J,图中画出了其线圈与常开和常闭触点,用其常开触点来控制加热电阻丝的通电和断电。输入电压 V_i 通过三极管 T 来控制线圈通电与断电。当输入电压为高时,三极管导通,继电器线圈通电,常开触点闭合,加热电阻丝通电。反之,当输入电压为低时,三极管关断,继电器线圈断电,常开触点断开,加热电阻丝不通电。图中二极管 D 称为续流二极管,防止断电时电感线圈产生的高电压损坏其他电路。

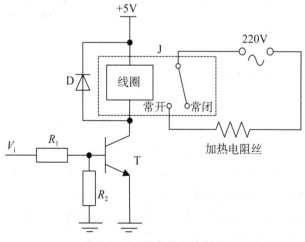

图 1-3-18　继电器驱动电路

1.3.2 常用集成电路

单片机系统中常用的集成电路可以分为数字电路和模拟电路两大类。数字电路与前面讲的数字逻辑密切相关,实际上就是数字逻辑的具体实现电路,其特点就是输入和输出只有两个状态:高电平和低电平,分别表示逻辑1和逻辑0。模拟电路处理的是时间上和数值上都是连续的信号,其电压数值可以是可能取值范围之内的任何数据。

1. 通用数字集成电路

单片机本质上是一种数字计算机,各种各样的数字集成电路很容易与单片机进行连接。这些数字集成电路包括门电路、译码器、触发器、计数器、存储器等,它们经常出现在单片机外围设备中。

在单片机外围的数字电路中,74系列集成电路差不多是用得最多的,称为通用数字集成电路。74系列是一个总称,包含74xx、74LSxx、74Sxx、74ALSxx、74ASxx、74Fxx、74HCxx、74HCTxx等系列,其中xx是编号,表明芯片功能,相同编号的芯片具有相同的逻辑功能,管脚排列也相同,只是在制造工艺和电气特性上有所差别。经常见到的是74LS系列和74HC系列,前者是TTL工艺,后者为高速CMOS工艺。对于初学者来说,能够理解其功能即可,工艺对硬件设计会有影响,这需要一些进一步的知识。

以四路两输入与非门74HC00为例,其管脚逻辑功能和芯片外观如图1-3-19所示。与非门是常用的逻辑门电路,其逻辑功能已经在1.2节做了介绍,多级与非门连接可以构成相当复杂的逻辑,在电路中往往使用74HC00实现与非逻辑。图中所示的是一款双列直插封装(DIP)的器件,注意芯片缺口左侧的引脚编号为1,即图1-3-19(a)中的1A输入端。不同公司的同种产品可能封装和外观各不相同。

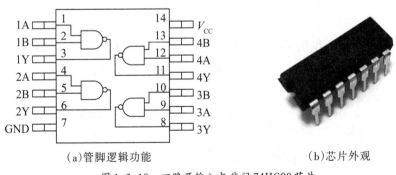

(a)管脚逻辑功能　　　　　　　　　　(b)芯片外观

图1-3-19　四路两输入与非门74HC00芯片

在使用集成电路芯片时,除了注意芯片功能之外,电源引脚一定要注意,在图1-3-19中为14脚 V_{CC} 和7脚 GND。要注意查阅芯片的工作电压范围,74HC00数据手册规定电源电压为2~6V,不要超过手册规定的范围使用。另外,在电路设计中每个电源 V_{CC} 引脚旁边和地线之间一般要加一个 $0.1\mu F$ 左右的去耦电容,这是一个很好的习惯。

除了74HC00之外,常见的74HC系列芯片有74HC06/07(集电极开路反相/同相缓冲器)、74HC46/47/48(七段译码器)、74HC86(异或门)、74HC90/93(计数器)、74HC138(3-8线译码器)、74HC194/195(移位寄存器)、74HC373(锁存器)等。

作为单片机外围器件,74系列集成电路具有功能齐全、价格便宜、使用方便的优点,但是其灵活性较差,实现稍微复杂的功能往往需要多种芯片,且不具有硬件保密性,因此在一些单片机外围电路中,往往有用CPLD(复杂可编程逻辑器件)或FPGA(现场可编程门阵列)代替通用集成电路的情况。

2.模拟集成电路

模拟电路在单片机系统中主要有两大作用:一是为单片机提供电源,称为电源电路,这在单片机系统中几乎是必须的;二是进行信号处理,例如将信号放大、滤除干扰信号、实现电信号和非电信号转换等。

电源是单片机正常工作的基础。现在的单片机工作电压一般为直流5V或者直流3.3V,在要求低功耗的情况下,有的单片机支持2V以下的供电电压。如果外部供电系统不能提供单片机工作要求的直流电源,就需要对电源进行转换。如果供电电源是交流的,需要先将交流电转换为直流电,这个过程称为整流;然后再将直流电转换为单片机要求的工作电压,这个过程称为稳压。如果采用电池等直流电源供电,并且电源电压在单片机允许电源工作电压范围内,就可以直接用电池给单片机供电;如果电源电压不在单片机允许工作电压范围内,这时也往往采用稳压芯片得到所需要的工作电压。

如果直流供电电源电压和单片机工作电压相差不大,一般可以采用线性三端稳压器实现稳压。例如,如果采用7.2V的镍氢电池为5V的单片机供电,可以采用三端稳压器LM1117-5.0芯片实现,只需要外围加几个电容就可以实现稳压的目的,电路如图1-3-20(a)所示,非常简单。图1-3-20(b)为三端稳压器LM1117-5.0的一种插脚式封装,当然还有其他形式的封装,不同封装所能提供的电源电流有所不同,使用时一定要注意手册说明。另外,由于电源芯片工作时会发热,有时需要加装散热片。

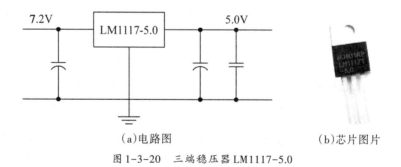

(a)电路图　　　　　(b)芯片图片

图1-3-20　三端稳压器LM1117-5.0

信号处理电路中最常用的集成电路是集成运算放大器,简称运放。这一名称最初来自其在模拟计算机中的应用,实现加法、减法、微分及积分等运算。现在的计算机都是数字计算机,但是运算放大器的名称却保存下来,成为模拟电路设计最基本的单元,广泛用于各种信号处理电路。

从外部端口看,运算放大器本身是一个如图1-3-21(a)所示的五个端口的电路,其中 V_P 为同相输入端, V_N 为反相输入端, V_0 为输出端, V_{CC} 和 V_{EE} 分别是正电源输入和负电源输入。在一般电路图中,正电源输入和负电源输入也可以不画出。图1-3-21(b)和1-3-21(c)分别是一种常用的运算放大器OP07的照片和引脚图。

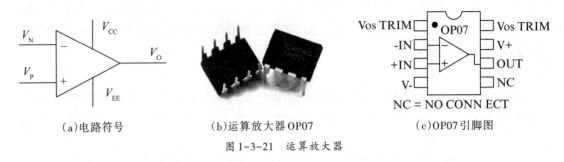

（a）电路符号　　　　（b）运算放大器OP07　　　　（c）OP07引脚图

图1-3-21　运算放大器

运放在电路中可以说是一个用于信号处理的万能器件,在信号放大、信号滤波、阻抗匹配、信号转换、信号发生等都可以看到运放的身影,可以构成非常精巧的电路。运算放大器的工作原理和电路设计将在模拟电子技术课程中做详细分析。限于篇幅,本书仅仅介绍两个简单但应用最广泛的放大电路:同相放大电路和反相放大电路。

同相放大电路和反相放大电路分别如图1-3-22(a)和(b)所示。注意到两个电路图中都在输出和反相输入端之间连接了反馈电阻R_B,这种情况称为负反馈。在负反馈条件下,运算放大器满足"虚断"和"虚短"两个条件。所谓"虚断",是指流入运算放大器同相输入端和反相输入端电流为零,并不是真正断开;所谓"虚短",是指运算放大器同相输入端和反相输入端电压相等,并不是真正短路。

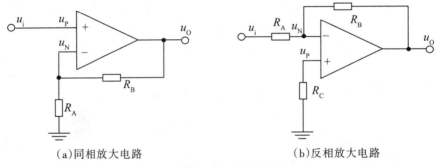

（a）同相放大电路　　　　　　　　（b）反相放大电路

图1-3-22　运算放大器应用电路

对于图1-3-22(a)所示的同相放大电路,很明显有$u_i = u_P$,根据"虚短"条件,又有$u_P = u_N$,流过电阻R_A的电流

$$I = \frac{u_N}{R_A} = \frac{u_P}{R_A} = \frac{u_i}{R_A}$$

根据"虚断"条件,流入运算放大器反相输入端电流为零,因此流过电阻R_B的电流等于流过电阻R_A的电流,因此输出电压

$$u_o = I(R_A + R_B) = (1 + \frac{R_B}{R_A})u_i = A_v u_i$$

式中，$A_v = 1 + \dfrac{R_B}{R_A}$ 为电路的电压放大倍数。可以看出，同相放大电路电压放大倍数总是不小于1的。

对于图1-3-22(b)所示的反相放大电路，根据"虚断"条件，流过电阻 R_C 的电流为零，电阻上的压降也为零，因此有 $u_P = 0$，根据"虚短"条件，又有 $u_N = u_P = 0$，流过电阻 R_A 的电流 $I = \dfrac{u_i}{R_A}$。根据"虚断"条件，流入运算放大器反相输入端电流为零，因此流过电阻 R_B 的电流等于流过电阻 R_A 的电流，方向从 u_N 流向输出端，因此输出电压

$$u_o = -IR_B = -\frac{R_B}{R_A}u_i = A_v u_i$$

式中，$A_v = -\dfrac{R_B}{R_A}$ 为电路的电压放大倍数。可以看出，反相放大电路输出电压极性和输入电压极性是相反的。

同相放大电路和反相放大电路是最常用的信号处理电路，在此基础上还衍生出许多更为复杂的电路，广泛应用于单片机信息采集、处理与控制中。在本书的最后一章可以看到同相放大电路用于电磁传感器信号放大的实例。

思考与练习

1.将下列十进制数分别转换为二进制和十六进制表示。

（1）36　　　（2）85　　　（3）255　　　（4）2047　　　（5）65535

2.将下列二进制数分别转换为十六进制和十进制表示。

（1）0101B　　　（2）1010101B　　　（3）011010011B　　　（4）101100101011001B

3.将下列十六进制数分别转换为二进制和十进制表示。

（1）0DH　　　（2）E5H　　　（3）0D34H　　　（4）0FFFEH

4.电阻有哪些类型？选择和使用时需要考虑哪些问题？

5.电解电容在使用时要注意什么问题？

6.二极管电路如下图所示，判断图中二极管是导通还是截止，电路的输出电压 V_o 为多少？（设二极管的导通压降0.7V）

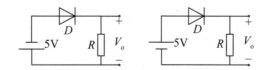

7.试描述继电器的工作原理。

8.在理想运算放大器构成的放大电路中，"虚断"和"虚短"分别是什么含义？

第2章 什么是单片机

提到计算机,大家可能脑子里边出现的就是常见的台式机或笔记本电脑。这一点都不奇怪,现代PC已经在很大程度上改变了我们的生活,在可见的未来也会继续改变。而有一种计算机,它们深藏在我们生活中、生产中和社会生活的方方面面,以一种不为人知的姿态影响着世界,这就是单片机(Single-Chip Microcomputer),或称为微控制器(Micro-controller)。

2.1 单片机的基本概念

首先看一下一般的计算机系统。从硬件方面看,一个典型的计算机系统包括控制器、运算器、存储器、输入设备和输出设备五部分,如图2-1-1所示。其中控制器和运算器合称中央处理器(Central Process Unit,简称CPU)。输入设备从环境中获取数据,输入存储器中进行处理,处理完成后通过输出设备来进行控制或其他操作。在计算机处理过程中,从存储器读取数据,在运算器中进行算术或逻辑运算,并将运算结果返回存储器。所有这些处理的核心是控制器,在程序的作用之下一步一步控制其他设备完成相应的功能。控制程序也是保存在存储器中,控制器从存储器中读取程序,进行译码并执行相应的程序。

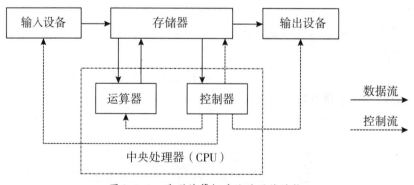

图 2-1-1 典型计算机系统的硬件结构

所谓单片机,是把上面所述的计算机系统集成到一个芯片上,此芯片就成了一个计算机系统,因此也称为片上系统(System On Chip,简称SOC)。当然,受各方面条件所限,其功能和性能完全不能和我们平时所用的计算机相比。但是,麻雀虽小五脏俱全,一个计算机系统所拥有的基本部分,如运算器、控制器、存储器、输入设备和输出设备,单片机样样不缺。

通常情况下,一个典型的单片机芯片内部含有中央处理器CPU、随机存储器RAM、只读存储器ROM、通用I/O口、中断系统、定时器/计数器等电路,有些高性能单片机芯片内可能还包括显示驱动电路、脉宽调制电路、模拟多路转换器、A/D转换器等电路,这样只需要做少量外围扩展就可以构成的一个小而完善的微型计算机系统,广泛应用于智能仪表、实时工控、通信设备、导航系统和家用电器等领域。

单片机的主要特点:

(1)芯片集成度高,功能强。单片机在一块芯片内部集成了CPU和各种不同的外部设备,在绝大多数应用中都能够满足控制需要。随着计算机技术的发展,单片机计算能力和处理能力不断提高。

(2)体积小。现代单片机的封装越来越小,功能越来越强,原来需要多个芯片甚至多块线路板完成的功能都集成在一个芯片上,可以将其嵌入微型设备中。

(3)功耗低。随着工艺的发展,单片机工作电压在不断降低,从原先的5V逻辑降低到3.3V、1.8V、1.5V和1.2V,功耗也在不断降低,满足了大量便携式应用的要求。

(4)可靠性高。单片机系统都有看门狗电路,一个设计良好的单片机系统能够保证长时间的工作也不会存在故障问题。

(5)价格低。最便宜的单片机价格不足1元人民币,特别适合于低成本应用中。

最早出现的单片机是4位单片机,即基本运算的位数是4位。随着计算机和电子技术的迅速发展,单片机的能力越来越强,先后出现了8位单片机、16位单片机和32位单片机。目前市场上主流单片机是以8051系列为代表的8位单片机和以ARM为代表的32位单片机,8位单片机多用于比较简单的中小规模应用系统中,较为复杂的应用系统多采用32位单片机。本书介绍的STC8系列单片机是8051系列单片机的一种。

2.2　8051单片机

8051单片机是对所有兼容Intel 8051指令系统的单片机的统称,有时简称51单片机。20世纪80年代初,Intel公司推出了8位8051单片机(图2-2-1),获得了巨大成功,在此基础上发展出了MCS-51系列MCU。后来Intel主攻点转向了高性能CPU领域,所以开放了8051内核相关专利,于是很多半导体厂商针对不同的市场需求,基于Intel的8051内核设计生产了自己的51系列兼容型单片机,因此8051单片机得到了广泛应用,成了8位单片机事实上的标准。在8051单片机发展的过程中,涌现了众多的品牌,如ATMEL、Philips、Silicon、华邦、Dallas、Siemens等,都有成系列的8051单片机产品。目前江苏国芯科技有限公司推出的STC系列单片机在国内占有8051系列单片机最大的市场份额。

图2-2-1　Intel 8051单片机

下面要正式介绍单片机了,作为初学者,后面的介绍可能看上去一头雾水,这没关系,跳过去即可,等有一定基础了再回来看看。

2.2.1　8051单片机基本结构

标准的8051单片机基本结构如图2-2-2所示。整个系统是在中央处理单元CPU的指挥下协同工作的。中央处理单元通过内部总线与片内存储器和外设进行交互,内部总线包括地址总线、数据总线和控制总线。标准8051单片机的片内存储器有用来存储程序的只读存储器ROM和暂存数据的随机存储器RAM,片内外设主要有通用并行I/O口、定时器/计数器和串行口等。另外,在芯片内部还集成了管理中断的中断控制器、外部总线扩展的总线控制器和产生系统时钟的振荡器等。

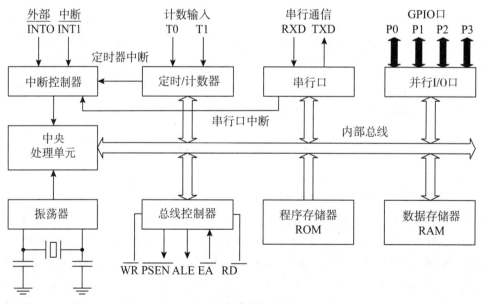

图2-2-2　8051单片机基本结构图

1.中央处理单元CPU

CPU包括运算器和控制器两部分。

运算器由算术逻辑单元(Arithmetic & Logical Unit,简称ALU)、累加器和寄存器等几部分组成。ALU的作用是进行算术和逻辑运算,输入来源为两个分别来自累加器和数据寄存器的8位数据,最后将结果存入累加器。累加器A是CPU中使用最频繁的寄存器,在算术和逻辑运算前,用于保存一个操作数;运算后,用于保存所得的和、差或逻辑运算结果。数据寄存器可以保存一条正在译码的指令,也可以保存正在送往存储器中存储的一个数据字节。通过内部总线,数据寄存器可以向存储器和输入/输出设备写数据或从存储器和输入/输出设备读数据。

控制器由程序计数器、指令寄存器、指令译码器、时序发生器和操作控制器等组成,协调和指挥整个单片机系统的操作。程序计数器 PC 用于确定下一条指令的地址,以保证程序能够连续地执行下去,因此通常又被称为指令地址计数器。在程序开始执行前必须将程序的第一条指令的内存单元地址(即程序的首地址)送入程序计数器,使它总是指向下一条要执行指令的地址。指令寄存器用来保存当前正在执行的一条指令。当执行一条指令时,先把它从内存中取到数据寄存器中,然后再传送到指令寄存器。当系统执行给定的指令时,必须对操作码进行译码,以确定所要求的操作,指令译码器就是负责这项工作的。其中,指令寄存器中操作码字段的输出就是指令译码器的输入。

2. 程序存储器 ROM

程序存储器通常称为只读存储器(Read-Only Memory,简称 ROM),通常用来存储要执行的程序、不变的数据和查找表。当系统掉电后,程序存储器的内容不会丢失。8051 单片机地址总线是 16 位,最多可以支持对 64K 字节(65536 字节)的程序存储器访问。但是对一般的 8051 系列单片机来说,片内只读存储容量一般要小得多,例如型号为 8051 的单片机片内 ROM 容量只有 4K,型号为 8052 的单片机片内 ROM 容量只有 8K,如果需要更大的程序空间,要么需要换存储容量更大的芯片,要么外部扩展只读存储器。但是,扩展外部存储器意味着系统复杂性大大增加,往往是不合算的。

早期的单片机采用掩膜 ROM、EPROM 和 EEPROM 作为程序存储器,需要专用编程器来烧写程序,使用很不方便。现在 8051 系列单片机的程序存储器基本上都是采用 FLASH 工艺,可以通过串行口很方便地在线多次重复烧写程序,使用非常方便。

3. 数据存储器 RAM

数据存储器通常称为随机存取存储器(Random Access Memory,简称 RAM),用来保存在程序执行中暂时要保存的数据。RAM 的特点是可读可写,但是当系统掉电后会立即丢失,所以只能用来暂存数据。

8051 单片机最大可访问的 RAM 空间同样也是 64K 字节,但是片内 RAM 只有 128 字节,即使是增强版本的 8052 也只有 256 字节的片内 RAM,这也成了 8051 系列单片机最令人诟病的缺点。在稍微复杂点的应用中,RAM 不足的问题会暴露无遗。如果需要外部扩展 RAM,则需要总线控制机制,对于大部分应用来说,不是很好的选择,毕竟单片机的特点是单芯片解决方案。后面介绍的 STC 单片机中,在片内扩展了 RAM,通过访问片外 RAM 的方式访问,在一定程度上算是对这个问题的解决。

4. 通用并行输入输出口 GPIO

通用并行口或称为 GPIO 口,是单片机测控系统中必不可少的单元。GPIO 口可以用于开关量信号输入,例如按键输入、热保护开关输入和一些外部设备的输入信号;也可以用于开关量信号输出,如显示器输出、信号灯输出和控制开关输出等。8051单片机共提供4个8路GPIO口,一共32路,分别是P0、P1、P2和P3。在并行总线扩展模式下,P0口充当了数据总线和地址总线的低八位,P2口充当地址总线的高8位。鉴于并行总线扩展在单片机应用中越来越少,本书将不就此深入展开,读者可以参考其他书目。P3口是多功能口,除了作为GPIO口之外,还有第二功能,如串行口、定时器/计数器和外部中断输入等。

5.定时器/计数器

定时器/计数器是单片机中最基本的资源之一。定时器可以用于任务调度、定时开关、闹钟等;计数器可以用于各种测量设备,例如汽车里程表、电度表等应用都用到了计数器。定时器和计数器的核心都是计数器,只不过前者是对系统内部时钟信号进行计数,后者是对外部输入信号进行计数。8051单片机共有两个16位定时器/计数器T0和T1,增强型的8052增加了一个定时器/计数器T2。

6.串行口UART

8051单片机提供一个全双工串行接口,一般可以用于单片机与其他计算机之间数据通信。UART是几乎所有单片机都能提供的标准接口,很多外部设备如GPS、无线通信模块等通常是通过UART与单片机进行交互的。此外,由于8051单片机不支持在线仿真,在程序设计开发过程中,采用UART向个人电脑进行数据传输也是一种替代的调试手段。

7.并行总线扩展控制

标准8051单片机内部资源相对有限,因此提供了并行扩展控制,可以用于扩展程序存储器、数据存储器和输入输出设备。并行总线扩展控制提供了地址锁存允许(ALE)、片外存储器选通($\overline{PSEN}$)、片外程序存储器允许访问$\overline{EA}$、片外数据存储器写选通($\overline{WR}$)和读选通信号($\overline{RD}$)。应该指出的是,随着单片机内部资源的日益完善,这种并行扩展机制的应用越来越少了,如果需要扩展芯片资源,采用以SPI和I²C总线为代表的串行扩展应用越来越广泛。

8.中断控制器

中断是单片机中不可缺少的资源,通常用来处理各种内部和外部发生的事件。单片机内部资源如定时器/计数器、串行口等和外部引脚输入都可以产生中断,通知计算机对事件进行处理。8051单片机共提供5个中断源(外部中断0、定时器/计数器1、外部中断1、定时器/计数器1和串行口),扩展型的8052单片机还提供了附加的中断源定时器/计数器2。在8051单片机中,具有两个中断优先级,实现简单的嵌套中断。

9.时钟与复位

就像人的心跳一样,时钟信号是单片机正常工作不可或缺的。整个系统的工作就是在系统时钟驱动下一步一步完成的。在8051单片机中已内建时钟产生器,在使用时只需接上石英晶体谐振器(或其他振荡子)及电容,就可以让系统产生正确的时钟信号。

复位是将单片机系统进行初始化。其主要功能是将程序计数器PC的地址初始化为0000H,使单片机从头开始执行程序。除了正常的上电后的初始化外,当程序运行出错或其他错误导致系统死机时,也需要通过复位机制重新启动单片机。

2.2.2 8051系列单片机的存储器结构

8051系列单片机采用程序存储器和数据存储器分别寻址的结构,一般称为哈佛结构。从用户角度上看,8051单片机具有3个不同的存储空间:程序存储器空间、内部数据存储器空间和外部数据存储器空间,如图2-2-3所示。

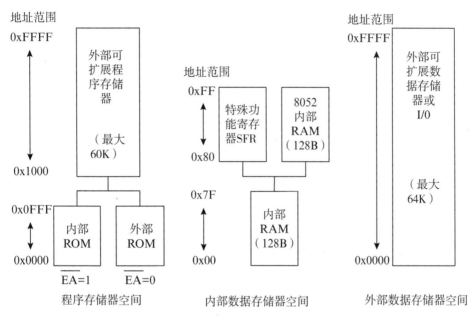

图2-2-3 8051系列单片机的存储结构

1.程序存储器空间

8051系列单片机地址总线为16位,其最大可寻址的程序存储器空间为64K字节。对于无内部ROM的8031单片机,它的程序存储器必须外接,此时单片机的EA端必须接地,强制CPU从外部程序存储器读取程序(这种单片机目前基本上没有了)。对于内部有ROM的8051等单片机,正常运行时$\overline{EA}$端需接高电平,使CPU先从内部的程序存储中读取程序,当PC值超过内部ROM的容量时,才会转向外部的程序存储器读取程序。

目前市面上的8051系列单片机内部程序存储器普遍采用了Flash工艺,可以方便地对其进行烧写编程。不同子系列单片机内部程序存储空间大小也不同。8051只有4K内部程序存储空间(地址从0x0000到0x0FFF),8052有8K程序存储空间(地址从0x0000到0x1FFF)。所有程序都是从地址0x0000开始执行的,其中从地址0x0003开始的地址空间内存放的是各中断服务程序的起始地址。

一般来说,8051系列单片机的ROM空间是比较充足的,而RAM空间相对比较受限制,因此一些不变的量值最好放在ROM空间中。在C51编程语言中,ROM空间通常被称为CODE区,如果声明一些不变量,最好将存储类型声明为code,这样编译器就会将变量保存到ROM区中,而不是RAM区中。

2. 内部数据存储器空间

8051 系列单片机内部 RAM 有 128 或 256 个字节(不同的型号有分别),对应的地址范围为 00~7F 或 00~FF;片外最多可扩展 64KB 的 RAM,对应的地址范围为 0000~FFFF。片内 RAM 和片外 RAM 采用不同的指令访问,虽然地址有重合,但不会产生混淆。

8051 单片机片内数据存储器为 8 位地址,所以最大可寻址范围为 256 字节,低 128 字节是真正的数据存储器,高 128 字节为特殊功能寄存器,供 CPU 访问各种外部设备使用。在 C51 编程语言中,片内低 128 字节被称为 DATA 区,在声明变量时要指定存储类型为 data。

在片内低 128 字节中,有 16 个字节(地址为 0x20~0x2F)为位寻址区,共 128 位。可以直接对位寻址区进行按位置 1、清零、取反和其他逻辑操作。在 C51 中,如果声明某个变量为 bit 类型,则会被分配到这个区域。

特殊功能寄存器(SFR)也称为专用寄存器,用于对芯片内各功能模块进行管理、监视和控制。8051 单片机有 21 个特殊功能寄存器,它们被离散地分布在内部 RAM 高 128 字节地址中,这些寄存器的功能已做了专门的规定,用户不能修改其结构。这些特殊功能寄存器都有特定的名字,其中很多都是可以位寻址的。关于这些特殊功能寄存器的使用,将会在后续章节中慢慢给大家介绍。

8052 单片机中片内另有 128 字节 RAM,地址和特殊功能寄存器是重合的。这 128 字节的 RAM 在访问时要通过寄存器进行索引访问,而特殊功能寄存器和低 128 字节是直接寻址的,因此也不会因地址重合产生混淆。在 C51 编程语言中,片内高 128 字节 RAM 区被称为 IDATA 区,如果将变量指定存储在这个区,在声明变量时要指定其存储类型为 idata。

3. 外部数据存储器空间

8051 单片机的内部 RAM 只有 128 或 256 字节,这在很多应用中是一个很大的限制,经常需要扩展外部数据存储器。外部数据存储空间采用 16 位地址寻址,称作外部数据区,可以寻址的范围是 0x0000~0xFFFF,共 64K 字节。

外部数据存储空间除了用于 RAM 扩展之外,通常还用于一些外部设备的扩展使用,这些外部设备是 8051 单片机所没有提供的。

在 8051 单片机中,对外部数据存储空间的访问要通过 16 位地址索引访问,其访问速度要低于对内部存储空间的访问。

无论是对外部扩展 RAM,还是对外部扩展设备,C51 中都把这个区域称为 XDATA 区,如果在变量或地址声明时将存储类型声明为 xdata,则编译器会将这个地址分配到外部 RAM,访问时序按照外部 RAM 进行。

在 STC 单片机中,片内扩展了一部分外部 RAM。这些 RAM 的访问按照片外存储器的访问方法,使用方法与片外存储器一致,成了"片内外部 RAM"。

2.2.3 8051 单片机最小系统

单片机最小系统,或者称为最小应用系统,是指用最少的元件组成的单片机可以工作的系统。对 8051 单片机来说,最小系统一般应该包括:单片机、电源、晶振电路和复位电路。

典型的8051单片机最小系统电路如图2-2-4所示。

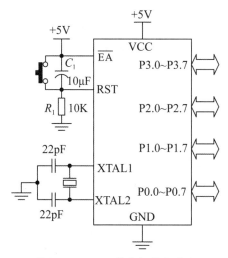

图2-2-4 8051单片机最小系统

8051单片机一般采用5V电源供电,对于图2-2-1所示的40引脚双列直插封装(DIP40)的单片机来说,其编号为40的引脚为VCC,编号为20的引脚为GND,分别应该接+5V电源和地线。在一般的8051单片机最小系统中,使用内部ROM作为程序存储器,故将EA管脚连接到高电平。

在单片机中,系统时钟是单片机工作的内部驱动信号,在系统时钟的作用下,单片机按照确定的程序一步一步进行工作,稳定的系统时钟对单片机的工作至关重要。一般的单片机都使用晶体振荡电路提供系统时钟。

8051单片机内部提供振荡电路,XTAL1是片内振荡电路的输入端,XTAL2是片内振荡电路的输出端。只要在XTAL1和XTAL2之间接一个石英晶体就可以产生系统需要的时钟信号。石英晶体两侧通常都各有一个电容,一般其容值都选在10~40pF,22pF是一个常见的选择。

石英晶体振荡器的频率决定了系统时钟频率,从而影响了指令执行速度。8051单片机最大允许的晶振频率为24MHz,最常用于8051单片机的晶振频率是12MHz和11.0592MHz。由于8051单片机的机器周期是系统时钟的1/12,对于12MHz晶振频率来说,一条单周期的指令执行时间恰好是1μs。11.0592MHz的晶振频率在串行口通信时能够得到比较准确的通信时钟,有利于降低误码率,因此也经常作为8051单片机的晶振频率。

单片机有两种复位方式:高电平复位和低电平复位。所谓高电平复位,是指在单片机复位端口上施加一定时间的高电平;而低电平复位是在复位引脚上施加一定时间的低电平。这个时间称为复位时间。复位时间通常比较短,不同单片机规定的复位时间也不相同,要查询数据手册确定复位时间。复位时间过后,要确保复位端口上的电压恢复到正常工作状态。如果是高电平复位,复位时间过后,复位引脚输入要变为低电平。

8051单片机采用高电平复位,要保证系统可靠复位,要求复位引脚上至少出现2个机器周期的高电平。如果系统使用12MHz的晶振，一个机器周期等于12个系统时钟周期，大约为1μs，因此复位时间要大于等于2μs。

图2-2-4最小系统电路左上方是复位电路。提供了上电复位和按键复位功能。当电路处于稳态时，电容C_1起到隔离直流的作用，而左侧的复位按键是弹起状态，复位引脚RST通过电阻R_1接地，输入电压为低电平。

在电路上电的瞬间，电容C_1相当于短路，RST上的电压大约为5V，为复位电平高电平。电源通过电阻向电容充电。在充电过程中，电容上的电压逐渐增加，电阻上的电压逐渐降低，RST的输入电压不断下降。经过一段时间后，电容上的电压增加到使得RST输入认为是低电平，此时复位过程结束。当然，电容上的电压还会继续增加，电阻上的电压还会继续降低，一直到电容上的电压达到5V，此时电阻上的电压为零，电路到达稳态。

当按键被按下后，电容C_1上的电压通过按键被瞬时放电变为0V，重新开始类似上面的复位过程，一直到电容充电至电阻上的电压被认为是低电平为止，这个过程称为按键复位。

复位时间的计算对初学者来说理论分析较为复杂，可以负责任地说，采用10μF的电容和10K的电阻，其复位过程高电平维持时间远大于手册规定的两个机器周期。

应当注意的是，由于8051单片机P0口输出模式时是开漏输出，作为输出口时需加上拉电阻，阻值一般为10k，上拉电阻需要外接，图2-2-4中并没有画出。

2.3　STC单片机

STC单片机是中国江苏国芯科技有限公司(前身为深圳宏晶科技有限公司)出产的一种增强型8051单片机，与传统的8051单片机相比，功能更为强大，在相同系统时钟的情况下，速度为传统8051单片机的8~12倍，片内集成了FLASH、ADC、PWM、振荡、复位等电路，使用更加简单。STC单片机指令系统与8051单片机兼容，开发使用非常方便，原先运行在8051单片机上的程序可以很方便地移植到STC单片机上。

》》 2.3.1　STC单片机主要产品线

江苏国芯科技有限公司已有STC89C5X系列、STC90C51系列、STC11/10XX系列、STC12系列、STC15系列以及STC8系列单片机，以上单片机都是基于增强型8051内核的。除此之外，公司正在逐渐推出32位的RISC-V内核和ARM内核的产品，向高端MCU迈进。目前，STC8系列以其较高的性能价格比成为公司的主推产品。

STC89C5X和STC90C5X系列是最早推出的STC单片机，无论从片外引脚还是从片内设备方面看，都与传统的8051系列单片机完全兼容。其增加的主要特色有：①在系统可编程(ISP)功能，可以通过串口直接下载程序，不需要额外的编程器和仿真器对程序进行烧写；②低功耗模式。正常工作电流4~7mA，掉电模式下工作电流可以小于0.1μA，可由外部中断从掉电模式中唤醒；③片内增加了SRAM，最大可以为1280字节；④除了FLASH程序存储器之外，还增加了EEPROM，用于存储掉电时需要保留的数据；⑤指令周期可以在12机器周期/

6机器周期之间选择;⑥内部集成810专用复位电路,当外接晶振频率较低时,复位引脚可以直接接地;⑦STC90C5XAD系列还带有8路10位AD转换器。

STC11/10XX系列采用了1T增强型8051内核,可以工作在一个机器周期/指令周期模式下,运行速度提高了6~12倍。在外部设备方面,除了STC89C5x/STC90C5x系列的特点之外,增加了如下功能:①除了支持外部中断唤醒之外,还增加了RXD、T0、T1或内部专用唤醒定时器唤醒功能;②增加了一个独立的波特率发生器,不需要在通信时占用定时器;③支持内部低电压检测中断;④可编程的时钟输出,定时器T0、T1和独立波特率发生器BRT均可产生时钟输出;⑤在低功耗模式中增加了空闲模式,典型工作电流小于1.3mA;⑥外部晶体或内部RC振荡器可选,减少了外部电路连接和提高了系统可靠性。

STC12系列也同样采用了1T增强型8051内核,运行速度提高了6~12倍。与STC11/10XX系列相比,STC12系列在外设方面显著的特点有:①增加了两路PCA/CCP/PWM模块,可以实现输入捕获或可编程脉冲输出,也可以实现PWM输出;②8通道AD转换器,最高转换速率可达300ksps;③有部分型号提供双串口,串口可以映射到不同引脚上;④SPI高速同步串行接口。

STC15系列是2013年开始推出的主力产品,提供了从低配置到高配置的不同选择。其内核同样也采用了1T增强型8051内核。该系列不同子系列产品提供的外设各不相同,为不同场合的产品提供了多样化的选择。例如,STC15W4K子系列提供4K字节的内部RAM,STC15F10x和STC15W10x系列提供了最小QFN8脚的封装大小等。

≫　2.3.2　STC8系列单片机主要特性

STC8系列是江苏国芯科技有限公司2017年开始推出的主力产品,每年都有新型号推出,是目前国芯公司性价比最高的单片机,其主要子系列有STC8A、STC8F(STC8C)、STC8G和STC8H,为开发者使用提供了尽可能多的选择。

STC8系列单片机是单时钟/机器周期(1T)单片机,指令代码完全兼容传统的8051单片机,但是大部分指令都在一个机器周期内完成。在相同的工作频率下,STC8系列单片机比传统的8051约快12倍(速度快11.2~13.2倍),依次按顺序执行完全部的111条指令,STC8系列单片机仅需147个时钟,而传统8051则需要1944个时钟。

STC8系列单片机MCU内部集成高精度RC时钟,在一般应用中可省掉外部晶振。内部还有低速32kHz的低速时钟,可以用于低功耗模式下工作或看门狗定时器。用户代码中可以为CPU和各个外设自由选择时钟源。

STC8系列单片机内部集成高可靠复位电路,可以省掉外部复位电路。与传统8051采用高电平复位不同,STC8系列单片机采用了低电平复位。因此,如果要使用外部复位电路,采用和其他流行单片机相同的低电平复位电路即可。

STC8系列单片机提供了丰富的数字外设(最高可达61个GPIO口、4个串口、5个定时器/计数器、4组PCA、8组增强型PWM、I²C、SPI接口)与模拟外设(速度高达800K,即每秒80万次采样的12位×15路超高速ADC、比较器)。最新的芯片还包含了LED、LCD、LCM和触摸接口,实现较好的人机交互。部分型号增加了DMA控制器,实现了大部分外设和内存之间的批量数据传输。数字外设可以在不同的管脚之间切换,提高了电路板设计的灵活性。另外,芯片内部还提供了16位硬件乘除法器,可以实现简单的数字信号处理功能。

STC8系列单片机芯片内有内建LDO,工作电压范围宽(2.0~5.5V),可以用于低功耗应用。MCU提供两种低功耗模式:空闲模式和掉电模式。在掉电模式下,供电电流可降低至微安级。空闲模式和掉电模式可以通过大部分中断唤醒。

STC8系列单片机支持在系统编程方式和在线仿真,通过简单的串行口连接或USB连接就可以实现。

传统的8051系列单片机GPIO口复位时为准双向口高电平输出,在需要输出为低时复位时会出现瞬时错误。STC8系列单片机GPIO口复位时为高阻输入模式,用户可以通过外部连接上拉或下拉电阻实现复位时保持高电平或低电平状态。另外,STC8系列每个GPIO口都可以产生中断,中断可以设置为下降沿中断、上升沿中断,每个IO口都可以将单片机从低功耗模式唤醒。

STC8A系列字母"A"代表内部含有12位ADC,是STC产品中最早具有12位ADC的芯片;STC8F系列无ADC、PWM和PCA功能,现已重新命名为STC8C系列;STC8G系列取自英文单词"Good"的首字母,为简单易学的意思;STC8H系列取自英文单词"High"的首字母,表示片内含有16位高级PWM。在后面的介绍中,为方便起见,本书以外设较为丰富的STC8A系列中STC8A8K64D4单片机为例说明其使用方法,其他系列单片机的使用可以参考相应的数据手册。

>>> 2.3.3　STC8A8K64D4 最小系统

一个实用的STC8A8K64D4单片机最小系统电路如图2-3-1所示。电路采用7.2V电池供电,通过LM1117-5.0稳压芯片将电压变换为5V为单片机供电,也可以采用USB提供的5V电压作为系统的供电电源。

在电路中增加了一个USB转TTL串口芯片CH340N,为单片机提供烧写程序支持,并且可以提供5V供电电源。由于单片机在烧写程序时需要进行断电重启,因此加入了一个开关K在烧写时断开电源。如果有USB转TTL模块,也可以直接接入单片机的RXD和TXD进行烧写,省去CH340N芯片。

在CH340N和STC8A8K64D4之间增加了一个二极管和电阻的作用是确保在开关K断开的时候单片机可靠断电,从而正确烧写程序。否则,可能由于CH340N的TXD端供给单片机电源导致断电不彻底,从而影响烧写成功率。

在单片机中,为AD转换器供电和提供电压参考的电源称为模拟电源,为其余部分供电的电源称为数字电源。在电路设计时要将模拟电源和数字电源分开,并通过磁珠和0欧电阻耦合进行隔离,尽量减少数字电路对模拟电路的干扰。单片机的模拟电源和数字电源都要在尽可能靠近电源引脚处放置去耦电容。

图2-3-1电路中还在端口P5.5加入了一个发光二极管,以指示电路是否正常工作,控制

发光二极管的闪烁通常作为单片机的入门程序。

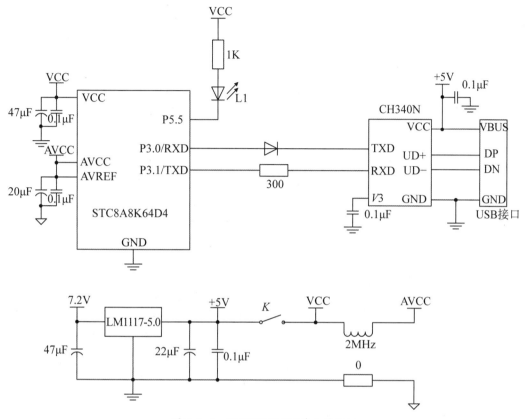

图 2-3-1 STC8A8K64D4 最小系统板

与电路图 2-2-4 相比可以看出，图 2-3-1 电路不要外部晶振和复位电路，最小系统板结构更为简化。虽然从表面上看，元器件多了一些，但是都是供电电路和程序下载电路，普通的 8051 单片机中同样也需要供电和程序下载。另外，STC8A8K64D4 的 GPIO 口结构和标准 8051 单片机不同，其工作方式更多，并且具有较强的驱动能力，一般不需要外接上拉电阻。

2.4 如何学习单片机

作为一个初学者，如何入门并学好单片机呢？

首先，要有学好单片机的信心。单片机入门其实不难，只要会简单的 C 语言，知道单片机的基本结构就可以学习了，大学生学好是没有问题的，自学过 C 语言，会一点电子技术的高中生也能学好。单片机之所以上手比较困难，是因为其内部结构较为复杂、编程语言抽象、术语也比较多。看上去很复杂的东西其实都具有简单的内部逻辑，不要被一开始的困难吓倒，遇到困难了，可以暂时绕一下，等过一段时间回头再看，原来的困难可能已经不是困难了。

其次，要保持求知的热情。兴趣是最好的老师，单片机其实是一个可以做很多事情的载体,学好它之后可以设计不同的产品,实现自己的很多梦想。永远保持一个探索的心灵,就能克服各种困难,把单片机学好。从某种意义上讲,任务驱动可能是学好单片机的动力。如果能够利用单片机做一个稍微复杂点的任务,通过任务把相关的单片机知识掌握,这可能是学习单片机最快和最有效的方法。

第三,要多实践,多动手。"纸上得来终觉浅,绝知此事要躬行",实践是学好单片机的关键,单单听课和看书是学不好单片机的,只有自己去试试每一行代码,才会真正理解单片机。建议初学者准备一套单片机开发板或最小系统板,把自己的实验系统搭建起来,将程序一个一个试过去,多做练习,很快会理解单片机的。

第四,要多思考,知其然更要知其所以然。单片机是一个软件和硬件紧密结合的系统,看懂书上的程序,更要理解程序背后硬件的相应变化,多思考一下假如自己来写程序该怎样操作。特别是要理解清楚数据手册里边的各种外部设备的工作原理,只有这样,才能真正学好单片机。要学会看数据手册和用户手册,可以说,如果你学会看数据手册和用户手册了,你就真正学会单片机了。初学者往往反映别人的程序能看懂,但是自己却不会写,其原因往往是没有深入思考所致。

最后要说明的是,单片机学习材料浩如烟海,很多教程和经验可以从网络中获得,遇到问题时在网络上也很有可能找到答案,要充分利用好网络这个资源,在你今后的学习和生活中它会给你带来无尽的帮助。

思考与练习

1.结合生活中的实例,谈一谈什么是单片机?

2.一种型号的单片机只能有一种封装吗?

3.单片机有什么特点? 主要应用在哪些领域?

4.简述8051单片机片内片外程序存储器分布。

5.对DIP封装的单片机,如何识别单片机各引脚的序号?

6.什么是特殊功能寄存器? 它有什么用途? 8051单片机的特殊功能寄存器在单片机存储结构中的映射空间是哪些区域?

7.什么是单片机最小系统?

8.复位电路在单片机中有什么作用? 为什么STC8最小系统中可以不加复位电路?

9.简述时钟周期、机器周期和指令周期的概念及三者之间的关系。

第3章 单片机编程语言C51基础————

单片机要正确进行工作,程序是必不可少的,编程工作是单片机开发的重要内容。早期单片机编程语言多以汇编语言为主,汇编语言几乎是最接近于硬件系统的语言,其代码最为紧凑,编程时要求对硬件非常熟悉,编程难度大,效率较低。随着系统规模不断复杂,C语言在单片机开发中的地位越来越重要。虽然都是在标准C语言基础上进行扩展,但是不同单片机的C语言还是有所差别的。在8051系列单片机开发中,普遍用到的编程语言称为C51。本章首先强调了编程代码规范,然后对C51的语法做了一个简要介绍,特别介绍了用C语言进行复杂项目开发的相关注意事项,并通过实例展示了单片机开发的整个流程。

3.1 编程代码规范

在讲编程之前有必要讲一下编程中的代码规范。代码规范看上去与单片机没关系,而且不遵守编程规范也不会对程序的执行造成任何影响。但是,编程规范怎么强调都不过分。

下面是一些最基本的代码规范,随着编程进一步深入,还要掌握更多的规范。你会发现,遵循这些规范,会为你将来带来很多益处。

(1)缩进!缩进!缩进!重要的事情讲三遍。推荐缩进:每级4个空格。我们通常用Tab键控制缩进,Keil uVision编辑器缺省的Tab Size是2个空格,请把它改为4个。

(2)变量或常量的名字。一句话,请为自己的常量或变量取一个专业一点的名字,要像给自己的孩子取名一样慎重一点。最好是反映变量内容的英文名字,实在不行用汉语拼音,请不要取个"中英混血"的名字。

(3)注释。注释不单是给别人看的,也是给自己看的。过了一段时间,你可能也会看不懂你自己写的程序。特别是经过你认真推演得到的部分,最好附一个详细说明。

先看一段杂乱无章的没有错误的代码:

```
    #include <stdio.h>  #include <math.h>  int  main(void){int a=1;  int b=2;int c=1;
double  delta;double  x1, x2;delta=b*b-4*a*c;if(delta>0){x1=(-b+sqrt(delta))/ (2*a);x2
=(-b-sqrt(delta))/(2*a);printf("该一元二次方程有两个解,x1 = %f, x2 = %f\n",x1,
x2);}else if(0==delta){x1=(-b)/(2*a);x2=x1;printf("该一元二次方程有一个唯一解,
x1 = x2 = %f\n",x1);}else{printf("无解\n");}return 0;}
```

你能看懂吗?

同样的代码,加了换行,加了缩进,加了注释,现在再来看一下:

```
# include <stdio.h>
# include <math.h>  /*求平方函数 sqrt(),要包含头文件 math.h*/
int  main(void)
{
    //把三个系数保存到计算机中
    int a = 1;    // "="不表示相等,而是表示赋值
    int b = 2;
    int c = 1;
    double delta;    //delta存放的是b*b - 4*a*c的值
    double x1, x2;   //分别用于存放一元二次方程的两个解
    delta = b*b - 4*a*c;
    if (delta > 0)
    {
        x1 = (-b + sqrt(delta)) / (2*a);
        x2 = (-b - sqrt(delta)) / (2*a);
        printf("该一元二次方程有两个解,x1 = %f, x2 = %f\n", x1, x2);
    }
    else if (0 == delta)
    {
        x1 = (-b) / (2*a);
        x2 = x1;    //左边值赋给右边
        printf("该一元二次方程有一个唯一解,x1 = x2 = %f\n", x1);
    }
    else
    {
```

```
        printf("无解\n");
    }
    return  0;
}
```

你能说出它的功能吗？

3.2　Keil C51语法基础

当设计一个简单的嵌入式系统时，也许会选用汇编语言。汇编语言和程序的二进制编码是一一对应的，使用汇编语言会增加你对单片机内部结构的理解。但是，汇编语言的麻烦在于它的可读性、可维护性和可重用性较差，特别是当程序没有很好的注释时，看一段汇编语言如同看天书一般复杂。当系统一旦比较复杂时，采用汇编语言开发也面临着开发时间成本大幅度增加的问题。

随着嵌入式系统规模和功能不断增强，C语言基本上成为嵌入式系统编程语言的首选。从20世纪70年代出现以来，C语言以其强大的功能和高效率等特点成为一种最受欢迎的计算机编程语言，在科学计算、系统软件、图像处理、嵌入式设备等方面获得了广泛的应用。有人把C语言称为一种"中级语言"，介乎于高级语言（如Basic、Python）和低级语言（汇编语言、机器语言）之间，既具有较高的开发效率，又与硬件密切联系，特别适合在嵌入式系统开发中使用。

在8051系列单片机开发中，基本都是采用Keil C51（以下简称C51）。C51是ANSI C的一个扩展，和ANSI C在语法上面基本类似。C51和ANSI C的主要差别与8051系列单片机的硬件特性息息相关。

本书并不试图对C语言做详细的介绍，而是重点着眼于单片机应用中必须掌握的但是在一般的C语言学习中容易忽略的内容，以及C51对ANSI C的扩展内容。关于C语言的学习书籍浩如烟海，读者可以自行查阅相关教科书。本章仅对C51语法做基本的介绍，特别是其独特的部分。在单片机中，中断处理是一个重要内容，C51中与中断相关的内容我们将放在下一章中的"中断系统"一节介绍。

》》 3.2.1　Keil C51 支持的数据类型

C51除了支持整形、浮点型等ANSI C的基本数据类型外，还增加了bit、sbit、sfr和sfr16数据类型。C51支持的数据类型如表3-2-1所示，加以突出显示的部分是C51扩展的数据类型。

表3-2-1　C51支持的数据类型

数据类型	长度（位）	取值范围
bit、sbit	1	0、1
sfr	8	0~255
sfr16	16	0~65535
unsigned char	8	0~255
signed char	8	−128~127
unsigned int	16	0~65535
signed int	16	−32768~32767
unsigned long int	32	0~4294967295
signed long int	32	−2147483648~+2147483647
float	32	±1.176E−38~±3.40E+38
double	32	±1.176E−38~±3.40E+38

1.整型数

关于整型数（signed/unsigned char、signed/unsigned int、signed/unsigned long int）的使用，在一般的C语言教科书中都有比较详尽的描述，这里就不介绍了，但是有以下几点要注意：

（1）在定义整型数时，首先要搞清楚这个数可能的变化范围，如果8位整型数（char）能满足要求就不要用16位（int），如果16位能满足要求就不要用32位（long）。反过来，也要注意在使用整型数时，如果字长太短，可能会导致数据溢出问题，出现难以查找的奇怪错误。特别是在循环程序中，如果要进行求和运算，一定要注意整形数据的溢出问题，确保所有运算的数据之和不要溢出。

但是有时候，巧妙地利用这种溢出问题，也会带来一些方便。例如，在51单片机进行定时器定时时间设定时，定时时间是由从设定的初值到数据溢出值（65536）之间的差值确定的，假如每微秒定时器加1，而需要定时时间为SetTime微秒，定时器初值SetValue，都是定义为unsigned int类型：

```
unsigned int SetTime=1000;
unsigned int SetValue;
......
SetValue = 0−SetTime;
```

以上程序可以设定定时时间为1000微秒，看上去不可思议吧？大家可以想一下，执行完最后一句时，SetValue变量的数值是多少？注意：SetValue被定义为一个unsigned int数据类型。

（2）习惯于在PC上使用C语言的读者可能很自然地将一个整形变量定义为int数据类型。但是在C语言中并没有规定int类型的长度，在不同的CPU和不同的编译器下，同样是int变量，可能其数据位数是不一样的。对C51来说，整形数int为16位的，而在ARM编译器中，int一般是32位的。如果不注意这些差别，可能会带来潜在的问题。考虑到程序的可移植性，更为可靠的方式是将16位有符号数和无符号数变量分别声明为signed short int和unsigned short int，包括C51在内的大部分编译器中会将其分别编译为16位有符号和无符号整数。

（3）字符型char并不一定是用来表示字符的，实际上就是8位整数。在计算机中，字符是以ASCII码的形式存储的。例如，程序

```
char a='5';
char a=0x35;
char a=53;
```

以上三句程序是完全等价的，因为字符'5'的ASCII编码就是十六进制35或者说是十进制的53。每个字符的ASCII编码可以参考第1章中的ASCII编码表。

（4）虽然在定义整型变量时不指定signed或unsigned是没有问题的，一般编译器会当作signed来处理，但情况并不总是如此。为了不使程序出现潜在的问题，强烈建议在定义各种整型变量时要根据需要将其指明为signed或unsigned。

2.浮点型

在标准C语言中，支持两种浮点型数据：单精度浮点型float和双精度浮点型double。在C51中，虽然支持双精度浮点型double关键字，但是实际上并不支持双精度浮点型，即使你声明了double类型变量，实际上在编译时也转换为单精度浮点型float型变量，因此C51中只有一种浮点型变量float类型。

如果要使用浮点数，请确保\KEIL\C51\LIB\路径下有文件C51FPS.LIB存在，在某些版本中可能没有这个文件导致编译连接出错。

尽管有浮点型变量的支持，但是在实际编程时尽量不要采用浮点数，在51系列单片机中是没有硬件浮点运算处理器的，浮点运算最终要转换为一长段程序。浮点运算不但运算速度低，而且使用浮点数后，程序代码也会加长不少。

另外，浮点数也有精度问题，特别是大小判断时一定要谨慎。假如定义了两个float类型的变量a和b，如下的程序可能会导致错误的结果：

```
if(a==b)
{
    ......
}
```

```
else
{
  .......
}
```

正确的方法是使用如下程序

```
if(fabs(a–b)<1e–10)
{
  ......
}
else
{
  .......
}
```

3. 位变量bit类型

位变量bit是C51引入的特有的数据类型。当定义bit类型变量后,编译器将此变量分配于片内RAM的位寻址区(地址范围20H~2FH,最多可以提供128位,8051单片机为每位分配一个独特的0~127的地址)。位变量的定义:

```
bit  bTemp  =  0;
```

上句定义了一个位变量,并赋初值为0。位变量取值只有0和1两种取值。位变量实际上就是布尔变量,使用位变量可以减少对RAM的需求。但是,如果考虑到要将程序向其他类型的单片机移植,此时可能会带来一些麻烦,因为不是所有单片机都支持bit类型。如果不考虑在其他类型单片机上使用,遇到布尔类型变量时应该尽量声明为bit类型。

使用位变量的另外一个好处是速度特别快,在8051单片机指令系统中有专门的位处理指令,而且位变量储存在内部RAM区,访问它们只需要一个指令周期。

位变量本身就是地址,没有指向位变量的指针,也没有位变量数组。

4. 特殊功能寄存器

在51系列单片机中,有一些特殊功能寄存器,用于控制各种外部设备。C51中提供了扩展数据类型sfr来定义特殊功能寄存器。sfr占用一个字节内存单元,利用它可以定义和访问51系列单片机内部的特殊功能寄存器。从图2–2–3中可以看出,51系列单片机特殊功能寄存器占用的地址空间范围是0x80~0xFF。在STC8系列单片机中,原有的128字节特殊功能寄存器空间已经不能满足要求了,一些控制和访问外部设备的特殊功能寄存器被定义在外部 RAM 区范围。

对于地址范围在 0x80~0xFF 之间的特殊功能寄存器,其定义的程序代码如下所示:

```
sfr  P1  =  0x90;
sfr  P2  =  0xA0
```

上段程序定义了特殊功能寄存器 P1(端口 P1)的地址为 0x90,特殊功能寄存器 P2(端口 P2)的地址为 0xA0。请注意,在定义特殊功能寄存器时,这里的赋值语句不是将端口 P1 的内容写为 0x90,而是指定 P1 的地址为 0x90,这一点与普通变量定义时赋初值是不同的。一旦变量定义完成后,就可以用类似于

```
P1  =  0xff;
```

之类的语句对特殊功能寄存器 P1 写入(实际上是将端口 P1 的 8 路输出置为高电平),也可以用类似于

```
a  =  P1;
```

之类语句将 P1 口的输入读入变量 a。当然,sfr 关键字定义的名字可以任意选取,只要符合标识符的命名规则就可,但是尽量不要随意定义。还是那句话,尽量取一个专业点的名字,如果不喜欢 P1 的话,将名字取为 Port_1 也不错,千万不要乱取名字。

在 8051 系列单片机中,除了大量 8 位特殊功能寄存器之外,还有一些 16 位特殊功能寄存器,如 DPTR,这些寄存器用 sfr16 来定义。

在 51 系列单片机中,有部分特殊功能寄存器可以位寻址,也就是说可以直接访问这些寄存器中的每一位,每一位都有一个名字与之对应。这些寄存器中的位用 sbit 定义,sbit 定义位有两种方式:第一种方式与 sfr 定义寄存器类似,直接指明位地址(从芯片手册中可以查到每个位对应的地址),如下面的定义

```
sbit  P1_1  =  0x91;
```

定义了 P1_1 的地址为 0x91。第二种定义方式是在定义特殊功能寄存器的基础上定义其中的某位,如 P1_1 也可以定义为

```
sbit  P1_1  =  P1 ^ 1;
```

定义了P1_1为P1寄存器的第1位。需要注意的是,虽然在定义特殊功能寄存器所时用的"^"和位运算中的异或运算符符号是相同的,但这里不是异或运算。定义好后就可以直接对P1_1进行读写了,例如,如果要使P1-1输出高电平,可以

```
P1_1 = 1;
```

如果将P1.1端口的状态读入某个位变量bStatus,可以

```
bStatus = P1_1;
```

对于8051和8052中定义的寄存器,在/KEIL/C51/INC目录下的头文件"REG51.H"和"REG52.H"中分别加以定义。如果要使用相关的寄存器,只要在程序中以如下语句开头:

```
#include<REG52.H>      //(或#include<REG51.H>)
```

在"REG52.H"中的部分代码:

```
sfr TCON = 0x88;
……
/*  TCON   */
sbit TF1   = 0x8F;
sbit TR1   = 0x8E;
sbit TF0   = 0x8D;
sbit TR0   = 0x8C;
sbit IE1   = 0x8B;
sbit IT1   = 0x8A;
sbit IE0   = 0x89;
sbit IT0   = 0x88;
```

在上面程序中用sfr和sbit分别定义了TCON寄存器和TCON寄存器中的各个位。

在/KEIL/C51/INC目录下,还有一些其他常用的头文件,顺便看一下:

stdio.h——C语言课本中几乎每个程序都要包含它,其定义了许多标准输入输出函数,其中printf可能是用到最多的一个函数了。但是,在单片机中一般没有标准输入输出设备,stdio.h中的函数可以说几乎没用,除了有时采用sprintf将数据转换为字符串。另外,stdio.h中还定义了空指针NULL,有时也会用到。

math.h——常用的数学函数,如正弦、指数等函数,除了abs和labs是针对短整型和长整

型数取绝对值外,其余函数都是采用浮点运算。如果不想使用浮点运算,很多函数可以用查表法实现。

intrins.h——里面的_nop_函数经常用于延时,还有一些左移、右移等函数在编程中也比较常用。

absacc.h——绝对地址访问,里面定义了几个比较有意思的宏,如XBYTE和XWORD等,在C51中可以用这些宏定义实现对某些确定地址的访问,一般用于扩展的外部设备或外部RAM。在STC8系列单片机中,这些宏可以用于访问某些地址位于xdata区域的特殊功能寄存器。

string.h——定义了一些常用的字符串操作函数,如字符串连接、字符串拷贝、字符串查找等函数,在一些输入输出程序中可能会用到。

其他的头文件笔者也没怎么用过。

在/KEIL/C51/INC目录下还包含着一些基于8051内核的其他一些厂家产品的特有头文件,如果用到相关产品,不妨将相应的头文件也包含进去。

对于STC单片机,如果仅仅使用8051或8052中定义的特殊功能寄存器,简单地在程序开始包含进头文件"REG51.H"或"REG52.H"即可。如果用到了STC8系列单片机特有的特殊功能寄存器,可以通过sfr和sbit定义用到的寄存器及相关位,然后就可以访问相关寄存器了。

STC单片机的官方网站提供的stc-isp烧写工具提供了一种更方便使用特殊功能寄存器的方法,具体在3.3节中详细介绍。

5. 指针

指针是C语言中一个非常有特色的数据类型。对C语言的使用者来说,指针是一个既让人爱又让人恨的东西。使用指针,给我们的程序带来了灵活性,但是如果不正确使用指针,也可能出现难以查找的问题。

指针最基本的意义就是地址,一个指针变量就是一个指向某个变量或某个单元的地址。在定义指针变量时,要指明指针指向何种类型的变量。例如

```
unsigned char * myPtr;
unsigned short int * intPtr;
```

定义了一个指向unsigned char类型的指针变量myPtr和unsigned short int类型的指针变量intPtr。如果执行程序

```
unsigned char myData=2;
myPtr = &myData;
```

就实现了将指针变量myPtr指向数据myData的操作。如果要将myData的数据修改为

3,以下两种方式都可以实现:

```
myData = 3;
*(myPtr) = 3;
```

前一种方式是直接对变量进行赋值,后一种方式是通过指针,修改指针指向的数据,从而也就改变了变量的数据。

指针指向的地址可以通过自加减操作来进行移动,这在数组操作中非常有用。事实上,数组的所有操作都可以通过指针操作完成,而数组变量名称就可以看作是一个指针。如果以下面的语句定义了一个数组:

```
unsigned short int Array[10];
```

那么 Array 就是指向数组首地址的指针,Array+1 就是指向下一个单元的地址,以此类推。因此,下面两句程序其实也是等价的:

```
Array[3] = 12;
*(Array+3) = 12;
```

都是将 Array 数组第四个元素(注意,在 C 语言中数组第 1 个元素编号为 0)赋值为 12。

指针可以指向除了位变量之外的任何一种基本变量、数组、结构体或联合体等。当指针变量自加或自减时,其实际指针数据的变化要取决于指针所指向对象的长度。如果一个指向 unsigned char 类型的指针变量自增时,指针变量的数值加一;如果一个指向 unsigned short int 类型的指针变量自减时,指针变量的数值减二。

事实上,在定义指针时,也可以不指定指针指向的数据类型,将指针定义为 void *类型。

当使用这个指针时,可以通过强制转换将指针转换为指向需要数据类型的指针。这往往用在函数参数传递中,可以通过相同的调用向函数传递不同类型的参数。例如,函数原型定义为

```
MyFunc(void * ParaPtr);
```

当向函数传递一个整型变量 a 时,可以调用

```
MyFunc((void *)&a);
```

当传递一个 float 类型的数组 fArray[10]时,可以调用

```
MyFunc((void *)fArray);
```

实现不同类型的参数传递。

指针不但可以指向变量,而且可以指向函数。如果定义了一个函数,其函数名称实际上就是指向相关代码的指针,这种指向函数的指针在嵌入式系统中经常用于菜单系统设计,感兴趣的读者可以查阅相关的参考资料。

6. 自定义数据类型

在C语言中,为了增加程序的可移植性,经常用typedef定义一些自定义数据类型。在后续的例程中我们将经常使用如下的自定义数据类型,本书程序中将这些数据类型定义在一个自己创建的头文件stdint.h中:

```
typedef unsigned char uint8_t;
typedef signed char int8_t;
typedef unsigned int uint16_t;
typedef signed int int16_t;
typedef unsigned long uint32_t;
typedef signed long int32_t;
```

如果我们的程序都是采用int定义16位整数,这在51单片机上是没有问题的。但是假如要将我们写好的源代码移植到其他类型的单片机,例如ARM上,由于ARM编译器将int类型编译为32位整型数,为了保持一致性,必须将源代码中所有的int修改为short int,这样不但工作量巨大,还存在着漏改的可能性。如果我们的程序都是采用了上述自定义的数据类型,只需要将头文件stdint.h中的

```
typedef unsigned int uint16_t;
typedef signed int int16_t;
```

修改为

```
typedef unsigned short int uint16_t;
typedef signed short int int16_t;
```

然后对工程重新编译即可。

除了基本数据类型之外,C语言中的复合数据类型,如数组、结构体和联合体(有的书上称为共用体),C51也是支持的,具体使用细节可以参考有关C语言方面的教科书。

3.2.2　Keil C51 的数据存储类型

在 2.2.2 节中已经介绍了 51 系列单片机的存储结构,不同位置存储器访问方式是不同的。为了表示这种区别,C51 中允许在定义变量时指定变量的存储类型,以指示编译器在为变量分配空间时将变量分配到哪个存储区。C51 规定的数据存储类型有 data、bdata、idata、pdata、xdata 和 code,这些存储类型及其对应的存储区域如表 3-2-2 所示。

表 3-2-2　C51 的数据存储类型

存储类型	存储区域
data	内部 RAM 区的低 128 个字节,可在一个周期内直接寻址
bdata	内部 RAM 区的 16 字节可位寻址区
idata	内部 RAM 区的高 128 个字节,必须采用间接寻址
pdata	外部 RAM 区的低 256 字节,使用 8 位 Rn 寄存器间接寻址
xdata	外部 RAM 区,使用 16 位寄存器 DPTR 寻址
code	程序存储区

存储类型为 data 的数据,在编译时 C51 编译器将其分配在内部 RAM 区的低 128 字节,对这一部分存储空间,51 单片机是直接寻址的,访问是最快的,但是其空间较少,往往用在访问频繁,数据量较少的情况。另外,程序运行时需要的堆栈也被分配到这个区域,因此这个区域内存使用是比较紧张的。

在内部 RAM 区的低 128 字节中,其中地址为 20H~2FH 的 16 字节为位寻址区,该区域内容既可以按字节寻址,又可以按位寻址,称为 bdata 区。当定义一个变量的数据类型为 bit 时,编译器会将 bdata 区中的某一位分配给变量。如果定义一个 bdata 类型的变量,可以通过 sbit 定义一个位变量访问变量中的某一位。例如

```
unsigned char bdata bit_status=0x43;
sbit status_3=bit_status^3;
```

定义了一个 bdata 类型的变量 bit_status,并且将其第 3 位定义为变量 status_3。灵活使用 bdata 区,可以使程序代码效率更高,执行速度更快,其缺点是程序的可移植性较差,只能用于基于 8051 内核的单片机中。

如果将变量存储类型声明为 idata,在编译时 C51 编译器将其分配在内部 RAM 区的高 128 字节。这部分地址空间和特殊功能寄存器在地址上是重合的,特殊功能寄存器采用直接寻址,内部 RAM 采用间接寻址。尽管采用的是间接寻址,但是相对外部存储器来说,其访问速度还是较快的,通常在一些数组定义时,为了避免 data 区数据不够用,可以将存储类型定义为 idata。

xdata 和 pdata 存储类型最初主要用于通过并行总线扩展的片外存储器或外部设备。随

着单片机片内资源越来越丰富,这种外部并行扩展技术的应用也越来越少。而在STC8系列单片机中,除了支持传统8051单片机的内部RAM之外,还集成了片内扩展RAM,这些片内扩展RAM的使用方法和传统8051单片机访问外部扩展RAM的方法相同,但是不影响并行扩展总线的状态。如果要使用这些片内扩展RAM,也要使用xdata定义其存储类型。

除了片内扩展的RAM之外,在STC8系列单片机中有一些外部设备的所使用特殊功能寄存器也定义在外部RAM区,要访问这些寄存器同样也要使用xdata定义其地址,例如16位的PWM计数寄存器地址为0xfff0,可以用下面语句实现对寄存器的定义

```
#define PWMC (*(unsigned int volatile xdata *)0xfff0)
```

其中,关键字volatile在嵌入式系统访问外设中非常有用,其基本思想是数据可能会不因程序的原因而改变,编译器在优化时不能随便优化,必须小心地重新读取这个变量的值。如果在程序代码开始包含了文件<absacc.h>,上式也可以简写为

```
#define PWMC XWORD[0xfff0]
```

请查一下<absacc.h>中XWORD的定义,想一想为什么可以这样写。

如果将某个变量或数组的存储类型定义为code,则表明此变量或数组将分配于ROM区。ROM区的数据是只读的,因此在变量初始化时必须指定初值,且不能修改。一般来说,code存储类型经常用于定义常数或查表用的固定表格。在51系列单片机中,RAM单元相对较少,一般将常量或表格存储在ROM区,虽然增加了程序长度,但是减少了RAM的使用,在一些较复杂的程序中经常可以看到这种技巧。

存储类型可以在变量定义时显式指定,如:

```
uint8_t data Mydata;          //变量Mydata分配至片内低128字节;
uint8_t idata Rcvdata[16];    //数组Rcvdata分配至片内高128字节;
uint8_t code DecToSeg[10]={0xc0,0xf9,0xa4,0xb0,0x99,0x92,0x82,0xf8,
0x80,0x90};                   //数组DecToSeg分配至程序存储空间
uint16_t xdata Extdata[16];   //数组Extdata存放在扩展RAM(片内或片外)
```

如果在变量定义时没有显式指定存储类型,C51在编译时按照选择的内存模式为变量分配存储空间。在Keil uVision中可以选择三种模式:小模式(Small)、兼容模式(Compact)和大模式(Large),如图3-2-1所示。如果选择小模式,缺省存储类型编译为data,变量分配于内部RAM低128字节;如果选择兼容模式,缺省存储类型编译为pdata,变量分配于外部RAM低256字节,用8位地址寻址;如果选择大模式,缺省存储类型编译为xdata,变量分配于外部RAM,用16位地址寻址。

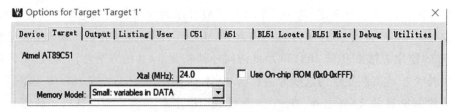

图 3-2-1　内存模式选择

》 3.2.3　Keil C51 的运算

与 ANSI C 一样,C51 的运算包括算术运算、逻辑运算、关系运算、位运算和赋值运算等。

算术运算包括:加(+)、减(−)、乘(*)、除(/)、取余(%)、自加(++)、自减(−−)。

逻辑运算包括:与(&&)、或(‖)、非(!)。

关系运算包括:大于(>)、小于(<)、等于(==)、大于等于(>=)、小于等于(<=)、不等于(!=)。

位运算包括:位与(&)、位或(|)、位取反(~)、位异或(^)、左移(<<)、右移(>>)。

赋值运算包括:加赋值(+=)、减赋值(−=)、乘赋值(*=)、除赋值(/=)、取余赋值(%=)、位与赋值(&=)、位或赋值(|=)、位异或赋值(^=)、左移赋值(<<=)、右移赋值(>>=)。

在 C51 中,以上运算定义与 ANSI C 完全相同,读者可以参考 C 语言教程中相关部分的介绍,本文就不加以展开了,提醒读者几点注意事项:

(1)要区分等于运算符(==)和赋值符号(=)。当错误使用这两种符号时,编译器往往只给出警告而不会停止编译。把这两者混淆将会导致程序出现莫名其妙的错误。

(2)要区分逻辑运算中的与(&&)、或(‖)、非(!)运算和位运算中的位与(&)、位或(|)、位取反(~)运算。

(3)要注意运算的优先级,如果实在对优先级拿不准,为保险起见,多用括号( ),括号中的运算优先级总是最高的。

下面就单片机中广泛用到的位运算做一点深入探讨。

位运算是指将操作数的各二进制位分别进行运算,各位之间并没有进位。位运算在单片机编程中具有极其重要的地位,灵活掌握位运算,可以写出非常高效的程序。

1.位与运算(&)

参与运算的两数各自对应的二进制位相与。只有对应的两个二进制位均为 1 时,结果位才为 1,否则为 0。参与运算的数以补码方式出现。例如要计算 9&5

$$
\begin{array}{r}
00001001 \quad (9) \\
00000101 \quad (5) \\
\hline
00000001 \quad (1)
\end{array}
$$

结果是 9&5 = 1。

位与运算通常用来在保留其他位不变的情况下对某些位清 0。例如,把无符号 8 位整数 a 的第 4 位和第 2 位清零,其他位保持不变,可以执行以下 C 语言程序:

```
a &= 0xeb;            //0xeb==0b11101011
```

或者结合移位运算：

```
a &= ~((1<<4)|(1<<2));
```

后一种表示法表面上看好像复杂，但是意义更加鲜明，在程序设计中应用更多，特别是需要对特殊功能寄存器的某些位执行清零或置位时。

2. 位或运算(|)

参与运算的两数各自对应的二进制位相或。只要对应的两个二进制位有一个为1时，结果位就为1，否则为0。参与运算的数以补码方式出现。例如要计算9|5

```
  00001001   (9)
  00000101   (5)
  00001101   (d)
```

结果是9|5 = 13 (0x0d)。

位或运算通常用来在保留其他位不变的情况下对某些位置1。例如，把无符号8位整数a的第3位和第1位置1，其他位保持不变，可以执行以下C语言程序：

```
a |= 0x0a;            //0x0a==0b00001010
```

或者结合移位运算：

```
a |= ((1<<3)|(1<<1));
```

3. 位异或运算(^)

参与运算的两数各自对应的二进制位相异或。只要对应的两个二进制位不相等时，结果位就为1，否则为0。参与运算的数以补码方式出现。例如要计算9^5

```
  00001001   (9)
  00000101   (5)
  00001100   (c)
```

结果是9^5 = 12 (0x0c)。

从异或运算规律可以看到：如果某位与0异或，则保持不变；如果某位与1异或，则数据取反。因此，位异或运算通常用来在保留其他位不变的情况下对某些位取反。例如，把无符号8位整数a的第7位和第0位取反，其他位保持不变，可以执行以下C语言程序：

```
a ^= 0x81;                //0x0a==0b10000001
```

或者结合移位运算,其程序维护和修改更加直观:

```
a ^= ((1<<7)|(1<<0));
```

4.左移运算(<<)

把"<<"左边的运算数的各二进制位全部左移若干位,由"<<"右边的数指定移动的位数,高位丢弃,低位补0。在不溢出有效数字的条件下,左移 n 位就相当于乘以2的 n 次方。例如,如果a=3(二进制00000011),左移3位后为24(二进制00011000)。

5.右移运算(>>)

把">>"左边的运算数的各二进制位全部右移若干位,由">>"右边的数指定移动的位数。对于无符号数,右移运算时在左边补0;对于有符号数,在右移时符号位保持不变。例如,下面的程序代码:

```
unsigned char a=0xf6;        //0b11110110
signed char   b=-10;         //0b11110110
a >>= 1;
b >>= 1;
```

执行后的结果是:a=123(0x7B),b=-5(0xFB)。可以看出,无论是对有符号数,还是对无符号数,右移一位的效果都是将操作数除以2。

3.2.4 使用C51程序设计的一些建议

C51的大部分语法,如流程控制、函数调用、数组、指针、结构体与联合体等等的使用与ANSI C没有什么差别,在此不一一赘述,下面给出的是一些从程序优化角度出发的编程考虑。正确地考虑这些,能够使你的代码精简,执行速度更快,毕竟对一个单片机来讲,程序代码空间资源、运行RAM资源和计算资源都是受限的。虽然C编译器能够对代码进行优化,但是好的程序能够帮助编译器产生更有效率的代码。

1.尽量采用短变量

提高代码效率的最基本的方式之一就是减小变量的长度。使用ANSI C编程时,我们都习惯于使用int类型变量,这对8位的单片机来说,无论从运行空间还是从运行时间来说都可能造成浪费。应该仔细考虑变量值可能的范围,然后选择合适的变量类型,而不是简单地声明为int,最应该经常使用的数据类型是8位无符号整数unsigned char。能用8位搞定就不要用16位,能用16位搞定就不要用32位。

2.尽量采用无符号变量

8051 CPU 内核的指令系统只支持无符号运算,而不支持符号运算。如果 C 语言代码中使用了有符号整数运算,编译器将产生更长的代码,程序也需要更多的执行时间。因此,如果程序不需要负数,就应该把变量定义成 unsigned 型。

3.尽量避免使用浮点数

在 8 位单片机系统上使用 32 位浮点数在很多情况下是得不偿失的,你可以这样做,但是无论从程序空间还是执行时间来讲,浮点数运算的效率要远低于整型数。因此,当你准备在系统中使用浮点数时,先问问自己是不是有这个必要,能否通过整型数运算实现你所想要的功能。

4.尽量采用位变量

51 单片机内核中,RAM 是非常受限的,对于某些标志位,应该使用 bit 变量而不是 unsigned char,这大大减少了对 RAM 空间的要求。并且,位变量的访问只需要一个处理周期,访问速度快得多,特别是读取时不需要进行逻辑运算处理。当然,由于位变量是 C51 特有的数据类型,这可能会面临潜在的可移植性问题。

5.尽量用局部变量代替全局变量

编译器在局部变量和全局变量分配时采用不同的方式。全局变量空间在编译时分配,无论你是否使用,编译器都会为全局变量指定存储空间,在整个程序运行的始终,全局变量一直在那里占用着宝贵的 RAM 空间。局部变量是在堆栈上分配,当局部变量所在的函数退出后,变量所占的空间将会被回收,在 RAM 的利用效率上,局部变量具有独特的优势。另外值得注意的是,局部静态变量的分配和全局变量是一样的,可以将它们当全局变量处理。

6.尽量为变量指定存储类型

尽管如上节所述,可以使用编译模式缺省的存储类型,但是指定存储类型能够使你的程序更加优化。考虑存储器的访问速度,尽量将变量存储类型指定为 data 或 idata,当然要记得为程序留出足够的堆栈空间。如果某个变量在程序中不会改变,一定要将存储类型声明为 code。如果使用了指针,也要尽量为指针规定指向的存储类型,这样占用内存更少,程序执行效率更高。

7.使用宏代替函数

函数和宏在表面上有些类似,但是其实现机理完全不同。对于小段代码,如使能某些电路或读特殊功能寄存器,可以使用宏代替函数,编译器在遇到宏时,会按照事先定义的代码去代替宏。函数在调用时需要保存调用现场,执行效率相对较低。宏展开时没有保护现场的问题,在执行时具有较高的效率。

3.3　实战运行你的第一个程序

当你在 PC 机上学习 C 语言时,可能写的第一个程序就是"Hello World!"程序,其基本内容是在显示器上显示"Hello World!"字符串。在单片机中,不一定有我们常见的显示装置,如何表示我们的程序运行起来呢? 让发光二极管按照我们的程序显示起来就可以了。我们第一个程序是做一个流水灯, 让发光二极管依次点亮, 每两个发光二极管点亮的间隔时间大约为1s。

》》3.3.1 先期准备

在编写自己的第一个程序之前, 要做一些硬件和软件的准备工作。

1. 硬件准备

准备一块最小系统板以及外围电路板, 或者开发板、开发套件, 这些东西可以从任一商家购买, STC官方也提供了购买渠道。不过, 如果有条件的话, 建议读者自己制作相应的硬件, 可以使你对单片机更加熟悉。

如果没有硬件, 也可以在电脑中安装一个Proteus仿真软件, 来进行单片机开发学习。Proteus仿真软件能够对8051系列单片机等很多单片机进行仿真, 但是, 如果能够获得硬件, 尽量还是采用硬件, 毕竟现在要获得单片机开发套件也是非常便宜的, 不到100元人民币就可以买到。

流水灯的硬件电路如图3-3-1所示。将单片机的P2口连接到8个发光二极管 $L1 \sim L8$ 上, 控制发光二极管是否发光。电阻 $R1 \sim R8$ 为限流电阻, 发光二极管的特性与一般二极管相似, 要注意两点:①正常发光时的工作电流一般为几毫安到十几毫安, 其正向压降一般为一到两伏, 因颜色不同而异, 在电阻限流作用下图中发光二极管的工作电流为3~4mA。②当输出口P2的各口线输出为低电平时, 发光二极管发光, 当输出为高电平时, 发光二极管不发光。

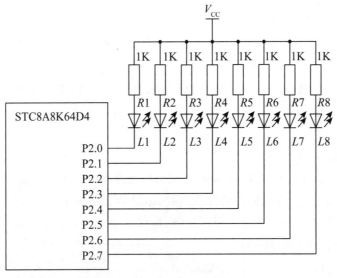

图3-3-1　流水灯硬件电路原理图

在这里用到了单片机的通用输入输出口(General Purpose Input-Output, 简称GPIO)P2口, 当然也可以换成其他的GPIO口, 只要将硬件连到相应口上即可, 需要对程序要作相应的修改。

如果你的最小系统板或开发板上没有USB转串口芯片,你可能还需要一个USB转串口的模块,该模块在电商网站上也可以很容易买到。

2.软件准备

虽然可以使用命令行开发单片机应用程序,但是使用一个集成的开发环境总是方便的。在Windows环境下,开发STC8系列单片机应用程序一般需要两个软件:Keil uVision集成开发环境和STC-ISP烧写工具。前者用于创建项目、编辑程序、生成可执行文件和仿真调试,后者用于将可执行文件烧写至单片机中。

Keil uVision是Keil Software公司开发的一款嵌入式系统集成开发环境,支持众多公司不同架构的MCU产品,特别是8051系列和ARM系列,目前流行的版本是Keil uVision 5。Keil uVision 5集编辑、编译和仿真等于一体,它的界面和常用的微软Visual C++的界面相似,易学易用,在程序调试和软件仿真方面也有很强大的功能,因此得到了很多单片机应用工程师的青睐。

Keil uVision 5的安装非常简单,遵照说明一步一步安装即可,这里就不介绍了。需要注意的有两点:①Keil C51和Keil MDK是不同的,对51单片机来说,需要安装的是C51,而不要错装MDK。②可能你从互联网上下载的Keil版本有汉化软件,请尽量不要多此一举,因为汉化版可能会有一些意料不到的BUG,而英文菜单中经常用到的也就那么几个,慢慢也就熟悉了。

STC-ISP最初只是STC单片机的程序下载软件,经过多年的发展,其功能不断增强,附带的各种工具为单片机软件开发带来了很大方便,至本书编写时其最新版本是6.88L版,可以从其官方网站http://www.stcmcudata.com/下载,下载后直接解压就可以使用,不需要安装,其基本界面如图3-3-2所示。

图 3-3-2 STC-ISP下载软件

由于STC-ISP使用串行口进行程序下载,需要安装USB串口驱动程序。下载的STC-ISP软件包中已经附带了常见的USB串口驱动CH340和PL2303。如果用户使用了其他的下载工具,请向下载工具的供应商咨询相应的USB串口驱动程序信息。如果正确安装了驱动程序,当将下载工具或开发板通过USB连接到PC机上时,在Windows设备管理器的"端口(COM和LPT)"中会出现相应的设备信息。图3-3-3所示为当将图2-3-1所示的最小系统板与PC机连接后出现的CH340设备信息。当驱动程序安装成功并将下载工具与PC机连接后,打开STC-ISP程序,在左上角的"串口"旁边也可以找到和选择相应的下载串口,如图3-3-4所示。

图3-3-3　设备管理器中的下载设备　　　　图3-3-4　STC-ISP软件的下载串口选择

那么到现在为止,单片机开发的软件和硬件前期基本准备工作都已经做好了。但是,为了后续程序开发方便,还需要做一些进一步的工作,这些工作不是必要的,但是建议读者将其做好。

(1)在Keil uVision 5中添加STC芯片。Keil uVision 5安装包没有提供对STC单片机芯片的支持,如果要用到STC单片机独有的特性,或进行在线仿真,需要向Keil uVision 5中添加STC芯片支持。

打开STC-ISP程序,在右侧的选项卡中点击"Keil仿真设置"选项卡,点击按钮"添加型号和头文件到Keil中添加STC仿真器驱动到Keil中",如图3-3-5所示。

图3-3-5　添加型号和头文件到Keil中

点击后将会弹出如图3-3-6所示的弹出窗口,选择前面安装的Keil的安装目录,并点击确定,STC单片机的型号、头文件以及仿真驱动程序就会被添加到Keil中。添加完成后会出现一个显示"STC MCU型号添加成功"的弹出对话框。这时,在安装目录下的C51/INC下也将会产生一个名为"STC"的文件夹,内部有不同STC芯片对应的头文件,在C51/BIN目录下也会添加一个名为"stcmon51.dll"的文件,在UV4子目录下也会添加一个名为"stc.cdb"的文件,这时在Keil中就可以设置STC芯片为目标芯片。

图 3-3-6　选择 Keil 安装目录

(2)激活MCU主芯片的仿真功能。8051系列单片机为人所诟病的缺点之一就是没有在线仿真功能,不利于复杂程序的调试。最新的STC单片机均支持在线仿真,支持包括下载用户代码、芯片复位、全速运行、单步运行、设置断点等基本的仿真操作,方便用户调试代码,查找代码中的逻辑错误,缩短项目开发周期。

运行在仿真调试模式时,单片机本身就是仿真器,可以使用USB(有USB功能的单片机)或者串口进行仿真。当进行仿真时,相应的资源被占用,同时也会占用768字节的片内XRAM。关闭仿真功能后,程序可以使用这些资源。

STC单片机出厂时,仿真功能默认是关闭的,若要使用仿真功能,则需使用STC-ISP下载软件将目标单片机设置为仿真芯片。

STC8A8K64D4单片机使用串口(P3.0和P3.1)进行仿真,在设置之前,必须通过USB转串口芯片或模块将其连接到电脑USB端口,并安装好必要的驱动程序。对于图2-3-1所示的最小系统板,在安装好CH340驱动程序的基础上,直接用USB电缆与电脑连接即可。

打开STC-ISP下载软件,在右侧的选项卡中点击"Keil仿真设置"选项卡,选择单片机型号,这里选择的是"STC8A8K64D4",如图3-3-7所示。当选择STC8A8K64D4时,只能选择使用串口(P3.0/P3.1)进行仿真。

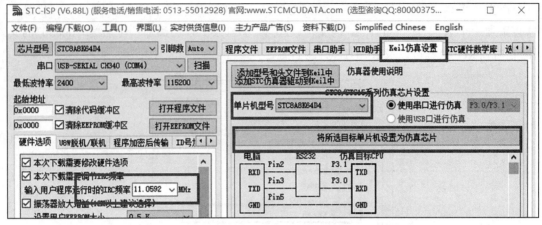

图 3-3-7　激活 MCU 主芯片仿真功能

在左侧的"输入用户程序运行时的 IRC 频率"中根据实际情况选择单片机的时钟频率，如果时钟频率设置不正确，可能会引起程序运行不正常。在这里设置系统时钟频率为11.0592MHz。

点击按钮"将所选目标单片机设置为仿真芯片"，右下方的信息窗口出现"正在检测目标单片机"的信息，如图 3-3-8(a)所示。这时，需要将单片机断一下电并重新上电(冷启动)，将会开始下载仿真软件。当下载完成后，信息窗口中会出现"操作完成"信息，并显示调整后系统的时钟频率，如图 3-3-8(b)所示。至此，仿真芯片设置完成了。需要注意的是，如果需要改变单片机的系统时钟，必须重新进行上述的仿真设置。

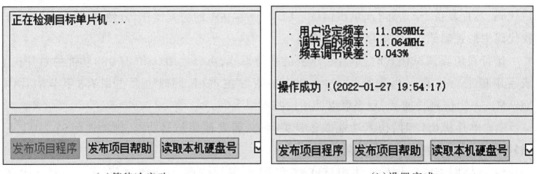

(a)等待冷启动　　　　　　　　　　　　　　　(b)设置完成

图 3-3-8　仿真设置过程中的信息

关于如何进行在线仿真，将在 3.3.2 中进行介绍。

3.3.2　软件程序开发设计

单片机软件开发中，通常是以项目(Project)的形式对整个开发过程进行管理的。主要开发过程包括项目创建、项目源代码编辑、项目编译与连接和程序下载与调试等过程。

1.项目创建

在编写代码之前先首先创建一个工程项目。在创建工程项目之前，最好先创建一个空文件夹,将来这个项目的所有文件都将保存到这个文件夹内,如图 3-3-9 所示在目录 C51Prog 创建了一个名为 FlashLed 的文件夹。

图 3-3-9 创建文件夹

运行 Keil uVision 5,程序启动完成后选择菜单"Project-New uVision Project..."来创建工程项目,如图 3-3-10 所示。

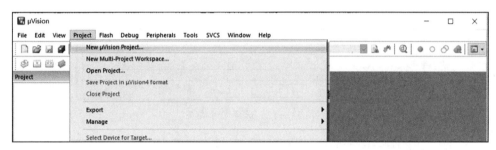

图 3-3-10 创建工程项目

在弹出的窗口中,选择工程项目保存的文件夹,这里选择我们创建的 FlashLed 文件夹,并为项目指定一个名字,这里将项目名命名为 FlashLed1,如图 3-3-11 所示,然后点击"保存",来保存创建的项目。

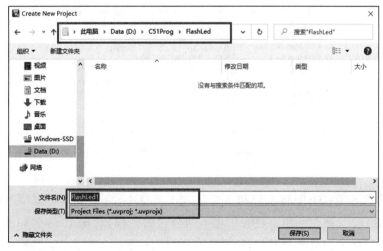

图 3-3-11 保存项目文件

然后,会弹出一个对话框来选择目标芯片类型。如果已经在STC-ISP中将型号和头文件添加到Keil中,此时在选项下面会出现"STC MCU Database",如图3-3-12所示。此时可以直接选择"STC MCU Database",并点开左下方STC左边的▦,可以看到可选的芯片列表,如图3-3-13所示。选中我们电路中实际使用的单片机STC8A8K64D4 Series,右边的Description中会出现该芯片的主要特性描述。

图 3-3-12　选择芯片类型

图 3-3-13　目标芯片选择

　　如果没有在STC-ISP中将型号和头文件加入Keil中,可以选择第二项"Legacy Device Database(no RTE)",在左下角中将会出现不同公司的名称,选择Atmel公司的AT89C52,当然也可以选择其他公司的类似器件,如果没有用到STC芯片独有功能时,基本上随便选择哪一种芯片都可以。如果用到STC芯片特有的一些功能,尽量还是先按照3.3.1中的说明将型号和头文件加入Keil中。

选择好器件后,点击OK,此时会出现图3-3-14所示的对话框,问要不要将启动代码STARTUP.A51拷贝并加入工程项目中。由于我们不需要定制启动代码,直接点击"否"即可,一个名字为FlashLed1的空工程项目就创建完成了,如图3-3-15所示。这时,在FlashLed文件夹中会产生一个文件,文件名为FlashLed1.uvproj。

图3-3-14 拷贝和加入启动代码

图3-3-15 创建好的工程

2.添加源文件

前面创建的工程是一个空的工程,需要向其添加源文件。选择菜单"File-New..."来创建源文件。此时,整个界面除了上方的菜单和工具栏外,包含三个基本窗口,如图3-3-16所示。左上方的Project窗口展示了整个项目包含的所有文件;右上方的文档窗口展示了项目的相关文件的代码;下方的Build Output窗口展示了文件编译和连接过程中输出的一些信息。

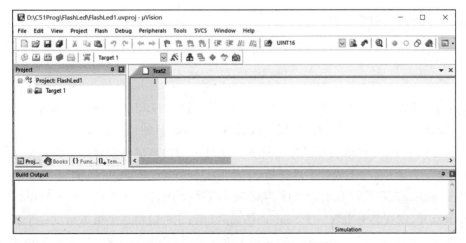

图3-3-16 Keil Uvision新建文件后的界面

选择菜单"File-Save As..."将文档窗口中的文本文件另存为C语言源文件,并指定文件名称,此处将文件名保存为main.c。之所以一开始就将文件重命名保存,是因为Keil uVision中带有语法高亮功能,可以在输入程序时很容易看到自己输入时产生的一些低级错误。

下面就可以在文档窗口中输入下述程序,并选择菜单"File-Save"或点击工具栏中的符号📄保存。

程序源代码:

```c
#include <STC8.H>
void delay(void);
void main(void)
{
    unsigned char i=0;
    P2M0=0xFF; P2M1=0x00;        //设置P2口为推挽输出
    while(1)
    {
        P2=~(1<<i);              //点亮一盏灯
        delay();                 //延时
        i=(i+1)&0x07;            //准备点亮下一盏
    }
}
void delay(void)
{
    unsigned int i,j = 0;
    for(i=6000;i>0;i--)
    {
        for(j=0;j<100;j++);
    }
}
```

在这里,函数delay()实现了一个延时,具体延时时间与CPU速度及编译优化有关,因此在具体实现时,其中两个变量i和j的循环次数需要根据运行的情况进行调整。

在本例程序中,巧妙地运用了位运算实现了灯的切换。请读者自行分析第9行和第11行中的代码,仔细体会一下为什么这样做。

现在,main.c还不是项目中的文件,需要将其添加到项目中。将Project窗口中的Target1旁边的⊞点开,则在其下出现一个Source Group 1组,你可以给这个组重新取一个名字。鼠标右键点击Source Group 1,出现如图3-3-17所示的右键菜单,选择"Add Existing Files to

Group 'Source Group 1'...",会出现图 3-3-18 所示的源文件选择菜单,选中我们创建的 main.c 文件,并点击 Add 按钮,可以在 Project 窗口中发现 Source Group 1 组前面多了一个 田。关闭弹出窗口,点开 Source Group 1 组前的 田,可以看到 main.c 已经加到其中了。

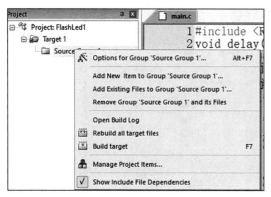

图 3-3-17　向工程添加源文件

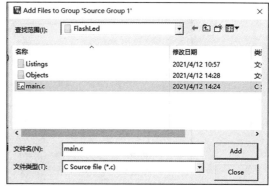

图 3-3-18　添加源文件选择

3.项目编译与连接

将所有的源文件加入工程中后,就可以对工程进行编译了。整个过程实际上分成两步:第一步是编译,将源代码文件编译为二进制目标代码文件;第二步是连接,将编译好的不同的二进制目标代码文件或库文件根据其调用关系连接成一个二进制文件,这个二进制文件就是可以运行的程序。

在 Keil uVision 中,上面的两步通过一个操作完成:选择菜单"Project-Build Target"或者点击工具栏中的 ,执行编译和连接。正常情况下,如果程序没有错误,将会在 Build Output 窗口显示类似于图 3-3-19 所示的信息。结果显示既没有错误也没有警告信息。

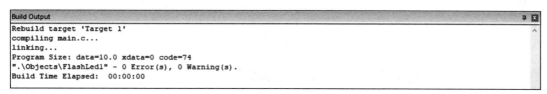

图 3-3-19　编译与连接结果

如果出现了错误(Error),大多是语法错误,编译过程将会终止,应该根据编译结果去排除相关的错误。如果出现了警告(Warning),最好也要看一下,因为可能存在潜在的错误。

图 3-3-19 中还给出了编译完成后的空间占用情况:内部 RAM 占用 10 字节,外部 RAM 占用 0 字节,ROM 占用 74 字节。可以通过这些信息了解空间分配情况。

程序要执行,还需要生成可以烧写到单片机中的程序,并将其烧写到单片机中,Keil uVision 的缺省条件下生成的工程文件并不生成可下载的程序,需要对其进行设置。

有几种不同的方法可以打开设置:①点中 Project 窗口中的 Target1,并右击打开右键菜单,选中"Option for Target 'Target1'...";②选择菜单"Project-Option for Target 'Target1'...";③点击工具栏中的 。打开设置后出现如图 3-3-20 所示的弹出窗口。

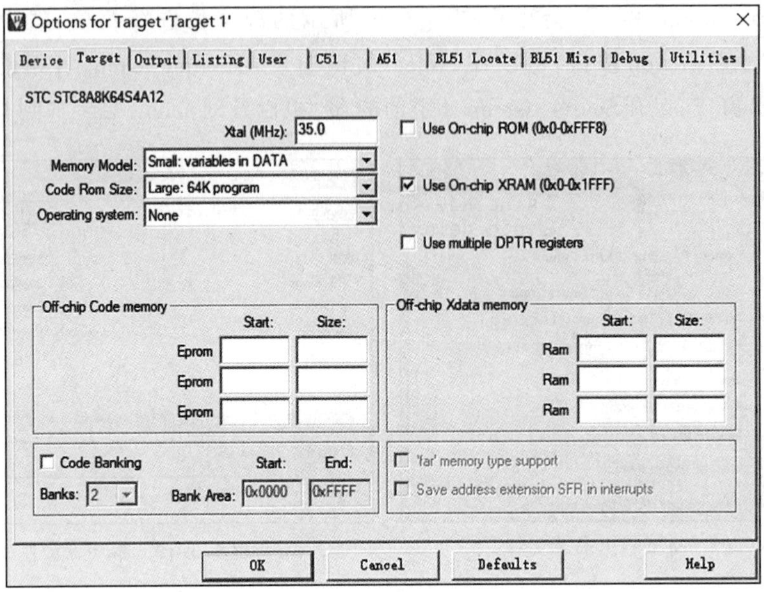

图 3-3-20 工程设置界面

可以看到,弹出窗口中有很多设置选项卡,这些选项卡包含了你要生成代码的不同控制选项,对其中大部分选项初学者可以不用加以理会,但是应该在逐步学习和使用的过程中清楚许多选项卡的设置意义。如果要产生可下载到单片机中的 HEX 文件,需要点击 Output 选项卡,将其中的 Create HEX File 点选,如图 3-3-21 所示。

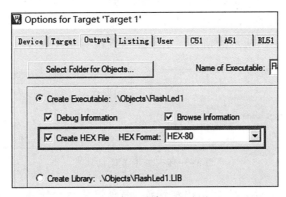

图 3-3-21 创建 HEX 文件

设置完成后,点击 OK 退出,并重新编译工程,在 Build Output 窗口中你将会看到"creating hex file from ".\Objects\FlashLed1"..."的信息,表明产生了 HEX 文件。打开工程所在的文件夹,可以看到产生了一个 Objects 目录和 Listings 目录,其中在 Objects 目录中可以找到 FlashLed1.hex 文件,该文件就可以通过 STC-ISP 下载到目标单片机中。

3.3.3 程序下载

程序下载有时又称为烧写或编程,是将编写好的可执行程序保存到单片机的 ROM 中去。由于8051系列单片机不支持JTAG调试和程序下载,因此很多单片机需要专用编程器完成程序烧写工作。"烧写"一词来自早期采用熔丝工艺的一次性可编程(OTP)单片机,虽然现在使用的基本上都是随时可擦除的FLASH工艺单片机,但"烧写"一词作为程序下载的别称还是沿用下来了。

STC系列单片机支持在系统编程(In-System Programming,简称ISP)功能,通过串行口对单片机进行程序烧写。考虑到现在的个人电脑上大多数没有串行口,通常使用USB转串口实现程序烧写。一般来说,有三种基本方式:

(1)单片机最小系统板上有USB转串口芯片,类似于图2-3-1所示的电路,只需要在个人电脑上安装相应USB芯片的驱动程序,用一根USB传输线将最小系统板与电脑连接,就可以用于程序烧写。

(2)单片机最小系统板上没有USB转串口芯片,可以用外接的USB转串口模块(图3-3-22)来进行程序烧写。这种模块比较容易买到,价格便宜,缺点就是烧写时连接稍有不便,需要插拔连接电源线。连接时要注意:电源线、地线分别与最小系统板的电源线和地线连接,模块中的RXD和TXD分别与最小系统板的TXD和RXD交叉连接。

(3)最小系统板上没有USB转串口芯片,也可以采用江苏国芯有限公司提供的USB编程器U8W或U8W-Mini下载器(图3-3-23)实现程序烧写。U8W或U8W-Mini下载器本身也实现了USB转串口的功能,并且加了电源开关,实现一键编程,不需要拔插电源线,烧写比较方便。在量产时,可以将程序预先下载到下载器中,进行脱机下载程序。

图3-3-22　USB转串口模块

图3-3-23　U8W-Mini USB编程器

不管以上哪种情况,都需要用STC-ISP软件烧写。在下载程序之前,必须首先选择要下载的芯片型号和下载所用的串口号,串口号一般通过扫描自动选择,不需要手动进行设置。如果使用了内部高精度RC时钟,还需要输入RC的时钟频率,其他选项可以保持不变,如图3-3-24所示。

在烧入之前,还需要选择要烧入的HEX文件。点击打开程序文件按钮,会弹出一个文件选择窗口,选中以前编译好的HEX文件,并点击打开,右上部窗口中会显示程序文件的二进制代码。

点击按钮"下载/编程",右下角窗口中显示"正在检测目标单片机…",提示将系统冷启动,重新建立连接,如图3-3-25所示。此时,将单片机电源断开后重新接通,烧写软件与单片机重新建立连接,并将程序烧入,经过一系列操作后,在右下角窗口中最终显示操作成功的信息,如图3-3-26所示。

当程序烧写成功后,如果连接没有错误,电路将会按照我们期望的样子依次点亮和熄灭各个发光二极管,实现一个简单的流水灯功能。

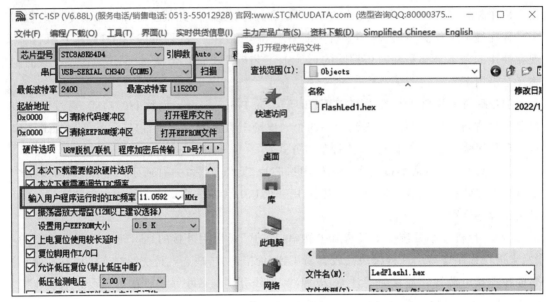

图 3-3-24　程序下载设置

图 3-3-25　检测目标单片机

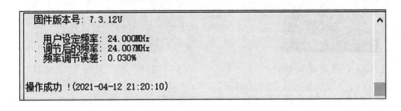

图 3-3-26　烧写成功

》》 3.3.4　程序调试

在编程过程中不可避免会产生错误,这些错误可以分为两类:语法错误和逻辑错误。程序调试就是不断查找和修正这些错误的过程。

所谓语法错误,是指程序中含有不符合语法规定的语句,例如关键字或符号书写错误、引用了未声明的变量、使用了非法符号等。含有语法错误的程序是不能够生成可执行文件的,这些错误一般在程序编译和连接过程中进行修改。

所谓逻辑错误,是指程序中没有语法错误,可以正常编译和连接为可执行文件,但是程序的执行结果与预期结果不符。这些错误可能来自算法设计错误,也可能来自编程过程中一些无心之失。例如,如果一个分支判断语句错用了 if(a=0),这不存在语法错误,但是却永远也不会执行 a≠0 的情况。含有逻辑错误的程序仍然可以运行,错误难以发现和跟踪,这是调试过程中需要加以注意的。

1.语法错误查找

语法错误查找比较简单,如果存在语法错误,就需要通过编译信息定位语法错误的位置。编译信息中包含了Error(错误)和Warning(警告)信息。

若编译中出现了Error信息,表明程序存在严重的语法错误,不能生成可执行文件,可以通过编译信息提供的错误位置定位并修改相应的错误。如图3-3-27所示,下面的编译信息提示在程序main.c的第11行和第14行使用了未定义的标识符TestValue,不符合C语言语法。双击错误信息,右上方的源代码窗口就转到出错位置,并在相应的行号左边出现一个三角形的标志。

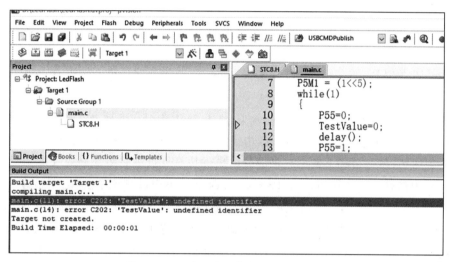

图3-3-27　编译过程中发现的语法错误

如果在编译过程中出现了Warning信息,一般也要看一下,弄清楚警告产生的原因。Keil C51中的警告等级较低,一些应该为错误的信息往往也会提示为警告信息。例如,如果你调用了一个声明过的但没有代码实现的函数,在编译过程中不会出现错误信息,仅仅在连接过程中会出现"UNRESOLVED EXTERNAL SYMBOL"警告,而不是像其他编译器那样出现连接错误的信息。

在查找语法错误时,一个常见的技巧是首先去查找编译器给出的第一条错误发生的位置。在很多时候,看上去一连串的错误可能是由一条错误引起的,定位第一条错误的位置是最关键的。

需要注意的是,可能存在着有时候编译器找到的位置不是很正确的情况。特别是当程序包含的头文件发生错误时,编译器有时将错误定位到源文件的开始语句部分,这就需要读者去仔细分析和查找。一般来说,语法错误发生的位置总是在编译器指向的位置附近,只要耐心去找,应该能够成功找到的。

有一种特殊的情况是连接过程中出现的Error或Warning,因为编译过程已经顺利完成,并不会指出错误发生在哪一行。这种情况往往发生在声明的外部全局变量或函数无从找到的情况,可以根据提示的信息知道错误发生的原因。

2.逻辑错误查找

逻辑错误的查找并不像语法错误查找那样简单。简单的程序,可以直接通过程序的表现来推断其错误产生的原因,如果程序稍微复杂,直接通过程序的执行结果往往不能定位错误产生的原因,通常需要借助各种不同的调试工具来辅助排除逻辑错误。

在程序逻辑错误查找中,经常需要程序在某些条件下停下来,查看某些变量或寄存器状态。由于51系列单片机内核本身不含有调试模块,因此传统的51单片机在程序调试时只能借助显示或通信输出模块来进行调试,或者直接借助示波器或逻辑分析仪等硬件设备进行调试。即使有专用的仿真器,使用也不是很方便,价格也相对不菲,市场上现在已经不多见了。

STC8系列单片机支持在线仿真功能,当按照3.3.1节所述将芯片仿真功能激活后,就可以进行在线仿真调试了。

在Keil中点中Project窗口中的Target1,并右击打开右键菜单,选中"Option for Target 'Target1'...",或者通过选择菜单"Project-Option for Target 'Target1'...",打开选项卡设置,在选项卡中点中Debug选项卡。Debug选项卡如图3-3-28所示,其中左半部分Use Simulator是进行纯软件仿真的各种设置,由于单片机程序一般要和硬件进行结合,纯软件仿真一般不会用到,多数情况下使用右半部分的硬件仿真。点中右半部分的"Use:",并从其右侧的下拉框中选择STC Monitor-51 Driver。如果下拉框中没有这个选择,请检查一下3.3.1节的软件准备有没有做好。然后点击Setting,出现Target Setup的弹出窗口,在弹出窗口中选择COM口或USB口进行仿真。由于STC8A8K64D4芯片不带USB功能,此处只能选择COM口进行仿真。Keil软件中并没有串行口自动识别功能,需要使用者在设置之前必须首先知道与单片机版上的USB转串口对应的COM口号,这可以在STC-ISP软件中看到,在图3-3-28中选择的是COM4。下面的Baudrate不需要修改,点击OK即可。最后点击选项卡中的OK退出仿真设置。

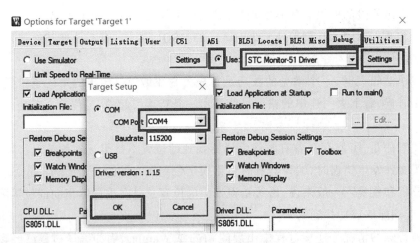

图3-3-28　Keil仿真设置

下面以图 3-3-29 所示的程序为例,介绍一下通过在线仿真调试查找程序错误的过程。程序中,编写了一个 Average 函数实现求平均值的功能,主程序中通过调用此函数求 5 个数的平均值。从编译结果可以看出,这个程序既没产生 Error,也没产生 Warning。通过手工计算可以算出,主程序中输入的 5 个数的平均值是 2.2,而程序计算出来的结果是 2.0,你能看出错误在哪里吗?

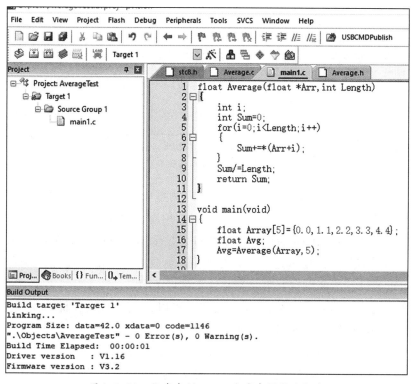

图 3-3-29　仿真实例——一个存在问题的程序

如果没有直接看出错误原因,就可以通过在线仿真查找程序错误了。在菜单 Debug 中选择 Start/Stop Debug Session,进入仿真调试模式,如图 3-3-30 所示。

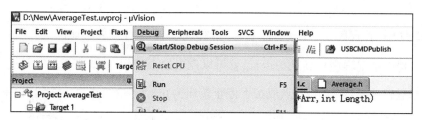

图 3-3-30　启动在线仿真调试

仿真调试界面与 Keil 的主界面有所不同,如图 3-3-31 所示。除了上部的菜单和工具栏之外,整个区域可以分为五部分:

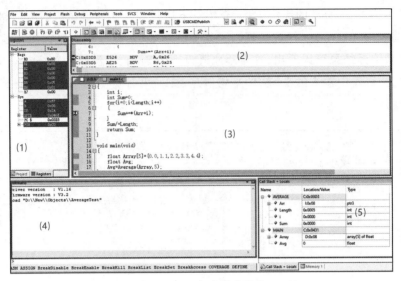

图 3-3-31　仿真调试界面

（1）寄存器窗口区（Registers）。可以查看 8051 内核中的内部寄存器数据，一般情况下可以不用管。寄存器显示区和整个工程项目管理树共用同一片区域。

（2）汇编语言窗口区（Disassembly）。本窗口区显示运行时的汇编语言代码。如果程序对执行时间比较在意，可以通过这个区域查看编译生成的汇编语言代码。如果不关心汇编语言代码，可以通过点击窗口右上角的 ▨ 将这个窗口关闭。

（3）源代码窗口区，显示程序的 C 语言代码。可以在此区域设置断点、观察变量数据和程序执行情况，是调试中经常使用的区域。

（4）命令窗口区（Command）。本窗口显示调试中的命令和执行情况，一般情况下可以通过菜单或工具栏按钮控制调试过程，因此也不需要对此窗口加以关注。

（5）变量查看窗口（Callback+Locals）。本窗口区可以查看在程序中用到的局部变量的变化情况，在程序调试中非常有用。在本窗口区中，还可以点击 Memory 选项卡，查看指定地址的内存数据。如果需要查看全局变量，还可以在主菜单的 View 中选中 Watch Windows，调出Watch 窗口查看全局变量。

图 3-3-32 中用框圈出来的工具栏在仿真调试中具有非常重要的地位。RST 是复位按钮，如果调试过程中希望程序重新从头运行，就可以点击这个按钮；是全速运行按钮，按下后程序将全速运行，一直到遇到断点或按下停止按钮为止；是停止执行按钮，按下后将打断正在运行的程序；是单步进入按钮，点击后执行一行程序，如果遇到的程序是一个函数调用，则进入被调用的函数内部；是单步跳过按钮，点击后执行一行程序，如果遇到的程序是一个函数调用，则将函数调用完全执行后返回；是跳出按钮，点击后执行到跳出当前的函数调用的位置停下来；按钮被按下后，程序执行到光标所在的位置。以上几个按钮可以组合使用，结合断点设置和变量及寄存器内容查看，可以有效地追踪程序的逻辑错误。

File Edit View Project Flash Debug Peripherals
Registers
stc8.h
main

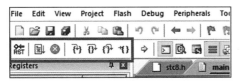

图3-3-32　仿真调试中的工具栏

在程序执行前或执行过程中，可以在一些关键地方设置断点，来查看执行过程中变量的变化。断点设置如图3-3-33所示，在程序源代码左侧颜色加深的行，点击一下可以设置断点，在相同位置再点击一下可以取消该断点。图中第7行和18行分别设置了一个断点。

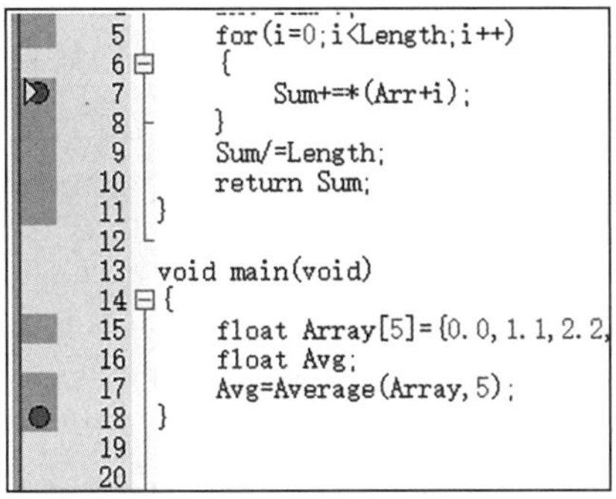

5 for(i=0;i<Length;i++)
6 {
7 Sum+=*(Arr+i);
8 }
9 Sum/=Length;
10 return Sum;
11 }
12
13 void main(void)
14 {
15 float Array[5]={0.0,1.1,2.2,
16 float Avg;
17 Avg=Average(Array,5);
18 }
19
20

图3-3-33　仿真调试中的断点设置

现在开始调试程序。因为程序只有一个调用，可以在函数Average内部设置一个断点，考虑程序的功能是将输入数据累加后除以个数，因此可以在第8行设置一个断点，观察每次循环累加值Sum的结果。点击全速运行按钮，程序执行到第8行停下来，此时可以看到循环变量i为0，Sum值为0；再点击一次全速执行，循环变量i为1，Sum值为1，如图3-3-34所示。第一个数和第二个数加起来明明应该是1.1，竟然变成1！此时应该看出来了吧！Sum的定义错了，应该定义为float，此处误定义为int，在计算时将小数位丢弃了。

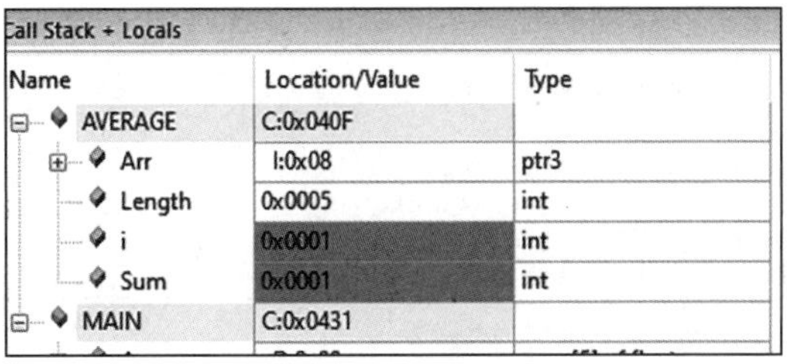

Call Stack + Locals
Name
Location/Value
Type
AVERAGE
C:0x040F
Arr
I:0x08
ptr3
Length
0x0005
int
i
0x0001
int
Sum
0x0001
int
MAIN
C:0x0431

图3-3-34　两次执行到第8行时的局部变量

退出调试状态，将第4行“int Sum=0;”改为“float Sum=0;”并重新编译。再次进入调试状态，并去掉所有断点。将光标移到第17行，点击 *{}，程序执行到计算之前停下来，可以观察到变量Avg=0。点击 {}，将光标置于变量Avg的位置，则可以看到此时以淡黄色字体显示的变量Avg的运行结果：Avg(D:0x1C)=2.2，最终得到了正确的结果。

除了以上所述的调试功能之外，在调试状态下还可以观察各外部设备寄存器的状态，如

ADC、定时器、GPIO 口等。这些寄存器状态可以在 Debug 菜单下调出,在调试外部设备时可以通过浏览这些寄存器状态来查找一些不易发现的错误。

3.4 多文件项目工程

C语言是一种模块化语言,这种模块化编程不但体现在C语言是由一个个函数相互调用构成的,还更多地体现在一个项目的组织结构上。简单的项目,如3.3节的流水灯项目,一个文件可以搞定。但是对于更为复杂的实际工程项目开发,多文件项目几乎是必然选择。

首先,如果将所有的代码都放在一个文件中,只要你改动哪怕一行代码,编译器也需要将整个文件重新编译以生成一个新的可执行代码。但是,如果将代码分在几个不同的小文件里,当改动一个文件时,其他文件的目标代码还是存在的,就不需要重新编译了。在一个大型项目中,要将全部代码重新编译可能要花几分钟甚至几十分钟时间,采用多文件项目将大大缩短编译时间。

其次,在一个代码风格良好的项目中,代码的查找也非常方便。如果将不同功能的代码放到不同的文件中,很容易知道某部分代码在哪个文件中。反之,如果所有代码都在一个文件中,当程序较长时,代码查找将非常不方便。

多文件的项目中,文件之间的共享减到最小,这样模块化风格很容易追踪程序中的BUG,调试非常方便。经过调试好的文件可以直接加入工程中供其他文件调用。

》 3.4.1 多文件项目结构

一个多文件项目中,除了各种配置文件外,项目中包含各种以“.c”为后缀名的源文件和“.h”为后缀名的头文件,有时可能还包含汇编语言文件。源文件是程序的核心,头文件为不同模块间调用提供了必要的常量、变量或函数声明。

图3-4-1所示为一个简单的多文件项目结构,可以看出,项目是一个树状结构,由各种源文件和头文件构成。在图3-4-1项目中,包含 main.c、ISR.c、Led7Seg.c、ADC.c 等源文件,这些源文件组成一个源文件组 Source Group1,图中还可以看到 main.c 和 ADC.c 中所包含的头文件。

图 3-4-1　简单的多文件项目结构

源文件一般是以 .c 作为文件的扩展名,内容是各种函数,这些函数包括内部调用的函数或提供给外部其他文件调用的函数。在源文件中,包含 main 函数的文件称为主文件,主文件中一般需要调用其他文件中的函数。C 语言中,除了主函数外,其他函数的调用需要事先对函数加以声明。如果在源文件中提供某个函数给本文件或其他文件中的函数调用,这个函数的声明往往放在头文件中。例如,ADC.c 中提供了 ADC 初始化函数 ADC_Init,部分程序代码如下:

```
void ADC_Init(uint16_t Channels)
{
    uint8_t ChannelLow,ChannelHigh;
    //ChannelTag = Channels;
    ChannelLow = (uint8_t)Channels;
    ChannelHigh = (uint8_t)(Channels>>8);
    ......
    ADC_CONTR |= ADC_POWER;          //ADC模块使能
}
```

如果主函数需要调用 ADC 初始化函数,需要在调用之前对 ADC 初始化函数加以声明

```
void ADC_Init(uint16_t Channels);
```

这种声明语句一般放在与源文件同名的头文件 ADC.h 中,主函数只需要包含头文件 ADC.h 即可。

更为复杂的项目中可能还包含汇编语言文件、库文件等其他文件。这些文件往往根据其内容或在系统中的层次划分成不同的组,如板级支持包的文件放在一起组成一个 BSP 组,用户自己编写的文件组成一个 USER 组。由于一般 8051 系列单片机所开发的项目比较简单,图 3-4-1 所示的单个组基本上就可以了。

在 Keil 中,创建一个多文件的项目是非常简单的。可以先创建工程文件,然后在工程中新建文件并添加到工程中;也可以先创建源文件和头文件,然后添加到工程文件中。创建和添加文件的方法可以参考 3.3 节中的内容。添加文件时只添加源文件就可以了,如果在源文件中用#include 将头文件包含,Keil 在编译时自动将头文件加入项目树中。

≫ 3.4.2　头文件

头文件以“.h”为扩展名,一般用于定义符号常量或宏、声明函数原型、定义结构体和联合体模板、自定义数据类型等。当一段程序中包含一个头文件后,相当于将头文件的内容复制到程序代码中包含头文件的位置。这是一种傻瓜式替换,从这个意义上讲,不用头文件也

可以,但是使用头文件后,程序更加简洁,可读性更强。

通常用#include命令将头文件包含到程序中。如果要将头文件"xxxx.h"包含到程序中,有以下两种#include命令格式:

```
#include<xxxx.h>
#include"xxxx.h"
```

两者之间的主要差别是指示编译器在查找文件时搜索目录的顺序不同。前者优先在默认路径(编译器指定的环境路径)下查找,后者优先在当前程序的工作路径下查找。一般来说,如果要包含编译系统提供的头文件,如REG51.h,用尖括号<>;如果要包含自己编写的头文件,用双引号""。

一个源文件中通常会包含多个头文件,一个头文件也可以被多个源文件包含,头文件中还可以包含头文件,这样复杂的包含关系,很有可能会产生一个头文件在一个源文件中被多次包含的情况,有可能会引起重复定义等问题,为了保证头文件中的内容即使出现多次包含的时候都只处理一次,C语言通过条件编译来进行处理。例如,某个头文件的文件名为HeaderFile1.h,其文件结构通常如下:

```
#ifndef HEADERFILE1_H_
#define HEADERFILE1_H_
//以下是头文件中的主要内容
......
......
#endif
```

宏 HEADERFILE1_H_是特定于文件 HeaderFile1.h的,在其他文件中并不会出现对这个宏的定义。如果 HeaderFile1.h在某个源文件中被多次包含,编译器第一次遇到#include "HeaderFile1.h"时,宏 HEADERFILE1_H_没有被定义,#ifndef HEADERFILE1_H_为真,因此继续进行后续处理,定义宏 HEADERFILE1_H_,然后对头文件的内容进行处理。当编译器再一次遇到#include "HeaderFile1.h"时,此时已经定义了宏 HEADERFILE1_H_,第一行就为假,一直到#endif的内容将不再处理,即头文件的主体部分就被忽略了。因此,即使头文件被包含多次,最终其实质内容也只被处理一次,不会引起重复定义的问题。

》 3.4.3 变量及其生存域

在C语言中,不同类型的变量具有不同的作用空间和生存时间。

1.动态局部变量

函数内部定义的变量称为局部变量。局部变量的作用空间仅限于函数内部,对于函数外部的代码来说,这种变量是不可见的。

如果局部变量前面没有加 static 修饰,称为动态局部变量。动态变量是在系统堆栈上或寄存器中分配的,其生存时间仅限于本次函数调用。当本次调用完成,局部动态变量所占用的空间将会被回收重利用,可能会被写入其他值,不要指望下次进入函数时该变量还保持原值不变。

在函数调用时,参数也和局部变量是类似的。并且要注意,参数是单向传值调用的。当函数内部对参数值改变时,不影响调用者传入的参数。如果希望传入参数改变某个调用者变量的值,可以通过传入变量地址(指针)实现。

2.静态局部变量

如果局部变量前加以 static 修饰,称为静态局部变量。静态局部变量作用空间仍旧限于函数内部,其他函数的代码是不能访问该变量的。但是,局部静态变量是在程序运行之前就已经分配好并做了初始化,其生存时间是整个程序的运行时间,在两次调用该函数之间变量的值不会发生改变。因此,如果希望在函数调用之间变量值保持不变,可以将变量定义为静态变量。与定义为全局变量相比,静态局部变量可以保证只能够在本函数内部进行修改,不会被其他函数修改,其安全性要好于全局变量。

另外要注意,在定义静态局部变量时,应该为局部变量赋初值。例如:

```
void  ExampleFunc(void)
{
    static  int8_t LocalStatic=0;
    ......
    LocalStatic++;
    ......
}
```

3.全局变量

全局变量的作用空间是最大的,程序的任何代码都可以访问,其生存空间也是最长的,是整个程序的运行时间。由于全局变量使用方便,初学者往往存在滥用全部变量的现象,导致程序结构混乱,一旦程序稍微复杂,其代码维护相当麻烦。另外,由于全局变量作用空间是整个程序,如果局部变量的命名与全局变量相同,会导致意想不到的错误。

在多个文件组成的项目中,如果要访问在其他文件中定义的全局变量,必须用 extern 加以声明。

如果在全局变量前加上修饰符 static,则表示这个全局变量的作用空间仅限于定义全局变量的文件中,其他文件中不能对此变量进行访问。

关于全局变量的使用要掌握如下原则:

(1)能不用全局变量就不用全局变量,如果希望在函数之间传递数据,别忘了可以用参数和返回值;

（2）如果希望变量在两次调用之间保持不变,尽量采用局部静态变量;

（3）如果是模块(同一文件)内部为了访问方便而使用全局变量,那么尽量用static修饰符将变量的作用范围限制为本模块;模块外对本模块的全局变量的访问通过函数调用实现;

事实上,C语言中的函数可以看作是全局的,只要加以声明,任何文件中都可以使用。如果希望将函数仅限于本模块中使用,也需要在函数的定义中将其定义为static函数,这样,其他文件就不能访问这个函数了。

思考与练习

1.说明下面语句的作用。

（1）int x,y;

int *px, *py;

px=&x;py=&y;

（2）unsigned char xdata *x;

unsigned char data *y;

unsigned char pdata *z;

（3）int *px;

px=(int xdata *)0x4000;

（4）sbit P1_1 = P1^1;

（5）bit ba;

（6）sfr ACC = 0xE0;

2.C语言逻辑运算和位运算有什么区别?

3.ANSI C的关键字是否适用于C51程序设计? 在C51的扩展关键字中,idata、sfr16、interrupt、bdata、code、bit、pdata、xdata、sbit、data、sfr各有什么作用?

4.写一段程序定义变量a、b、c,a为内部RAM的可位寻址区的字符变量,b为外部数据存储器的浮点型变量,c为指向int型片内高128字节内存区的指针。

5.C51的数据存储类型有哪几种? 几种数据类型各自位于单片机系统的哪一个存储区?

6.设:a=3, b=4, x=3.5, y=4.5。求表达式的值:(float)(a+b)/2+(int)x%(int)y。

7.写出下列几个逻辑表达式的值,设a=3, b=4, c=5。

（1）a+b＞c&&a=c

（2）a||b+c&&a-c

（3）!(a＞b)&&!c||1

（4）!(a+b)+c-1&&b+c/2

8.10个元素的int数组需要多少字节存放? 若数组在2000h单元开始存放,在哪个位置可以找到下标为5的元素?

9.Keil software提供了哪些套件?

10.如何创建项目及源文件?

第4章　STC8系列单片机基本外部设备

作为一款增强型8051单片机,STC8系列单片机具有标准8051单片机的外部设备,称为基本外部设备。这些基本外部设备包括通用输入输出口、向量中断控制器、定时器/计数器、通用同步异步收发器(USART)等。需要注意的是,虽然STC8系列单片机尽可能地做到了对8051单片机的兼容,一般的8051单片机程序可以几乎不用修改地在STC8系列单片机上运行,但是STC8系列单片机还是对基本外部设备做了一些改进,使用这些外部设备时要特别注意与标准8051单片机的区别,多多参考数据手册的相关介绍。

4.1　通用输入输出口(GPIO)

通用输入输出口(General Purpose Input/Output,简称GPIO)是单片机中最常用到的单元,可以用于操作各种外部器件、设备和开关等,如实现LED或LCD显示、按键或其他开关量输入、继电器输出控制等。如果将GPIO用于按键或其他开关量检测,GPIO为输入口;如果将GPIO用于控制LED、LCD显示或继电器输出控制,GPIO为输出口。

GPIO有两种状态:0和1。一般来说,0为低电平,电压为0V左右;1为高电平,电压接近单片机供电电压VDD。

GPIO口是单片机中最基本和最简单的资源。一般来说,当拿到一款单片机后,或者硬件电路设计并制作完成后,首先要做的工作就是看一看GPIO是不是正常,这是测试硬件系统是否正常工作的一个最基本的方法。

标准8051单片机提供P0、P1、P2和P3四个GPIO口,每个口都有8路输入输出,共有32路输入输出,每路IO口都可以单独控制。在8051单片机中,P0除了作为GPIO之外,还作为并行扩展中的地址/数据总线,P2口用作地址总线,P3作为多功能口,四个GPIO口的结构上存在着差异,因此在使用上也存在着微妙的差别。

与标准8051系列单片机相比,STC8系列单片机的GPIO口具有如下特点:

(1)可用GPIO口数量增加。STC8系列单片机提供了内部复位、高精度RC时钟等电路,另外大部分芯片也不支持并行总线扩展,这样除了电源和地之外的任何一个引脚都可以作为GPIO使用。另外,STC8系列单片机还提供了多种封装,从8引脚到64引脚提供多种选择,最多可以提供60路输入输出口线。因此,除了P0、P1、P2和P3口之外,STC8系列部分单片机可以提供更多GPIO口,如P4、P5、P6和P7。具体某种单片机能提供哪些GPIO口,请参见其数据手册。

(2)GPIO口内部结构一致,没有使用上的差别,每路GPIO口都可以配置为四种输入输出模式之一(准双向/弱上拉模式、推挽输出/强上拉模式、高阻输入模式和开漏输出模式)。需要注意的是,除P3.0和P3.1外,其余所有GPIO口上电后的状态均为高阻输入状态,在使用GPIO口时必须先设置输入输出模式(早期的STC8单片机上电后GPIO口是准双向/弱上拉模式,一般应用中不需要对其进行设置)。

(3)提供了推挽输出/强上拉方式,增加了提供拉电流输出能力,单路GPIO口拉电流和灌电流均可以最大达到20mA。

(4)可以设置GPIO口的输出驱动能力和输出速度,在速度和抗干扰性之间进行平衡。

(5)与8051中复用功能固定位于P3口不同,STC8中提供了不同的端口映射功能。同一种功能输入输出可以映射到不同的GPIO口上,为应用系统设计提供了更大的灵活性。

(6)每个GPIO口均可产生中断。

4.1.1　GPIO口的输入输出模式

STC8系列单片机每个GPIO口可以配置为以下四种模式之一:准双向/弱上拉模式(标准8051输出口模式)、推挽输出/强上拉模式、高阻输入模式(电流既不能流入也不能流出)或开漏模式,可使用软件对I/O口的工作模式进行配置。

1.准双向口/弱上拉模式

准双向口/弱上拉是标准8051的GPIO输入输出口模式。在这种模式下,端口既可以作为输出,也可以作为输入。当引脚输出为低时,它的驱动能力很强,每个端口吸收可达20mA的电流(称为灌电流);当输出为高时,驱动能力很弱,最大能向外流出电流(称为拉电流)在μA数量级上,外部输入的低电平可以将引脚拉低。

STC8系列单片机GPIO口准双向口/弱上拉配置的工作原理如图4-1-1所示,虽然其内部结构不同于标准8051单片机准双向口,但是提供了相似的功能。在其中有3个上拉晶体管,分别是强上拉、弱上拉和极弱上拉。当端口寄存器锁存数据保持为0时,下拉晶体管打开,GPIO引脚输出为低电平,三个上拉晶体管全部关闭,此时端口可以接收多达20mA的灌电流。当端口寄存器锁存数据保持为1时,强上拉晶体管关闭,极弱上拉晶体管打开。当引脚悬空时,这个极弱的上拉源产生很弱的上拉电流将引脚上拉为高电平,高电平输出又将弱上拉晶体管打开,提供基本电流使GPIO口输出保持为高电平。外接负载时,这个高电平能够提供几十到上百微安的拉电流输出。

当端口寄存器锁存数据保持为1时,如果有外部高电平信号接入,输出也是高电平,不会有任何冲突,此时读入输入数据时将得到1。如果外部输入信号信号为低,且具有足够的输出能力能够将引脚电平拉低,这时弱上拉晶体管将会被关闭,极弱上拉更无法抵消外部输入信号的下拉能力,此时读入输入数据将得到0。因此,此时GPIO口可以作为输入端口使用,读取的端口数据即为输入信号的状态。

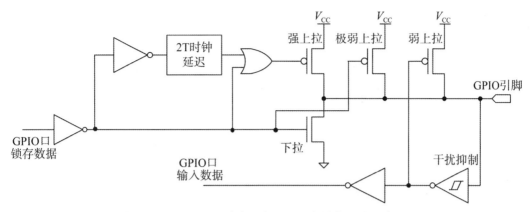

图 4-1-1 GPIO 配置为准双向口/弱上拉模式时的工作原理

强上拉晶体管在这里的作用是:当端口锁存器由 0 到 1 跳变时,加快输出口由低电平到高电平的转换。当发生这种情况时,强上拉控制信号的或门输入信号会在约 2 个时钟周期内同时为低,强上拉打开,以使引脚能够迅速地上拉到高电平,否则单纯靠弱上拉和极弱上拉,上升速度将非常缓慢。当两个周期过后,或门输入中其中一个将会变为高电平,强上拉晶体管被关闭。端口进入正常工作状态。

在准双向口/弱上拉模式下使用 GPIO 时,要记住两条:①单片机是吝啬鬼,给它电流可以,却不能让它贡献电流。也就是说,灌电流可以比较大,但是可能提供的拉电流却非常小。②要想将端口从输出状态切换到输入状态,必须对端口写入 1。

看看图 4-1-2 所示电路,假设 P1.0 设置为准双向口/弱上拉模式,要控制发光二极管的闪烁,请问哪个电路是正确的?(提示:发光二极管在点亮时工作电流为 2~10mA。)

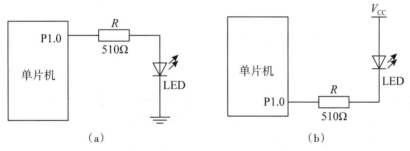

图 4-1-2 单片机控制 LED 闪烁电路

事实上,上述(a)电路图是有问题的。当对 P1.0 写入 0 时,引脚输出低电平,发光二极管 LED 两端电压接近于 0V,发光二极管熄灭。当对 P1.0 写入 1 时,由于此时是弱上拉,在外部电路作用下,引脚输出端依然会是低电平,不能将 LED 点亮。而图(b)中,当对 P1.0 写入 0 时,输出为低电平,LED 在正向电压作用下导通而点亮,当对 P1.0 写入 1 时,输出为高电平,LED 两端电压近似为 0,从而熄灭。因此,使用图(b)中的电路能够正确实现发光二极管的控制,而图(a)电路则不能够实现期望的功能。

2.推挽输出/强上拉模式

推挽输出/强上拉模式的工作原理如图4-1-3所示。当输出为高时,强上拉晶体管打开,下拉晶体管关闭,系统输出被拉至高电平,同时可以提供较强的输出驱动能力(20mA 拉电流);当输出为低时,强上拉晶体管关闭,下拉晶体管打开,系统输出被拉至低电平,同时也可以接受较强的灌电流(20mA)。

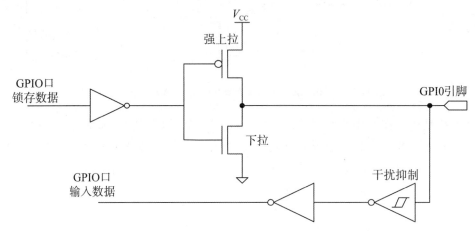

图 4-1-3　GPIO 配置为推挽输出/强上拉模式时的工作原理

在推挽输出/强上拉模式下,GPIO 只能作为输出端口使用,不能同时作为输入端口。当然,对端口读操作是可以的,将会返回写入的状态。

现在再来重新审视一下图4-1-2所示的电路,如果此时将 P1.0 口设置为推挽输出/强上拉模式,则(a)和(b)两个电路都是没有问题的,可以正常工作。可见在使用单片机时,软件和硬件是相互影响的,相互配合是非常重要的。同样的电路在不同的程序之下,可以表现出完全不同的效果。

3.高阻输入模式

高阻输入模式 GPIO 的工作原理如图4-1-4所示。所谓高阻,指的是与引脚相连的电路输入阻抗很高,不会对外部电路的状态造成影响。在高阻输入模式下,GPIO 输出信号通道被关断,此时只能作为输入端口使用,输入通道带有一个施密特触发输入的干扰抑制电路。由于输入为高阻输入,不会拉出电流,也不会灌入电流。

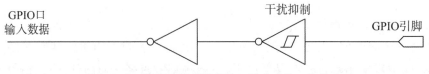

图 4-1-4　GPIO 配置为高阻输入模式时的工作原理

高阻输入模式的一个典型应用就是作为模拟信号输入,此时输入电压直接馈入 AD 转换电路,而不受内部电路影响。

在高阻输入模式下,如果输入信号是数字信号,这时往往需要一个缺省的低电平或高电平状态。以如图4-1-5所示的按键输入为例,如果没有上拉电阻R,当按键被按下时,GPIO口的输入电平为低电平;当按键松开时,GPIO输入电平处于不确定状态,因此,必须外加一个上拉电阻才能正确读出按键状态。STC8系列单片机的GPIO口有一个内部可以使能的上拉电阻,当采用内部上拉电阻时,外部的上拉电阻R可以省去。与准双向口/弱上拉模式不同,在高阻输入下,当读取GPIO口电平状态时不需要对GPIO写入1,直接读口线数据即可。

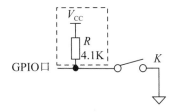

图4-1-5　按键输入电路

4. 开漏模式

开漏是漏极开路的意思,其工作原理如图4-1-6所示。该工作模式与准双向口和推挽输出工作模式最大的不同是没有上拉晶体管,端口引脚内部电路所接的所有上拉晶体管都处于截止无效状态。开漏模式下,端口既可以作为输入,又可以作为输出,但是一般情况下都是作为输出使用。当输出为0时,下拉晶体管打开,GPIO引脚被连接到地,可以正确输出低电平;当输出为1时,下拉晶体管关闭,此时若没有外部电路将GPIO引脚上拉到高电平,则不会正确输出高电平。

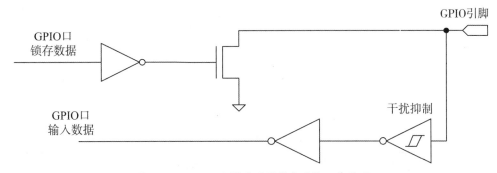

图4-1-6　GPIO配置为开漏模式时的工作原理

开漏模式能够比较好地匹配外接不同工作电源电压的外设,例如用3.3V的单片机驱动5V的负载。但是从安全和可靠性考虑,一般不建议不同电源电压等级的逻辑芯片直接连接。开漏模式下GPIO口可以直接驱动发光二极管或微型继电器等小功率负载,这时候可以将负载电路直接作为开漏输出的上拉电路,例如图4-1-2(b)所示的发光二极管控制电路。当然可以将输出端口设置为准双向口/弱上拉模式,也可以设置为推挽输出/强上拉模式,但是此时使用开漏模式更合适一些,由于没有了内部上拉的功耗,单片机功耗可以降低,这在一些低功耗系统的设计中具有重要的意义。另外,在使用I^{2}C功能时,一般需要外部上拉电阻,这时将GPIO口设置为开漏模式更加合适。

GPIO 口 Px(x=0,1,2,…)的输入输出模式通过 PxM0 和 PxM1 寄存器设置,PxM0 和 PxM1 的第 i(i=0,1,…7)位的值决定了端口 Px.i 的模式,模式设定如表 4-1-1 所示。

表 4-1-1　Px 口输入输出模式设定

PxM1.i	PxM0.i	Px.i 端口模式
0	0	准双向口/弱上拉
0	1	推挽输出/强上拉
1	0	高阻输入(缺省模式)
1	1	开漏模式

例如,如果要设置 P0.0~P0.5 为准双向口,P0.6 为推挽输出,P0.7 为开漏模式,使用如下 C 语言语句实现:

```
P0M1=0x80;        //0b10000000
P0M0=0xC0;        //0b11000000
```

4.1.2　相关寄存器一览

要真正掌握单片机的使用,除了要看懂单片机各部分的工作原理之外,还要搞清楚相关寄存器的操作,将原理中的介绍和寄存器的相关内容对应起来。与 GPIO 相关的常用寄存器如表 4-1-2 所示,从表中可以看出,与端口 Px(x=1,2,....7)相关的常用寄存器有两类:Px 端口寄存器(实际上就是数据寄存器)Px 和 Px 口配置寄存器 PxM0、PxM1。其中 PxM0、PxM1 的使用前面已经讲过。从表中可以看出,GPIO 口缺省的输入输出模式是高阻输入模式,在程序对其初始化之前,可以根据需要通过上拉或下拉电阻将其初始电平置为高电平或低电平,这在希望程序执行之前有确定输出状态的场合是非常有用的。

表 4-1-2　GPIO 口常用寄存器一览

名称	符号	地址	位描述								复位值
			B7	B6	B5	B4	B3	B2	B1	B0	
P0 端口	P0	80H									1111,1111
P1 端口	P1	90H									1111,1111
P2 端口	P2	A0H									1111,1111
P3 端口	P3	B0H									1111,1111
P4 端口	P4	C0H									1111,1111
P5 端口	P5	C8H	–	–							xx11,1111
P6 端口	P6	E8H									1111,1111
P7 端口	P7	F8H									1111,1111

名称	符号	地址	位描述								复位值
			B7	B6	B5	B4	B3	B2	B1	B0	
P0口配置寄存器1	P0M1	93H									1111,1111
P0口配置寄存器0	P0M0	94H									0000,0000
P1口配置寄存器1	P1M1	91H									1111,1111
P1口配置寄存器0	P1M0	92H									0000,0000
P2口配置寄存器1	P2M1	95H									1111,1111
P2口配置寄存器0	P2M0	96H									0000,0000
P3口配置寄存器1	P3M1	B1H									1111,1111
P3口配置寄存器0	P3M0	B2H									0000,0000
P4口配置寄存器1	P4M1	B3H									1111,1111
P4口配置寄存器0	P4M0	B4H									0000,0000
P5口配置寄存器1	P5M1	C9H	–	–							xx11,1111
P5口配置寄存器0	P5M0	CAH	–	–							xx00,0000
P6口配置寄存器1	P6M1	CBH									1111,1111
P6口配置寄存器0	P6M0	CCH									0000,0000
P7口配置寄存器1	P7M1	E1H									1111,1111
P7口配置寄存器0	P7M0	E2H									0000,0000

注:STC不同系列不同芯片的相同外设其寄存器内容存在差别,请参考具体芯片的用户手册。

数据寄存器Px实际上是同一个地址的两个寄存器,一个是输出锁存寄存器,另一个是输入数据寄存器。对Px的写入操作即对GPIO输出锁存寄存器的写入,即实现数据的输出;对Px的读取操作即对GPIO口数据寄存器的读取,即实现数据的读入。这些操作通过简单的C语言赋值语句实现,例如:

```
P0 = 0xff;
```

实现让P0的各端口输出高电平,而

```
a = P1;
```

则是将P1端口的高低电平状态读入到变量a中,当然在此之前要先对变量a进行定义。

STC8系列单片机的GPIO口是可以按位访问的。在使用位操作时,往往需要先对位进行定义,然后直接对位进行读写操作。例如,在图4-1-2(b)中,用P1.0来控制LED,则可以编程如下

```
sbit  LED  =  P1^0;              //定义 LED 为 P1.0
......
LED  =  0;                      //LED 发光
......
LED  =  1;                      //LED 熄灭
```

GPIO口的使用非常简单,只需要掌握两点就可以了:①设置GPIO口的工作模式。通过设置PxM0和PxM1寄存器中的相应位就可以实现。②对相应的GPIO口进行读写。读写可以是8位一起读写,也可以是按位读写,只需要执行相应的赋值语句就可以实现。

例程4-1-1是一段简单的GPIO口测试程序,用P5.5引脚控制LED灯的闪烁。电路图参见图2-3-1。在这里,使用了sfr和sbit分别定义了特殊功能寄存器P5、P5M0和P5M1,因为REG51.H不包含这些定义。如果已经利用STC烧写工具生成针对STC8系列的芯片的头文件,例如STC8.h,其中已经包含了这些特殊功能寄存器定义,直接将"include<REG51.H>"替换为"include<STC8.h>"即可,随后的四行的寄存器定义即可省略。

例程4-1-1——测试程序,LED灯的闪烁

```
#include <REG51.H>
sfr  P5  =  0xC8;
sfr  P5M0  =  0xCA;
sfr  P5M1  =  0xC9;
sbit  LED  =  P5^5;
void  delay(void);
void  main(void)
{
    P5M0  |=  (1<<5);
    P5M1  |=  (1<<5);           //P5.5 设置为开漏模式
    while(1)
    {
        LED  =  0;              //LED 发光
        delay();
        LED  =  1;              //LED 熄灭
        delay();
    }
}
void  delay(void)              //延时一段时间
```

```
    {
        unsigned int i,j = 0;
        for(i=60000;i>0;i--)
        {
            for(j=0;j<100;j++);
        }
    }
```

STC8 数据手册中还有一些其他的 GPIO 口控制寄存器,这里对其仅做简要介绍,具体使用方法和寄存器细节描述请参考其数据手册中的说明。

(1)上拉电阻控制寄存器 PxPU(x=1,2,....7,以下同)

PxPU 寄存器使能或禁止相应 GPIO 口的内部 4.1K 上拉电阻。当相应位为 1 时,启用内部上拉电阻,此时可以省去外部上拉电阻;当相应位为 0 时,禁止内部上拉电阻(缺省情况)。

(2)端口施密特触发控制寄存器 PxNCS

PxNCS 寄存器使能或禁止相应 GPIO 口的施密特触发功能。使用施密特触发功能可以在一定程度上抑制输入的干扰信号,缺省情况下此功能是启用的。

(3)端口电平转换速度控制寄存器 PxSR

PxSR 设置了电平转换速度的高低。当转换速度高时,输出信号的过冲较大;当转换速度低时,输出信号的过冲较小。如果对输出信号的速度不做要求,应该设置为低转换速度,以减少信号干扰。

(4)端口驱动电流控制寄存器 PxDR

PxDR 控制端口的驱动能力,可以设置为增强驱动能力和一般驱动能力。如果需要信号输出速度较快,除了提高端口转换速率之外,需要增强输出驱动能力。如果需要降低输出对外干扰,一方面要降低转换速率,另一方面要降低输出驱动能力。

(5)端口数字信号输入使能控制寄存器 PxIE

PxIE 是外部管脚到内部数字电路通道的开关。当 PxIE 设置为 1 时,数字电路通道被打开,此时内部的数字信号可以通过数字通道输出到外部管脚,内部数字电路也可从外部管脚获取高低数字电平信号;当 PxIE 设置为 0 时,内部数字电路和外部管脚就完全断开。

需要说明的是,上述五类寄存器都位于 xdata 区域的高地址处,要访问这些寄存器,需要先将寄存器 P_SW2(地址 0xBA)的 B7 位置 1。当访问完成后,再将寄存器 P_SW2 的 B7 位清零。

》》 4.1.3　GPIO 口的应用——七段 LED 数码管显示技术

在计算机测控系统中经常需要把一些信息显示给用户,常用的显示方式有液晶显示(LCD)、数码管显示(LED)、真空荧光显示(VFD)等。其中,LED 显示以其结构简单、价格便宜的优点在低成本控制系统中得到了广泛应用。下面我们以最常用的七段数码管为例展示一下GPIO口的使用。

七段数码管及其内部结构如图4-1-7所示，每段显示部件都是一个发光二极管，不同发光二极管的阴极或阳极连接在一起，形成公共端COM，不同二极管发光组合可以形成数字0~9和部分字符的显示。七段数码管有时又被称为八段数码管，因为除了A、B、C、D、E、F、G七段外，大部分数码管还多了一段用于表示小数点的DP段。图4-1-7(b)中不同发光二极管的阴极连接在一起，称为共阴极七段数码管；图4-1-7(c)中不同发光二极管的阳极连接在一起，称为共阳极七段数码管。

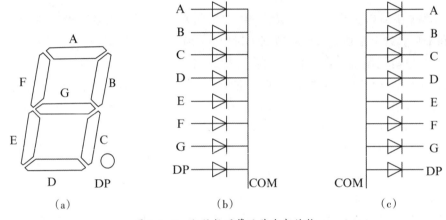

图4-1-7　七段数码管及其内部结构

以共阳极七段数码管为例，如果要显示数字"2"，需要点亮A、B、D、G、E五段数码管，此时可以将公共端COM接高电平，A、B、D、G、E对应的管脚接低电平，就可以在数码管上显示出数字"2"。

在实际中，这种单个的数码管应用还是较少的，实际中经常使用的是多位数码管，图4-1-8所示为一个三位共阳极数码管及其内部结构图。在图中，A、B、C、D、E、F、G和DP称为段选线，不同位的相应段并联在一起并引出；COM1、COM2和COM3称为位选线，分别是三个数码管的公共阳极。共阴极数码管也具有类似的结构，只不过段选线引出的是发光二极管的阳极，而位选线引出的是各位的阴极。

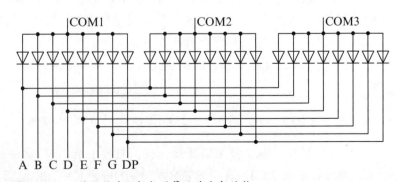

图4-1-8　三位七段共阳极数码管及其内部结构

多位数码管的段选线都是连接在一起的,如果要在不同位上显示不同的数字,可以利用人眼的视觉暂留效应。在某个时刻让其中一个数码管显示数字,其他数码管都不显示。在下一个时刻,点亮另外一个数码管。如此循环往复,多个数码管依次点亮,只要刷新速度足够快,人眼看上去是在不同的位显示不同的数字。

一个简单的单片机控制的四位共阳极数码管电路如图4-1-9所示。由于位选线是多个发光二极管的阳极,需要提供较大的驱动电流,因此在单片机输出和公共端之间增加了三极管驱动电路以增加输出电流的能力。与前面的发光二极管控制电路类似,在段选线和单片机输出口之间增加了200欧姆的限流电阻。单片机P1.0~P1.3分别控制各位选线,当单片机某位输出为低电平时三极管导通,相应的数码管被选中点亮,否则三极管断开,相应的数码管不被点亮;P2.0~P2.7分别控制各段选线,当输出为低时被选中位的相应段显示,当输出为高时被选中位的相应段熄灭。

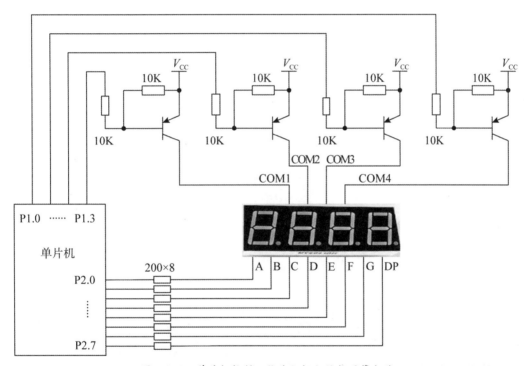

图4-1-9 单片机控制四位共阳极七段数码管电路

现在考虑这样一个任务,在数码管上显示"1234"四个字符。首先,应该在P1口输出0xF7(0b11110111),同时在P2口输出0xF9(0x11111001);延时10ms后,在P1口输出0xFB(0x11111011),同时在P2口输出0xA4(0x10100100);再延时10ms后,在P1口输出0xFD(0x11111101),同时在P2口输出0xB0(0x10110000);再延时10ms后,在P1口输出0xFE(0x11111011),同时在P2口输出0x99(0x10011001);再延时10ms后,重新转到开始的输出。周而复始,不断循环,就会在数码管上显示"1234"四个字符。参考程序如例程4-1-2所示。

例程4-1-2——七段数码管的控制（显示"1234"）

```c
#include <REG51.H>
#include "stdint.h"
#define SEG_Port P2
#define BIT_Port P1
uint8_t code DecToSeg[10]={0xc0,0xf9,0xa4,0xb0,0x99,0x92,0x82,
0xf8,0x80,0x90};
                //  '0' '1' '2' '3' '4' '5' '6' '7' '8' '9'
uint8_t code BitCode[4]={0xF7,0xFB,0xFD,0xFE};
void delay(void);
void main(void)
{
    uint8_t DispNum[4]={1,2,3,4};
    uint8_t i=0;
    P2M0=0xff;
    P2M0=0xff;
    P1M0=0xff;
    P1M1=0xff;
    while(1)
    {
        SEG_Port = DecToSeg[DispNum[i]];    //送段选码
        BIT_Port = BitCode[i];              //送位选码
        delay();
        i=(i+1)&3;
    }
}
void delay(void)                            //延时一段时间
{
    unsigned int i,j = 0;
    for(i=6000;i>0;i--)
    {
        for(j=0;j<100;j++);
    }
}
```

思考: 能否对上面的例程 4-1-3 进行修改,显示一个 0~99.99 任意给定的数字呢?

4.2　中断系统

在计算机中,中央处理器 CPU 经常需要与外部设备进行数据交换(读写)。然而,CPU 和外部设备之间并不一定是同步的,在进行数据读写之前,CPU 必须知道外部设备有没有准备好。只有外部设备准备好,才能进一步进行数据读写,否则,CPU 只能等待。

举例来说,CPU 需要接收一个通信系统传来的指令,并对指令进行解读和执行,这时计算机该怎么做呢? 一种方式是,CPU 不断检查通信系统是否收到指令,如果收到,则进行处理和解读,如果没有收到,则继续等待。这种处理方式称为查询方式,其最大的问题是占用大量的 CPU 时间用于查询外设状态。一旦计算机要处理的事务比较多,这种查询方式会导致某些任务得不到及时处理。

有没有更好的方式呢? 当然有了,中断就是处理这种问题的主要方式。当 CPU 正常运行的时候,这时如果外部设备需要 CPU 进行数据传输,那么就会向 CPU 发出请求,称为中断请求。CPU 在收到中断请求后,在适当时刻暂停当前的工作,转而去处理这个外部设备要求的事件,当事件处理完后,再回到原来被暂停的地方,继续原来的工作,这个过程称为中断处理。中断系统是计算机的重要组成部分,在实时控制、故障处理、数据传输等过程中往往需要用到中断系统。

另外,在一些便携式设备中,往往在大部分时间 CPU 处于低功耗模式中,只有在一些外设有事件发生时,CPU 才从低功耗模式中唤醒,并对这些事件进行响应,此时中断机制也是必不可少的。如果 CPU 需要不断查询外部设备的状态,降低功耗是很难实现的。

4.2.1　中断系统的基本结构

在中断系统中,引发中断的设备或事件称为中断源,管理中断的部分称为中断控制器。在单片机系统中,中断源往往是各种外部设备,在 STC8 系列单片机中,几乎所有的外部设备都可以产生中断。一旦外部设备需要 CPU 对其进行处理,则向 CPU 发出中断请求。中断控制器收到中断请求信息后,首先将中断信号登记,表示接受了中断请求,并准备在适当的时候加以处理,这个过程称为中断悬起。在计算机系统中通常有多个不同的中断源,每个中断源都具有自己的优先级(中断优先级)。当多个中断源都处于悬起状态时,中断控制器根据中断优先级选择合适的中断(一般是优先级最高的),响应其中断请求。CPU 在响应中断请求时执行的程序称为中断服务程序。

CPU 对中断事件的响应过程如图 4-2-1 所示。接到中断控制器发出的中断请求信息后,CPU 会中断当前正在运行的程序,转到中断服务程序中,执行中断服务程序代码。在进入中断服务程序之前,CPU 必须保存中断断点信息,以使得中断服务程序执行完毕后,在原来程序断点部分继续往下执行。当中断服务程序正在执行时,如果高优先级的中断发生,且此时中断是允许的,则高优先级中断请求可能会中断低优先级的中断服务程序,处理完高优先级的中断服务后,再返回处理低优先级中断,这种情况称为中断嵌套。大多数CPU都支持一定层次的中断嵌套。

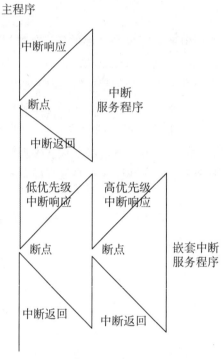

图 4-2-1　中断响应过程

4.2.2　STC8单片机的中断系统

标准8051系列单片机提供5个中断服务:外部中断0中断(INT0)、定时器/计数器0中断(Timer0)、外部中断1中断(INT1)、定时器/计数器1中断(Timer1)和串行口中断(UART)。STC8系列单片机除了支持标准8051的5个中断服务外,还对其他外设中断进行了支持,所提供的具体中断数量因型号不同而有所差别,根据芯片内部的外设资源决定。

以STC8A8K64D4系列为例,提供了多达45个中断请求源,它们分别是:外部中断0中断(INT0)、定时器0中断(Timer0)、外部中断1中断(INT1)、定时器1中断(Timer1)、串行口1中断(UART1)、模数转换中断(ADC)、低压检测中断(LVD)、可编程计数器阵列中断(PCA)、串行口2中断(UART2)、串行外设接口中断(SPI)、外部中断2中断(INT2)、外部中断3中断(INT3)、定时器2中断(Timer2)、外部中断4中断(INT4)、串行口3中断(UART3)、串行口4中断(UART4)、定时器3中断(Timer3)、定时器4中断(Timer4)、比较器中断(CMP)、增强型脉冲宽度调制中断(PWM)、PWM异常检测中断(PWMFD)、I^2C总线中断、GPIO口中断(P0~P7)、液晶模组中断(LCM)和与DMA相关的一系列中断。众多的中断为系统设计带来了良好的灵活性,我们将在后续的章节中陆续看到不同中断的使用方法。

STC8系列单片机中断控制系统如图4-2-2所示,为简单明晰起见,图中只画出了部分中断,并没有将所有中断的控制画出,其他外设中断控制系统的结构也是类似的。可以看出,一个外设中断控制系统包括中断请求、中断使能控制和中断优先级控制三部分。

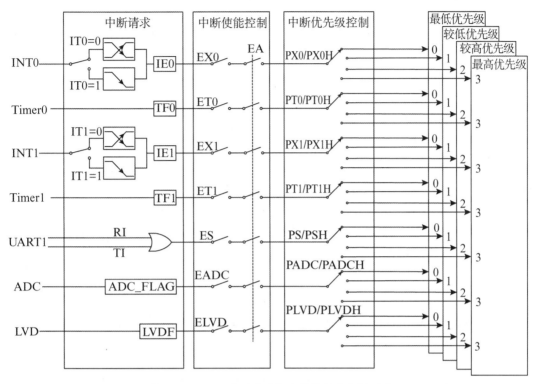

图 4-2-2 STC8系列单片机中断控制系统(部分)

外设能否产生中断,以及产生什么样的中断,与具体外设相关。以用于通信的UART1为例,其承担发送和接收数据的任务,那么什么情况下会产生中断呢? 很明显,产生中断的目的是要CPU去处理数据。如果是接收,什么情况下需要CPU处理数据呢? 当然是在UART1已经完成了对数据的接收,需要CPU去保存或进一步处理时才有必要产生中断。因此,接收中断RI意味着UART1已经接收到了数据,需要CPU来读取,在相应的中断服务程序中,最基本的操作就是把数据从UART1保存到内存中。如果是发送呢? 发送是数据输出的过程,产生中断的目的是告诉CPU你可以发送数据了,因此当上一个数据发送完成后就会产生一个发送中断。在中断服务程序中,需要判断还有没有数据要继续发送。如果还有数据要发送,则继续发送,否则就直接退出中断服务程序。

当中断条件满足后,能否产生中断,需要经过中断使能控制。只有中断使能控制允许,才能产生中断。中断使能控制分为两级:第一级为每个不同中断的使能,例如,图4-2-2中的EADC控制决定了是否允许产生ADC中断;第二级为全局的中断控制,控制所有中断使能。全局中断控制通过中断使能控制寄存器IE中的EA位实现。当EA=1时,全局中断使能;当EA=0时,所有中断禁止。因此,要允许某个中断产生,必须满足两个条件:①相应外设的中断使能;②全局中断使能EA=1。

在传统的8051单片机中,由于中断服务较少,中断使能控制通过一个寄存器IE的各位设置就可以实现。STC8系列单片机支持的中断服务较多,一个寄存器IE无法满足要求,因此在STC8系列单片机中,除了IE寄存器之外,还增加了中断使能寄存器IE2,还有一部分外部设备中断使能信号在其他一些相关的寄存器中设置。

传统8051单片机具有两个中断优先级,即高优先级和低优先级,可以实现两级中断嵌套。STC8系列单片机支持四级优先级(最高优先级、较高优先级、较低优先级和最低优先级),实现四级中断嵌套。优先级通过设置特殊功能寄存器IP、IPH和IP2、IP2H中的相应位实现。中断优先级可归纳为下面三条基本规则:

(1)低优先级中断可被更高优先级的中断所中断,反之不能。

(2)任何一种中断,一旦得到响应,不会再被它的同优先级中断所中断。只有当中断服务程序执行完毕,返回主程序后再执行一条指令才能响应新的同优先级中断申请。

(3)当两个同级别的外设都申请中断时,按照其中断向量的次序从小到大依次响应。例如,如果当前外部中断0(INT0)和Timer0中断都已经申请,并且这两个中断都设为相同优先级0,则首先响应外部中断0,因为其中断向量编号为0,而Timer0中断向量编号为1。

中断服务程序是指CPU响应中断时需要进行的操作,一般用于数据的读写。在C51中,中断服务程序的一般格式如下:

```
void 函数名(void) interrupt 中断号 using 工作组
    {
        中断服务程序内容
    }
```

中断服务程序不能带有返回值,也不能带任何参数,所以参数列表和返回类型都是void。中断服务程序的函数名原则上讲可以随便取,只要符合C语言标识符的规范即可,但是如前所述,作为一个好的程序,最好取一个稍微专业点的名字。中断号是指单片机中断向量序号,这个序号是单片机识别不同中断的唯一标志(注意:不是用函数名字识别的!),是编译后中断服务程序跳转的依据。using工作组是指这个中断使用单片机内存中4个工作寄存器的哪一组,C51编译后会自动分配工作组,因此通常可以省略不写。STC8各系列均支持的中断向量入口地址及编号如表4-2-1所示。大部分中断名字对读者来说可能是陌生的,但是随着对单片机的一步步熟悉,这些中断将会慢慢出现在你的程序之中。每种具体型号单片机还有一些其他的中断,请参阅相关芯片的数据手册。

表4-2-1 STC8系列单片机支持的中断向量及入口地址

名称	中断源	入口地址	中断号	名称	中断源	入口地址	中断号
外部中断0	INT0	0003H	0	外部中断3	INT3	005BH	11
定时器0	Timer0	000BH	1	定时器2	Timer2	0063H	12
外部中断1	INT1	0013H	2	外部中断4	INT4	0083H	16
定时器1	Timer1	001BH	3	串行口3	UART3	008BH	17

名称	中断源	入口地址	中断号	名称	中断源	入口地址	中断号
串行口 1	UART1	0023H	4	串行口 4	UART4	0093H	18
AD 转换器	ADC	002BH	5	定时器 3	Timer3	009BH	19
低电压检测	LVD	0033H	6	定时器 4	Timer4	00A3H	20
可编程计数器阵列	PCA	003BH	7	比较器	CMP	00ABH	21
串行口 2	UART1	0043H	8	PWM	PWM	00B3H	22
SPI 总线	SPI	004BH	9	PWM 异常检测	PWMFD	00BBH	23
外部中断 2	INT2	0053H	10	I²C 总线	I2C	00C3H	24

在 C 语言中可以声明如下中断服务程序的函数：

```
void INT0_Routine(void) interrupt 0;

void TM0_Routine(void) interrupt 1;

void INT1_Routine(void) interrupt 2;

void TM1_Routine(void) interrupt 3;

void UART1_Routine(void) interrupt 4;

void ADC_Routine(void) interrupt 5;

void LVD_Routine(void) interrupt 6;

void PCA_Routine(void) interrupt 7;

void UART2_Routine(void) interrupt 8;

void SPI_Routine(void) interrupt 9;

void INT2_Routine(void) interrupt 10;

void INT3_Routine(void) interrupt 11;

void TM2_Routine(void) interrupt 12;

void INT4_Routine(void) interrupt 16;

void UART3_Routine(void) interrupt 17;

void UART4_Routine(void) interrupt 18;

void TM3_Routine(void) interrupt 19;

void TM4_Routine(void) interrupt 20;

void CMP_Routine(void) interrupt 21;

void PWM_Routine(void) interrupt 22;

void PWMFD_Routine(void) interrupt 23;

void I2C_Routine(void) interrupt 24;
```

特别要注意的是，中断服务程序是硬件自动调用的。当硬件产生中断请求，CPU 响应中断请求就自动跳转到中断服务程序。不能够在软件中显式地调用中断服务程序,对中断机制不了解的初学者往往会犯这种错误。

》 4.2.3 STC8单片机的外部中断

外部中断用于检测输入引脚电平的变化,在许多系统中会用到外部中断功能,例如:按键按下的检测、示波器信号采集的触发、电子设备过热保护等。另外,外部中断还可以用于将单片机从掉电模式中唤醒。

标准8051单片机有两个外部中断:INT0和INT1,每个外部中断可以设置为电平触发(低电平触发)或边沿触发(下跳沿触发)。若设置为电平触发,则只要INT0引脚(或INT1)引脚为低电平,就会产生中断请求;若设置为边沿触发,则在INT0引脚(或INT1引脚)由高电平变为低电平时,产生中断请求。

STC8系列单片机提供5个外部中断:INT0~INT4,如图4-2-3所示。INT0和INT1的触发方式有两种:第一种是仅下降沿触发方式,第二种是上升沿和下降沿均可触发方式。TCON寄存器中的IT0位(TCON.0)和IT1(TCON.2)位分别决定INT0和INT1的触发方式。如果ITx=0(x=0,1),那么系统在INTx(x=0,1)脚探测到上升沿或下降沿后均可产生外部中断。如果ITx=1(x=0,1),那么系统在INTx(x=0,1)脚探测到下降沿后才可产生外部中断。对INT0和INT1来说,外部中断标志位IE0和IE1置位表明产生了中断请求。当中断服务程序被调用时,自动清除标志位,中断服务程序不需要显式清除标志,这一点和大部分其他中断的处理是不一样的。

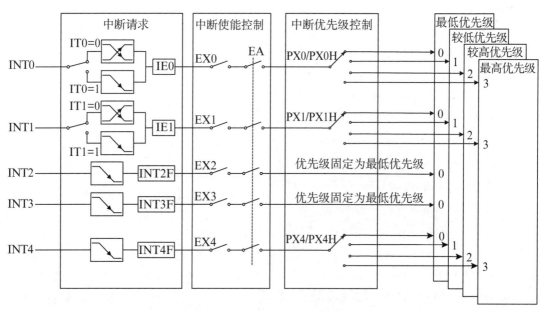

图 4-2-3　STC8系列单片机外部中断

INT2、INT3和INT4中断只有下降沿触发方式。外部中断2~4的中断请求标志位被隐藏起来了,对用户不可见,因此也无需在中断服务程序中对其清零。当相应的中断服务程序被响应后或中断允许位 EXn(n=2,3,4) 被清零后,这些中断请求标志位会立即自动地被清零。

INT0、INT1 和 INT4 中断优先级是可以编程的,INT2 和 INT3 的中断优先级固定为最低优先级。在 STC8 系列单片机中,INT0 中断向量的编号为 0,对应的中断向量地址为 0003H,是在相同优先级中断中可以最先响应的中断。INT1~INT4 的中断向量编号分别是 2、10、11、16,对应的中断向量地址分别为 000BH、0053H、005BH 和 0083H。

由于系统每个时钟对外部中断引脚采样 1 次,所以为了确保被检测到,输入信号应该至少维持 2 个时钟。如果外部中断是仅下降沿触发,要求必须在相应的引脚维持高电平至少 1 个时钟,而且低电平也要持续至少一个时钟,才能确保该下降沿被 CPU 检测到。同样,如果外部中断是上升沿、下降沿均可触发,则要求必须在相应的引脚维持低电平或高电平至少 1 个时钟,而且后续的高电平或低电平也要持续至少一个时钟,这样才能确保 CPU 能够检测到该上升沿或下降沿。

外部中断相关的寄存器如表 4-2-2 所示。这些寄存器的各个位设置了各个外部中断的使能信号、优先级和触发条件,具体每位的设置和使用细节请参考相关的数据手册。

表 4-2-2　外部中断相关的寄存器

名称	符号	地址	位描述								复位值
			B7	B6	B5	B4	B3	B2	B1	B0	
中断使能寄存器	IE	A8H	EA					EX1		EX0	0000,0000
外部中断及时钟输出寄存器	INTCLKO	8FH	–	EX4	EX3	EX2	–				x000,x000
中断优先级控制寄存器	IP	B8H						PX1		PX0	0000,0000
高中断优先级控制寄存器	IPH	B7H						PX1H		PX0H	0000,0000
中断优先级控制寄存器 2	IP2	B5H	–			PX4					x000,0000
高中断优先级控制寄存器 2	IP2H	B6H				PX4H					x000,0000
定时器控制寄存器	TCON	88H					IE1	IT1	IE0	IT0	0000,0000

4.2.4　外部中断应用——按键读取

在单片机系统中,按键是常用的外部设备,通过按键可以实现数据输入和功能控制。单片机系统由于体积和成本等限制,一般不会提供类似于 PC 那样上百个按键的键盘,一般系统中按键数目在 20 个以下,通过与显示结合可以实现较为复杂的控制功能。

读取按键是通过 GPIO 口输入进行的。基本按键输入电路如图 4-2-4 所示。当按键 K 被松开时,由于上拉电阻 R 将输入拉到高电平,读入数据时对应的 GPIO 端口输入将读入 1;当按键被按下时,GPIO 端口输入直接接地,读入数据将得到 0。在这里,GPIO 作为输入口,一般应该将 GPIO 设为高阻输入。如果使能了 GPIO 口内部上拉电阻,外部上拉电阻 R 也可以省去。如果将 GPIO 口设置为准双向口/弱上拉模式,在程序初始化时,要对 GPIO 写入 1,使之工作在输入状态。

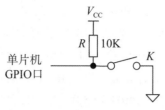

图 4-2-4　按键输入电路

当按键数目较少时,可采用独立按键输入,每个按键输入占用一个 GPIO 口。如果需要按键数量比较多,为了减少 I/O 口的占用,通常将按键排列成矩阵,构成矩阵键盘。

1.独立式按键

在由单片机组成的测控系统及智能化仪器中,用得最多的是独立式按键。独立式按键有着硬件与软件相对简单的特点,其缺点是按键数量较多时,要占用大量口线。

图 4-2-5 所示为一个独立式按键输入电路。四个按键 K1~K4 的状态分别由 GPIO 口 P1.4~P1.7 读入。下面四个二极管起到与门的作用(线与)。当没有按键被按下时,P1.4~P1.7 被上拉电阻拉至高电平,INT0(缺省为 P3.2)输入也为高电平;当任一按键被按下时,对应的输入变低,INT0 输入也变低。如果使能了 INT0 输入中断,则任何按键被按下将引起中断,在中断服务程序中可以通过读入 P1.4~P1.7 的数据确定到底是哪个按键被按下。

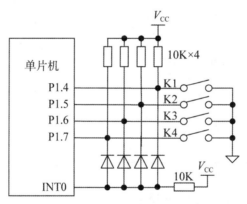

图 4-2-5　独立式按键输入电路

如果在图 4-2-5 中去掉中断输入部分,可以采用查询方式定时检查 P1 口输入,看看有无输入信号变为低电平。如果程序设计不当,会占用大量的 CPU 时间来查询 P1 口的状态,采用中断方式可以避免这个问题。对于最新的 STC8 单片机来说,由于每个 GPIO 口都可以产生中断,下面的与 INT0 相关的中断电路可以省去,这时候如果使用中断读取按键信息,用到的中断就不是 INT0 了,而是 P1 口中断了。限于篇幅所限,本书没有就此探讨,读者可以自行试着来探索一下在这种情况下按键读取程序的设计。

在处理按键输入时,有一个需要注意的问题是按键的抖动问题。由于按键是一个机械开关,在闭合或断开的一瞬间,会产生抖动,导致在这段时间读出的数据可能是不可靠的,可能将一次按键动作判断为多次按键动作,如图 4-2-6 所示。由于抖动时间在几毫秒范围内,为了可靠地读取数据,一般在检测到按键有动作后,延时10ms的时间再去读取按键输入信息,这种方法称为延时去抖动方法。当然还有硬件去抖动方法,其优点是不需要延时,但是增加了电路的复杂程度。

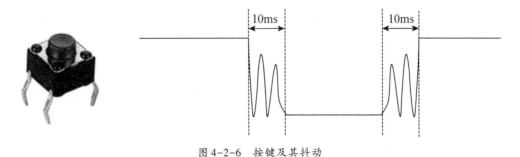

图 4-2-6　按键及其抖动

例程4-2-1为基于外部中断的独立式按键检测程序。

例程4-2-1:

```c
#include <STC8.H>
#include "stdint.h"
#include "Timer.h"
bit KeyEvent;
uint8_t KeyCode=0;              //按键信息,当没有按键按下为零
#define KEY_PORT P1
#define KEY_MASK 0xF0
void Key_Init(void)             //初始化,设置中断
{
    ITO = 1;                    //下跳沿触发中断
    EX0 = 1;
    KeyEvent=0;
}
unsigned char Key_Read(void)    //读取键值程序,主程序调用
{
    if(KeyEvent)                //有按键被按下,返回按键值
    {
        KeyEvent=0;
        return KeyCode;
    }
    else                                    //没有按键被按下,返回零
        return 0;
```

```
}
void int0_isr() interrupt 0                    //INT0中断服务程序
{
    uint8_t KeyNow, KeyDelay;
    KeyNow = (~KEY_PORT) & KEY_MASK;          //读取按键输入口状态
    DelayMs(10);                              //延时去抖动
    KeyDelay = (~KEY_PORT) & KEY_MASK;        //再一次读取按键输入口状态
    if(KeyDelay==KeyNow)                      //两次结果一致,确认按键状态
    {
        KeyEvent=1;
        KeyCode=KeyNow;
    }
    else                                      //不一致,不处理
        KeyEvent=0;
}
```

在中断服务程序中,读入按键输入口的信息,并做取反处理。如果按键被按下,端口输入数据相应位取反后为1,否则为0。延时10ms后(延时10ms的程序读者可自行写出)再读取一遍,如果两次读取数据一致,说明按键确实被按下,将按键信息保存。主程序可以通过调用KeyRead函数读取按键数据。例程4-2-2为调用KeyRead函数的主程序。

例程4-2-2:

```
#include <STC8.H>
#include "stdint.h"
#include "key.h"
void main()
{
    uint8_t KeyCode;
    uint8_t Num=0;
    P2M0=0xFF; P2M1=0x00;    //设置为推挽输出
    Key_Init();
    EA = 1;
    while(1)
    {
        KeyCode=Key_Read();                   //读取按键
```

```
        if(KeyCode)                    //有按键被按下
        {
            switch(KeyCode)
            {
                case 0x10:Num++;break;      //K1 被按下,数值加 1
                case 0x20:Num--;break;      //K2 被按下,数值减 1
                case 0x40:Num=0;break;      //K3 被按下,数值清零
                case 0x80:Num=0xff;break;   //K4 被按下,数值最大
            }
            P2=~Num;                   //将数值通过 P2 口显示出来
        }
    }
}
```

程序中定义了一个变量 Num,四个按键的功能是分别对这个变量进行处理。按下 K1 时,变量加 1;按下 K2 时,变量减 1;按下 K3 时,变量清零;按下 K4 时,变量变为最大值 0xff。将 P2 口连接发光二极管,可以从二极管的状态读取变量的数值。

需要说明的是,上面的中断服务程序中做了一个延时处理。虽然能够实现我们所希望的功能,但是从单片机程序设计基本原则上讲是不合理的。中断服务程序应该尽可能简单,只做必须完成的事情,然后尽快退出。如果在中断服务程序中进行延时操作,很有可能会导致其他中断得不到及时响应。在系统较为复杂的情况下,可能会带来一些潜在的问题。要解决延时的问题,可以通过下节介绍的定时器来完成。

2. 矩阵键盘

当系统要求的按键数量较多时,前面所述的独立式按键需要占有较多的输入输出口,这在很多单片机系统中是不允许的。为了节省单片机的资源,可以使用矩阵键盘来实现较多按键的读取。

一个 4×4 矩阵键盘的电路原理图如图 4-2-7 所示,按键 4 行 4 列共 16 个。单片机的 P1.0~P1.3 是输出口,控制各行输出电平;P1.4~P1.7 是输入口,读入各列输入电平。

当没有按键被按下时,由于电阻的上拉作用,P1.4~P1.7 都为高电平。当 P1.0~P1.3 中任何一行输出为低电平时,如果此时本行中某个按键被按下,对应列的输入电平将为低电平。

在图 4-2-7 中,下面四个二极管构成线与电路。当四个输入信号 P1.4~P1.7 任一信号为低时,INT0 输入为低,触发下跳沿中断。因此,可以用 INT0 下跳沿中断检测是否有按键被按下。如果程序能定时扫描 P1.4~P1.7 的电平状态,四个二极管构成的线与电路可以省去。

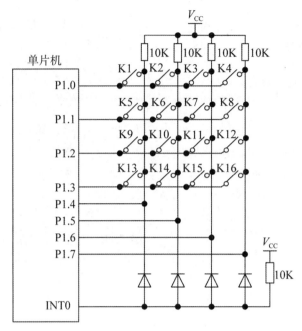

图 4-2-7　矩阵键盘的电路图

矩阵键盘的操作分为两步。

首先是判断有无按键被按下。其方法是将行线输出 P1.0~P1.3 全部置低电平,然后检测列线 P1.4~P1.7 的状态。如果任何一个按键被按下,将会导致该按键所在的列线输入为低电平,同时会引起外部中断 INT0 中断。

第二步是确定哪个按键被按下。在确认有按键被按下后,依次将行线置为低电平,同时其他行线为高电平,检查列线状态。如果某条列线为低,说明该行该列按键被按下。例如,假如 P1.3~P1.0 输出状态为"1101",即 P1.1 输出为 0,这时如果 P1.7~P1.4 读入状态为"1011",即 P1.6 读入为 0,则说明按键 K7 被按下。

例程 4-2-3 是在例程 4-2-1 基础之上修改的用于矩阵键盘读取的程序,程序中检测按键被按下的方法与独立式按键处理没有什么差别。当检测到按键按下并且去抖动处理后,开始通过扫描法对每行的按键状态进行检测。按键状态检测完成后,将按键编码(包括按键所在的行信息和列信息)存入全局变量 KeyCode 中,行信息存放在 KeyCode 的低 4 位中,列信息存放在 KeyCode 的高 4 位中。主程序同样调用 KeyRead 函数读取按键编码。

例程 4-2-3：

```
#include <REG51.H>
#include "stdint.h"
#include "Timer.h"
bit  KeyEvent;
uint8_t KeyCode=0;                              //按键信息,当没有按键按下为零
```

```
#define KEY_PORT_IN P1                              //按键列扫描输入端口
#define KEY_MASK_IN 0xF0                            //按键列扫描端口屏蔽
#define KEY_PORT_OUT P1                             //按键行扫描输出端口
#define KEY_MASK_OUT 0x0f                           //按键行扫描端口屏蔽
void Key_Init(void)                                 //初始化,设置中断
{
    IT0 = 1;                                        //下跳沿触发中断
    EX0 = 1;
    KeyEvent=0;
}
unsigned char Key_Read(void)                        //读取键值程序,主程序调用
{
    if(KeyEvent)                                    //有按键被按下,返回按键值
    {
        KeyEvent=0;
        return KeyCode;
    }
    else                                            //没有按键被按下,返回零
        return 0;
}
uint8_t code ScanCode[4]={0xFE,0xFD,0xFB,0xF7};
void int0_isr() interrupt 0                         //INT0中断服务程序
{
    uint8_t KeyNow, KeyDelay;
    KeyNow = (~KEY_PORT_IN) & KEY_MASK_IN;          //读取按键输入口状态
    DelayMs(10);                                    //延时去抖动
    KeyDelay = (~KEY_PORT_IN) & KEY_MASK_IN;        //再一次读取按键输入口状态
    if(KeyDelay==KeyNow)                            //两次结果一致,确认按键状态
    {
        KeyCode=0;
        for(i=0;i<4;i++)
        {
            KEY_PORT_OUT= ScanCode[i];              //置第i条行线为低,其他为高
            KeyIn=(~KEY_PORT_IN) & KEY_MASK_IN;     //读入按键输入口
            if(KeyIn)                               //本行有按键被按下
```

```
        {
            KeyCode=KeyIn+(1<<i);        //高四位列线读入,低四位行信息
        }
    }
    if(KeyCode)                          //检测到按键值
        KeyEvent=1;
    else
        KeyEvent=0;
    }
    else                                 //不一致,不处理
        KeyEvent=0;
}
```

例程 4-2-4 是调用 ReadKey 的主函数。与例程 4-2-2 相比,本例程不同部分在于对读取键值 KeyCode 的处理,将读取的键值进行了解码处理,转换为按键编号 1~16,并将按键编号通过 P2 口连接的发光二极管显示出来。

例程 4-2-4:

```
#include <REG51.H>
#include "stdint.h"
#include "key.h"
void main()
{
    P1M0=0x0f;  P1.0~P1.3 推挽输出;
    P1M1=0x00;  P1.4~P1.7 高阻输入;
    uint8_t KeyCode;
    uint8_t Num=0;
    P2M0=0xFF;  P2M1=0x00;               //设置为推挽输出
    Key_Init();
    EA = 1;
    while(1)
    {
        KeyCode=Key_Read();              //读取按键
        if(KeyCode)                      //有按键被按下
        {
```

```
switch(KeyCode)
{
    case 0x11:KeyNum=1;break;
    case 0x21:KeyNum=2;break;
    case 0x41:KeyNum=3;break;
    case 0x81:KeyNum=4;break;
    case 0x12:KeyNum=5;break;
    case 0x22:KeyNum=6;break;
    case 0x42:KeyNum=7;break;
    case 0x82:KeyNum=8;break;
    case 0x14:KeyNum=9;break;
    case 0x24:KeyNum=10;break;
    case 0x44:KeyNum=11;break;
    case 0x84:KeyNum=12;break;
    case 0x18:KeyNum=13;break;
    case 0x28:KeyNum=14;break;
    case 0x48:KeyNum=15;break;
    case 0x88:KeyNum=16;break;
}
P2=~Num;                        //将数值通过P2口显示出来
    }
  }
}
```

思考:①如何修改程序,将上述按键结果用数码管显示出来? ②实际系统中经常需要对多个同时按下按键的检测,如何实现这一功能?

4.3　定时器/计数器

定时器/计数器是单片机中不可或缺的资源,其应用广泛,使用方式灵活。在许多仪器仪表或控制设备中经常会需要延时、定时或计数功能,例如周期性的决策需要定时,测量电机转速时经常需要测量频率信号(实际上就是对脉冲信号计数)等,这些功能就用到定时器/计数器模块。掌握定时器/计数器的使用,对于掌握单片机的原理和应用都大有裨益。

4.3.1　定时器/计数器的基本工作原理

想象这样一个场景,你需要在7:00从家里出发去工作单位,这时你需要设置闹钟对你进行提醒,这个闹钟就是定时器。闹钟所在的表以它的固有频率在工作,不断接近于你所设置的时间。一旦时间达到你所设置的时间,它就会发出闹铃信号,提示你该出发了。当然,你如果闲得无聊,可以一直盯着表看,当时间到了后,不管闹钟提醒与否,你都可以做出出发的动作。

单片机中的定时器/计数器的基本原理和上面场景的原理是一致的。单片机中有一个计数器,就相当于上面场景中的时钟。当内部时钟工作时,每来一个脉冲信号,计数器值就加一,相当于闹钟在工作,逐渐接近于闹铃时间。当计数器计数到最大值时,计数值溢出并翻转,产生一个中断,相当于上面场景中的闹钟发出闹铃信号。你在闹钟提醒后做出出发动作,就相当于进入了中断服务程序。除了作为定时器工作在定时状态之外,如果计数器的输入信号不是内部时钟信号,而是从引脚输入的外部脉冲信号,计数器可以对脉冲信号进行计数,称为工作在计数状态。

8051单片机提供了两个16位定时器/计数器:定时器/计数器0(简称T0)和定时器/计数器1(简称T1),8052单片机在此基础上增加了一个定时器/计数器2(简称T2)。STC8系列单片机内部提供了5个16位定时器/计数器:T0、T1、T2、T3和T4,其核心都是一个16位的加法计数器,都可以工作在定时状态或计数状态。所谓16位加法计数器,是指每接收一个脉冲计数值加一,当计数值增加到最大值65535(0xFFFF)时,如果新来一个脉冲,计数器溢出。如果此时不对计数器进行重置,计数值将从零开始重新计数。

1.定时器/计数器T0和T1

定时器/计数器T0和T1的结构如图4-3-1所示,各自包含一个16位加法计数器。其中T0由两个8位特殊功能寄存器TH0和TL0组成,T1由TH1和TL1组成。计数器输入信号源可以来自系统时钟和其分频信号,也可以来自引脚T0或T1的输入信号。外部中断 $\overline{INT0}$ 和 $\overline{INT1}$ 分别可以作为T0和T1的门控信号,能用于脉冲宽度测量。T0和T1定时和计数功能选

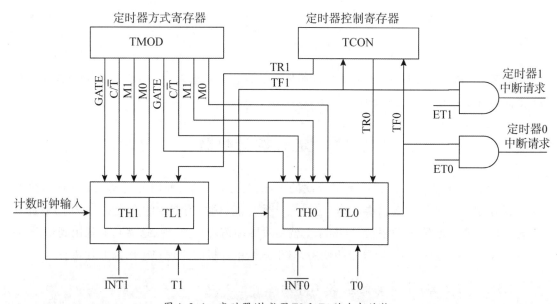

图4-3-1 定时器/计数器T0和T1的内部结构

择、工作方式、门控信号、计数功能启动等设定和控制都是通过定时器方式寄存器 TMOD 和定时器控制寄存器 TCON 来进行控制。

当计数器发生溢出时,会置位 TCON 寄存器中的 TF0 或 TF1,如果中断使能寄存器中的 ET0 或 ET1 允许,则会产生定时器 0 或定时器 1 中断。

STC8 定时器/计数器 T0 和 T1 有 4 种工作方式:方式 0~方式 3,通过 TMOD 寄存器中的 M1 和 M0 位设定。其中方式 0 为 16 位计数器自动重装载模式,这点与标准 8051 的方式 0 不同,标准 8051 单片机方式 0 为 13 位计数器方式;方式 1 同样也是 16 位计数器方式,但是计数值不能自动重新装载,与标准 8051 方式 1 几乎完全相同;方式 2 与标准 8051 单片机定时器工作方式 2 相同,也是 8 位自动重装载模式;定时器 T0 的方式 3 是不可屏蔽中断的 16 位自动重装载方式,可以用于实时系统的时钟节拍,定时器 T1 的方式 3 实际上是关闭计数器。

（1）工作方式 0

对 STC8 系列单片机来说,定时器/计数器 T0 和 T1 的工作方式 0 是最常用的。除了特殊功能寄存器的控制位不同,T0 和 T1 的工作方式 0 基本上没什么差别,下面以 T0 为例对工作方式 0 进行说明。当 TMOD 寄存器中 T0 方式选择位 M1(TMOD.1)和 M0(TMOD.0)都为零时,选定工作方式 0。工作在方式 0 下的 T0 内部结构如图 4-3-2 所示。TL0 和 TH0 共同构成 16 位计数器,计数值范围为 0~65535,TL0 溢出后向 TH0 进位,TH0 溢出后将 TF0 置位。如果定时器 0 中断允许 ET0=1,则 CPU 将响应中断并进入中断服务程序。中断标志 TF0 是由中断响应自动清除的,不需要在中断服务程序中对其进行清除。如果禁止中断,查询到的 TF0 置位标志需要软件显式清除。

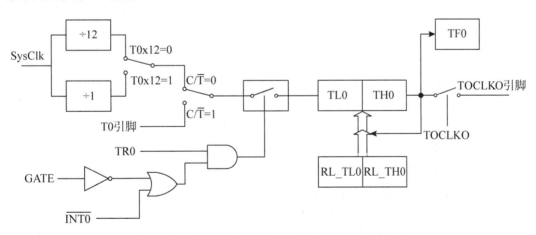

图 4-3-2　定时器/计数器 T0 在工作方式 0 下的内部结构

定时器 T0 的计数初值可以通过对 TH0 和 TL0 赋值设置。事实上,定时器 0 有两个隐藏的寄存器 RL_TH0 和 RL_TL0。当 TR0=0,即定时器/计数器 0 被禁止工作时,对 TL0 写入的内容会同时写入 RL_TL0,对 TH0 写入的内容也会同时写入 RL_TH0。当 TR0=1 时,即定时器工作时,对 TH0 和 TL0 赋值实际上是写入隐藏的寄存器 RL_TH0 和 RL_TL0 中。当读 TH0 和 TL0 的内容时,所读的内容就是 TH0 和 TL0 的内容,而不是 RL_TH0 和 RL_TL0 的内容。当定时器 0 溢出时,不仅置位 TF0,还将 RL_TH0 和 RL_TL0 自动装载到 TH0 和 TL0 中。

计数器时钟源的选择可以通过TMOD寄存器的C/T̄位(TMOD.2)实现。当C/T̄ = 1时,选择T0引脚(缺省为P3.4)输入作为时钟源,计数器对T0引脚脉冲进行计数,工作在计数器方式;当C/T̄ = 0时,选择系统时钟作为时钟源,对系统时钟进行计数,工作在定时器方式。当工作在定时器方式时,可以选择对系统时钟进行12分频和不分频,通过AUXR寄存器的T0x12位(AUXR.7)实现。当T0x12=1时,系统时钟直接作为计数器的时钟源,可以实现更精确的定时;当T0x12=0时,系统时钟12分频之后作为计数器的时钟源,可以实现更长时间的定时。

当TMOD寄存器的GATE位(TMOD.3)为0时,定时器启动/停止控制由TCON寄存器中的TR0位决定。当TR0=1时,定时器启动计数;当TR0=0时,定时器停止计数。当GATE位为1时,定时器的启停控制由外部中断输入INT0和TR0共同控制。只有当TR0=1且外部中断输入为高电平时,定时器才启动计数;否则,定时器不计数。这种门控输入可以用于脉冲宽度的测量,做法是将被测量的信号同时接入T0引脚和外部中断输入引脚INT0,使计数器工作在定时器模式下,对系统时钟进行计数,并使TR0=1。当外部中断信号为高时,计数器对系统时钟进行计数;当外部中断信号变低时,停止计数并产生中断,在中断服务程序中读取定时器TH0和TL0的数值,可以测得输入信号的高电平持续时间。

由于工作方式0中计数器的初值是自动重新装载的,因此方式0多用于周期性定时。不难看出,这时定时器溢出的频率可以由以下公式计算:

$$f_\text{o} = \frac{f_\text{sys}}{(65536 - N) \times k} \tag{4-3-1}$$

式中:f_sys为系统时钟频率,N为装入计数器的初值,k为分频系数,当T0x12=0时,$k = 12$,当T0x12=1时,$k = 1$。例如,当系统时钟12MHz,分频系数为12时,要使得溢出频率为100Hz(周期为10ms),根据式(4-3-1)可以计算装入计数器的初值应该为65536-10000=55536。

定时器/计数器T0和T1可以实现对输入信号可编程分频输出,输出脉冲信号至T0CLKO和T1CLKO引脚,脉冲输出要通过寄存器AUXR2的T0CLKO位和T1CLKO位设置。当定时器溢出时,输出信号电平翻转,因此脉冲输出信号的频率是定时器溢出频率的1/2。

(2)其他工作方式

如果TMOD寄存器中工作方式选择位M1=0且M0=1,则选择了工作方式1。T0和T1的工作方式1几乎是标准8051单片机工作方式1的翻版。唯一不同之处是在内部时钟源上。当作为定时器使用时,标准8051单片机T0和T1的时钟源是系统时钟的12分频。STC8单片机T0和T1除了采用系统时钟的12分频作为计数输入外,还可以直接以系统时钟作为计数输入。T0选择12分频还是不分频通过AUXR寄存器的T0x12位(AUXR.7)实现,T1选择12分频还是不分频同样通过AUXR寄存器的T1x12位(AUXR.6)实现。

T0在工作方式1下的系统结构如图4-3-3所示。与工作方式0相比有两个区别:①没有自动重装机制。如果需要重复进行定时,需要在中断服务程序中对寄存器TH0和TL0重新装载初值。②不提供脉冲输出功能。

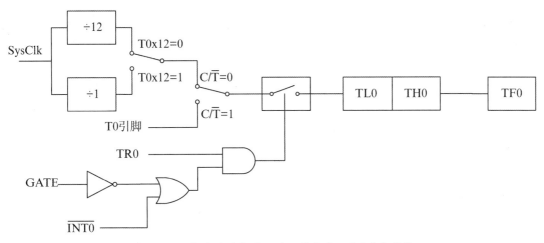

图 4-3-3　定时器/计数器 T0 在工作方式 1 下的内部结构

由于定时器工作方式 1 没有自动重装载机制,特别适用于一些一次性定时的场合,如设定某段时间的延时。在需要周期性定时的场合,采用工作方式 1 需要重新在中断服务程序中装载初值。如果需要进行精确定时,从进入中断服务程序到重新装载初值之间的时间必须加以考虑。如果采用工作方式 0,就不需要考虑这个问题了。

如果 TMOD 寄存器中工作方式选择位 M1=1 且 M0=0,则选择了工作方式 2。图 4-3-4 所示为 T0 工作在方式 2 下内部结构示意图。可以看出,方式 2 与方式 0 一样,都是自动重装的,唯一的差别就是寄存器的位数,方式 0 为 16 位计数器方式,方式 2 为 8 位计数器,将 TL0 作为主要计数器,TH0 作为重新装载寄存器。当计数器 TL0 溢出时,自动将 TH0 中的数据装载到 TL0 中作为计数初值,重装时 TH0 内容保持不变。

在标准 8051 单片机中,由于 T0 和 T1 的工作方式 2 采用 8 位自动重新装载机制,可以进行较为精确的定时,所以通常用来作为串行通信中的波特率发生器。

如果 TMOD 寄存器中工作方式选择位 M1=1 且 M0=1,则选择了工作方式 3。对于 T1,切换为工作方式 3 意味着停止计数,其效果与执行 TR1=0 相同。对于 T0,工作方式 3 和工作方式 0 时内部结构完全相同,如图 4-3-2 所示。唯一不同的是,当 T0 工作在方式 3 时,只要将

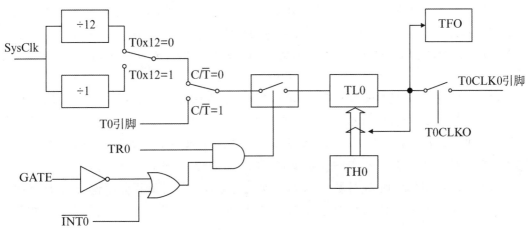

图 4-3-4　定时器 T0 在工作方式 2 下的内部结构

特殊功能寄存器IE中的ET0置为1,就能开启定时器0中断,不需要打开总中断EA。同时,该中断一旦打开后就成为优先级最高的中断,不可被任何中断打断,并且是不可屏蔽的,无论EA=0还是ET0=0都不能屏蔽此中断,因此这种工作方式称为不可屏蔽中断的16位自动重装载方式。定时器T0的工作方式3经常用于实时多任务系统中系统时钟节拍的生成。

2.定时器/计数器T2、T3和T4

STC8单片机中的定时器/计数器T2和8052单片机的定时器/计数器T2还是有较大的区别,其工作方式固定为16位自动重装载模式,可以当定时器或计数器使用,也可以当串口的波特率发生器和可编程时钟输出。

定时器/计数器T2的内部结构如图4-3-5所示,其核心是由两个8位寄存器T2L和T2H构成的16位计数器,两个隐藏寄存器RL_TL2和RL_TH2存放重新装入的计数器初值。RL_TH2与T2H、RL_TL2与T2L分别共用同一个地址。当T2R=0,即定时器/计数器2被禁止工作时,对寄存器T2H和T2L写入的数据同时也写入隐藏寄存器RL_TH2和RL_TL2。当T2R=1,即定时器/计数器2被允许工作时,对T2H和T2L写入内容,实际是写入隐藏寄存器RL_TH2和RL_TL2中。当读T2H和T2L的内容时,所读的内容就是T2H和T2L的内容,而不是RL_TH2和RL_TL2的内容。

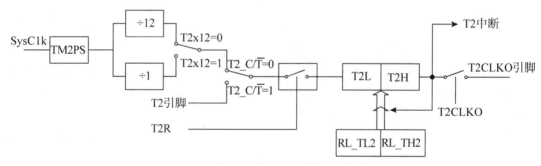

图4-3-5 定时器/计数器T2内部结构示意图

对比图4-3-2和图4-3-5可以看出,除了启动逻辑之外,定时器/计数器T2的基本结构与T0的工作方式0非常相似。

通过设置AUXR寄存器的T2C/$\overline{T}$(AUXR.3),计数器时钟源可以选择来自T2引脚输入(T2工作为计数器方式),也可以来自系统内部时钟(T2工作为定时器方式)。如果选择系统内部时钟,同样也可以通过AUXR寄存器的T2x12位(AUXR.2)选择要不要对系统时钟进行12分频。在T2中还有一个预分频选择TM2PS,对系统时钟可以首先进行1~256分频。

定时器/计数器T2的启动逻辑非常简单,将AUXR寄存器的T2R位(AUXR.4)置1即可启动计数。当计数值溢出后,自动将隐藏寄存器RL_TL2和RL_TH2中存放的计数器初值重装到计数器T2L和T2H中。T2中断请求标志对用户是隐藏的,中断处理程序中不需要对中断标志进行处理。T2中断使能是通过IE2寄存器的ET2位置1实现的。

与T0和T1一样,定时器/计数器T2可以实现对输入信号可编程分频输出,输出脉冲信号至T2CLKO引脚,脉冲输出要通过寄存器AUXR2的T2CLKO位设置。当定时器/计数器作为可编程脉冲输出时,一般不要允许中断和进入中断服务程序。

　　T2 也可以用于串行口通信的波特率发生器,具体描述参见 4.4 节。

　　STC8 系列单片机的部分型号还提供了定时器/计数器 T3 和定时器/计数器 T4,其基本结构和控制方式与定时器/计数器 T2 几乎完全相同,可以作为计数器、定时器、可编程脉冲输出以及波特率发生器使用。

4.3.2　相关寄存器一览

　　与 GPIO 相比,定时器/计数器使用方式灵活,需要配置的寄存器较多,读者需要根据前面介绍的工作原理仔细查找和设置寄存器,使之能按照需要进行工作。为了清楚起见,表中只列出了与定时器/计数器使用相关的位,其他位定义请参考数据手册中的说明。

　　与定时器/计数器相关的寄存器主要有数据类寄存器(TL0、TH0、TL1、TH1、T2L、T2H、T3L、T3H、T4L 和 T4H)、状态和控制类寄存器、中断相关的寄存器等。

　　数据类寄存器可以读,也可以写。当读取时,是读取计数器的数值,当写入时是写入计数器的初值。如果定时器工作在自动重装载方式下,当计数器停止计数时,写入计数器值的同时也写入隐藏的重装载寄存器中;当计数器工作时,只将初值写入重装载寄存器中,计数器溢出时,重装载寄存器中的初值被装入计数器。隐藏寄存器与相应的定时器低位和高位寄存器具有相同的地址。STC8 系列单片机定时器/计数器数据类寄存器如表 4-3-1 所示。

表 4-3-1　定时器/计数器相关的数据类寄存器

名称	符号	地址	位描述								复位值
			B7	B6	B5	B4	B3	B2	B1	B0	
定时器 0 低位寄存器	TL0	8AH									0000,0000
定时器 0 高位寄存器	TH0	8CH									0000,0000
定时器 1 低位寄存器	TL1	8BH									0000,0000
定时器 1 高位寄存器	TH1	8DH									0000,0000
定时器 2 低位寄存器	T2L	D7H									0000,0000
定时器 2 高位寄存器	T2H	D6H									0000,0000
定时器 3 低位寄存器	T3L	D5H									0000,0000
定时器 3 高位寄存器	T3H	D4H									0000,0000
定时器 4 低位寄存器	T4L	D3H									0000,0000
定时器 4 高位寄存器	T4H	D2H									0000,0000

　　与定时器/计数器相关的状态和控制类寄存器用来设定定时器/计数器功能、信号源、工作方式、启停控制、指示溢出状态等,包括 TMOD、TCON、AUXR、INTCLKO 和 T4T3M 等,其寄存器位定义如表 4-3-2 所示。其中,TMOD 寄存器的高 4 位控制 T1,低 4 位控制定时器 T0。T2、T3 和 T4 的预分频寄存器用于对时钟信号进行预分频,其分频系数为设置值加 1。由于这三个寄存器位于 xdata 的高地址处,要访问这些寄存器,需要先将寄存器 P_SW2(地址 0xBA)的 B7 位置 1。当访问完成后,再将寄存器 P_SW2 的 B7 位清零。

零基础STC8系列单片机原理及应用

表4-3-2 定时器/计数器相关的控制和状态寄存器

名称	符号	地址	位描述								复位值
			B7	B6	B5	B4	B3	B2	B1	B0	
定时器控制寄存器	TCON	88H	TF1	TR1	TF0	TR0					0000,0000
定时器方式寄存器	TMOD	89H	GATE	C/T	M1	M0	GATE	C/T	M1	M0	0000,0000
辅助寄存器1	AUXR	8AH	T0x12	T1x12		T2R	T2_C/T	T2x12			0000,0000
输出控制寄存器	INTCLKO	8FH						T2CLKO	T1CLKO	T0CLKO	0000,0000
T4T3控制寄存器	T4T3M	D1H	T4R	T4_C/T	T4x12	T4CLKO	T3R	T3_C/T	T3x12	T3CLKO	0000,0000
T2预分频寄存器	TM2PS	FEA2H									0000,0000
T3预分频寄存器	TM3PS	FEA3H									0000,0000
T4预分频寄存器	TM4PS	FEA4H									0000,0000

与定时器中断相关的寄存器包括中断允许和中断优先级寄存器,如表4-3-3所示。至于中断标志,T0和T1的中断标志位TF0和TF1在TCON寄存器中,T2、T3和T4的中断标志都是隐藏的,因此不需要相关寄存器信息。事实上,即使是T0和T1,其中断标志位可以由硬件自动清除,用户应用程序基本上不需要访问中断标志,只要设置优先级和中断允许标志即可。

表4-3-3 定时器/计数器中断相关的寄存器

名称	符号	地址	位描述								复位值
			B7	B6	B5	B4	B3	B2	B1	B0	
中断允许寄存器	IE	A8H	EA				ET1		ET0		0000,0000
中断优先级寄存器	IP	B8H					PT1		PT0		0000,0000
高中断优先级寄存器	IPH	B7H					PT1H		PT0H		0000,0000
中断允许寄存器2	IE2	AFH		ET4	ET3			ET2			0000,0000

112

4.3.3　定时器/计数器编程使用实例

定时器使用非常灵活,本书中提供几个典型的应用实例。

实例一:闪烁灯,例程 4-1-1 的改进版

考虑例程 4-1-1 的闪烁灯程序,闪烁间隔是通过延时实现的。从实用意义上来说,例程 4-1-1 的程序基本上是没有意义的。首先,采用循环进行长时间的延时,计算机时间耗费在没有意义的等待上,可能会耽误其他任务的执行。另外,采用延时确定的一秒时间也只是近似的,受编译器优化效率影响,延时时间也是不确定的。

定时器是解决以上问题的有力工具,所有定时器都可以完成以上功能,本例使用了定时器 T0。

定时器编程需要根据定时时间确定定时器的初值。本例要求闪烁间隔为 1s,时间比较长,在选择时钟时,可以采用系统时钟 12 分频作为定时器时钟源。定时器可以设为工作方式 0(16 位自动重装载模式),如果晶振频率 12MHz,相应的定时器时钟频率为 1MHz,每 1μs 计数值加一,16 位定时器最长定时时间为 65.536ms,因此不能直接使用定时器实现 1s 的定时。可以先实现 10ms 的定时中断,中断 100 次后,时间恰好是 1s。定时器初值设置为 65536-10000=55536=0xD8F0。在程序初始化时,为定时器设置好模式和初值,使能定时器中断,并启动定时器。由于采用了自动重装载模式,在中断服务程序中不需要重装初值。如果采用定时器 T0 的工作方式 1,需要在中断服务程序中重新装入初值。

参考程序源代码如例程 4-3-1 所示。

例程 4-3-1:

```
#include <STC8.H>
#include "stdint.h"
static uint8_t Count=0;
#define T10MS_L 0xF0
#define T10MS_H 0xD8
/* 定时器 0(中断编号 1)中断例程 */
void tm0_isr() interrupt 1
{
    //TL0 = T10MS_L;      //8051 单片机中需要重装寄存器
    //TH0 = T10MS_H;      //STC8 中自动重装载,不需要重装
    if(Count++>=100-1)
    {                     //计数到 100 次,即 1 秒,LED 状态反转
        Count=0;
        P55 = !P55;
    }
}
```

```
void main()
{
    P5M0 |= (1<<5);
    P5M1 |= (1<<5);          //P5.5 设置为开漏模式
    TMOD = 0x00;             //定时器方式 0
    TL0 = T10MS_L;           //设置定时时间 10ms
    TH0 = T10MS_H;
    ET0 = 1;                 //使能定时器 0 中断
    TR0 = 1;                 //启动定时器
    EA = 1;                  //开启总中断
    while (1);
}
```

思考:如果采用 T2、T3 或 T4,能否利用预分频寄存器,实现以上功能,不需要用软件计数?

实例二:简单的定时任务管理——数码管刷新

电路采用图 4-1-9 所示的共阳极数码管显示电路,要求实现一个秒数显示功能,在数码管上显示经过的秒数,从零开始计数,每经过 1 秒数码管显示数据自动加 1。

任务分析:数码管采用动态扫描方式,需要 5ms 左右进行一次扫描,数码管要显示的秒数每秒加一。要实现以上任务,需要两个定时:5ms 定时和 1s 定时,在很多系统中都有类似的需要。在这里利用定时器建立一个简单的定时任务管理框架,管理两个定时任务:一个任务为快速任务 TaskHighFreq,其执行频率为 200Hz,在这里用于数码管的动态扫描显示;一个任务为慢速任务 TaskLowFreq,其执行频率为 1Hz,在这里用于显示数据的更新。这两个任务都是在中断中执行的,优先级较高,不宜设置为需要长时间执行的任务。

定时器设置可以参考实例一的设置。在这里利用定时器 0 工作方式 3(不可屏蔽的 16 位自动重装载模式)实现,作为系统任务的节拍定时。

参考程序代码:

例程 4-3-2:数码管显示程序 Led7Seg.c

```
#include <REG51.H>
#include "stdint.h"
#define DispSegPort P2
#define DispBitPort  P1
uint8_t code DecToSeg[10]={0xc0,0xf9,0xa4,0xb0,0x99,0x92,0x82,0xf8,0x80,0x90};
uint8_t code BitCode[4]={0x07,0x0B,0x0D,0x0E};
```

```
static uint8_t DisplayBuf[4];
static uint8_t Cnt=0;
//四位七段数码管刷新,每5ms调用一次
void Led7Seg_Flush(void)
{
    DispSegPort=DisplayBuf[Cnt];        //送出段选信号和位选信号
    DispBitPort=(DispBitPort&0xF0)|BitCode[Cnt];
    Cnt=(Cnt+1)&0x03;                   //刷新后指向下一位需要显示的内容
}
//将要显示的数字写入缓冲区,需要先进行换码
void Led7Seg_WriteNum(uint8_t * NumBuf)
{
    DisplayBuf[0]=DecToSeg[NumBuf[0]];
    DisplayBuf[1]=DecToSeg[NumBuf[1]];
    DisplayBuf[2]=DecToSeg[NumBuf[2]];
    DisplayBuf[3]=DecToSeg[NumBuf[3]];
}
//将要显示的七段短码写入缓冲区,不用换码
void Led7Seg_WriteCode(uint8_t * CodeBuf)
{
    DisplayBuf[0]=CodeBuf[0];
    DisplayBuf[1]=CodeBuf[1];
    DisplayBuf[2]=CodeBuf[2];
    DisplayBuf[3]=CodeBuf[3];
}
```

数码管刷新程序提供了 Led7Seg_Flush、Led7Seg_WriteCode 和 Led7Seg_WriteNum 三个函数。Led7Seg_Flush 是被中断服务程序调用的,每次调用时点亮一个不同的数码管,在相应端口上送出显示缓冲区保存的段选码和相应位的位选码,每5ms调用一次。Led7Seg_WriteCode 和 Led7Seg_WriteNum 可以被主程序调用,在显示缓冲区中写入要显示的数据。Led7Seg_WriteCode 直接写入缓冲区要显示的七段段码,Led7Seg_WriteNum 先将要显示的数字0~9转换成段码,然后送入显示缓冲区。

例程4-2-3:周期性任务程序:timer.c

```
#include <REG51.H>
```

```c
#include "stdint.h"
#include "Led7Seg.h"
//#include "key.h"
static uint16_t Count=0;
static uint32_t Second=0;
void TaskHighFreq(void)      //高频任务,刷新数码管显示
{
    Led7Seg_Flush();
}
void TaskLowFreq(void)       //低频任务,秒值加1
{
    Second++;
}
void tm0_isr() interrupt 1
{
        TaskHighFreq();
        if(Count++>=200-1)
        {
            Count=0;
            TaskLowFreq();
        }
}
void Timer0Init(uint16_t us)
{
        uint16_t SetVal;
        SetVal = 0-us;        //定时器计数频率为1MHz
        TMOD &= 0xF0;
        TMOD |= 0x03;          //定时器0选择方式3
        TL0 = SetVal%256;   //初值低8位
        TH0 = SetVal/256;   //初值高8位
        TR0 = 1;              //启动定时器0
        ET0 = 1;              //使能定时器中断
}
uint32_t GetSysTime(void)
{
```

```
        return Second;
}
```

定时器中断服务程序周期性调用TaskHighFreq,当中断200次后,同时调用TaskLowFreq。TaskLowFreq中维护着一个全局变量Second,中断服务程序每次调用TaskLowFreq时就将Second加1。另外,程序还提供了Timer0Init和GetSysTime函数供主程序调用。主程序调用Timer0Init函数进行定时器初始化,设置定时器定时周期。调用GetSysTime函数,可以获取从开机到当前经历的秒数。之所以使用了GetSysTime而不是在主程序中直接访问全局变量Second,其目的是减少全局变量的滥用,提高程序的可维护性。

主程序就相当简单了。首先调用初始化程序设置好定时器,然后不断读取系统时间(经历的秒数),并将其分解成四位数码,并送数码管显示,源代码如下。

例程4-3-4:主程序 main.c

```c
#include <STC8.H>
#include "stdint.h"
#include "Led7Seg.h"
#include "Timer.h"
void main()
{
    uint32_t Time;
    Uint16_t Temp;
    uint8_t NumBit[4];                //存放各位要显示的数据
    P2M0=0xFF; P2M1=0xFF;
    P1M0=0xFF; P1M1=0xFF;             //设置为开漏输出
    Timer0Init(5000);                //设置刷新时间5ms
    while(1)
    {
        Time=GetSysTime();           //获取系统时间
        if(Time>=10000) Time=9999;   //数码管最大显示4位
        NumBit[3]=Time/1000;         //计算各位要显示的数据
        Temp=Time%1000;
        NumBit[2]=Temp/100;
        Temp=Temp%100;
        NumBit[1]=Temp/10;
        NumBit[0]=Temp%10;
```

```
        Led7Seg_WriteNum(NumBit);  //送数码管显示
    }
}
```

思考：在当前显示中，当计数值较小时，例如计数值为30时，数码管显示"0030"，如何修改程序，使数码管显示"30"，前面的数码管不显示？

实例三：频率测量

任务要求测量一输入方波信号的频率，输入信号频率范围为10kHz~100kHz，测量误差要求不超过1%。

频率测量在实际系统中应用较为广泛，有的传感器本身输出信号为频率信号。如果被测信号频率较低，可以通过测量输入信号的周期实现频率测量；如果被测信号频率较高，也可以通过单位时间内对信号脉冲进行计数实现。任务要求输入信号的频率为10kHz以上，采用脉冲计数可以实现较为精确的频率测量。

要实现频率测量，需要两个定时器/计数器。一个使用定时器功能，用于确定脉冲计数的时间，称为闸门时间；另一个使用计数器功能，用于对脉冲计数。如果取闸门时间100ms，对于10kHz的方波，其计数值有1000，对于100kHz方波，其计数值为10000，精度足够，也不会产生溢出。频率显示仍旧采用数码管实现，电路原理图如图4-3-5所示，这里采用定时器T0来进行周期性定时，定时器T1用于外部脉冲计数，计数输入引脚缺省情况下是P3.5。软件可以在实例二代码的基础上做简单修改实现。在这里设计两个周期性任务，快速任务TaskHighFreq执行周期5ms，用于刷新数码管显示；慢速任务TaskLowFreq执行周期100ms，用于读取计数器值。受篇幅所限，关于任务处理程序Timer.c和数码管显示Led7Seg.c的中相同的源代码不再重复给出，只给出了不同的代码。

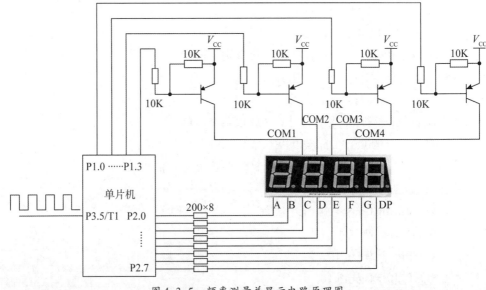

图4-3-5 频率测量并显示电路原理图

在 Timer.c(例程 4-3-3)中,增加定时器 1 的初始化代码,初始化为计数器功能。

```c
void Timer1Init(void)
{
    TMOD |= (1<<6);          //定时器1选择计数功能
    TL1 = 0;                 //计数器初值为零
    TH1 = 0;
    TR1 = 1;                 //启动定时器/计数器1
}
```

修改 TaskLowFreq 为如下代码:

```c
void TaskLowFreq(void)           //低频任务,读取计数器数值
{
    TR1=0;                       //停止定时器1
    PulseNum=(TH1<<8)+TL1;       //读取定时器1的数据
    TH1=0;TL1=0;                 //定时器1清零
    TR1=1;                       //启动定时器1
}
```

程序首先暂停计数,并读取当前计数值至全局变量 PulseNum 中,将计数器清零并重新启动。增加一个函数,用于主程序读取 PulseNum 变量。

```c
uint16_t GetPulseNum(void)
{
    return PulseNum;
}
```

主程序调用 GetPulseNum 获得脉冲数目,并将脉冲数目显示出来。

例程 4-3-5:主程序 main.c

```c
void main()
{
    uint16_t PulseNum;
    uint16_t Temp;
    uint8_t NumBit[4];       //存放各位要显示的数据
```

```
    P2M0=0xFF; P2M1=0x00;
    P1M0=0xFF; P1M1=0x00;                    //设置为推挽输出
    Timer0Init(5000);                        //设置刷新时间5ms
    Timer1Init();
    while(1)
    {
        PulseNum=GetPulseNum();              //获取系统时间
        if(PulseNum>=10000) PulseNum=9999;   //数码管最大显示4位
        NumBit[3]=PulseNum/1000;             //计算各位要显示的数据
        Temp=PulseNum%1000;
        NumBit[2]=Temp/100;
        Temp=Temp%100;
        NumBit[1]=Temp/10;
        NumBit[0]=Temp%10;
        Led7Seg_WriteNum(NumBit);            //送数码管显示
    }
}
```

程序显示在100ms内的记录的脉冲数目。如果输入信号频率为20kHz,则显示数据值应该在2000左右变化。

思考:如何修改程序,使显示的数值是以kHz为单位的频率值?

实例四:定时器级联实现长时间定时

实例1利用定时器中断程序,在定时器中断程序中计数实现长周期的定时。但是有些时候频繁的中断会干扰其他程序的正常执行,因此希望尽量减少中断的次数。而在系统频率较高时,希望不产生中断的情况下,如何实现长时间的定时呢?除了可以利用定时器T2、T3和T4预分频功能外,还可以采用定时器级联的方式实现。

在51系列单片机中并没有内部实现定时器互联机制,一般需要外部连接实现定时器级联。本实例中将定时器0的输出时钟作为定时器1的输入,定时器1的脉冲输出驱动发光二极管,实现一个类似实例一所示的1秒的定时闪烁,电路工作原理如图4-3-6所示。其中,在STC8单片机中定时器0的时钟输出和定时器1的时钟输入之间共享同一个引脚,内部是联通的,并不需要外部电路连接。因为定时器1的时钟输出是固定的引脚P3.4,发光二极管必须接到该引脚上。

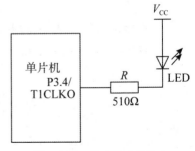

图4-3-6　定时器时钟输出

程序实现代码如例程 4-3-6 所示。

例程 4-3-6：

```c
#include <STC8.H>
#include "stdint.h"
void Timer1Init(uint16_t Ticks)
{
    uint16_t SetVal;
    SetVal = 0-Ticks;              //定时器计数频率为 T0 溢出频率
    TMOD |= (1<<6);                //定时器 1 选择计数功能
    TL1 = SetVal%256;              //初值低 8 位
    TH1 = SetVal/256;              //初值高 8 位
    TR1 = 1;                       //启动定时器/计数器 1
    ET1 = 0;
    INTCLKO |= T1CLKO;             //P3.4 口作为 T1 的脉冲输出口
}
void Timer0Init(uint16_t us)
    {
    uint16_t SetVal;
    SetVal = 0-us;                 //定时器计数频率为 1MHz
    TMOD = 0x00;                   //定时器 0 选择方式 0,定时器方式
    TL0 = SetVal%256;              //初值低 8 位
    TH0 = SetVal/256;              //初值高 8 位
    TR0 = 1;                       //启动定时器 0
    ET0 = 0;                       //禁止定时器中断
    INTCLKO |= T0CLKO;             //
}
void main()
{
    Timer0Init(500);
    Timer1Init(500);
    P3M0=0xFF; P3M1=0x00;          //设置为推挽输出
    while(1)
    {
    }
}
```

可以看出,在程序中并没有产生定时器中断,同样实现了与实例一相同的控制发光二极管闪烁的功能。定时器的脉冲输出功能可以用于控制步进电机或伺服电机等需要脉冲控制的场合。

4.4 通用同步异步收发器(USART)

随着单片机系统的广泛应用和计算机网络技术的普及,单片机的通信功能在系统中起着越来越重要的作用。在一个大系统中,单片机通常是作为终端设备,需要将采集的数据信息向其他更高层的计算机传输或接收更高层计算机命令并加以执行。就单片机本身而言,其与许多外部设备(如GPS等)的交互通常也是通过通信实现。在通信中,串行通信具有重要的地位。通用同步异步收发器(Universal Synchronous and Asynchronous Receiver and Transmitter,简称USART)就是最常用的实现串行通信功能的外部设备。虽然USART在功能上既支持同步传输又支持异步传输,但在具体应用时,最常用的是异步传输,因此USART模块更常用的名称是通用异步收发器UART。

》》 4.4.1 有关通信的几个基本概念

要真正理解单片机的串行口,必须把握一些关于通信的基本概念。

1.并行通信与串行通信

在计算机与计算机之间通信可以采用并行通信和串行通信两种方式。

所谓并行通信,是将数据的各位用多条数据线同时进行传送,每一位数据都需要一条传输线。如图4-4-1所示为一个8位数据总线的通信系统,一次可以同时传送8位数据(1个字节)。在这个系统中,除了必需的8条数据线之外,通常还需要各种控制线。因此,并行通信系统虽然相对效率较高,但是其需要的传输线较多,长距离传输时成本较高,一般仅适用于单片机CPU和外设之间的近距离大批量数据传输。

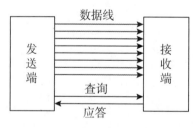

图4-4-1 并行通信

所谓串行通信,是将数据分成一位一位的形式在一条数据线上逐次进行传送,此时只需要一条数据线(对于USB等采用差分信号传输的串行传输协议,实际需要两条信号线来传输相反极性的信号)。当然,在串行通信时,除了数据线之外,有时还需要时钟线和控制线等。因为一次只能传送一位,所以对于一个字节的数据,至少要分8次才能传送完毕,如图4-4-2所示。串行通信传输线少,长距离传送时成本低,因此在计算机与计算机通信中经常采用串行通信。事实上,随着串行通信技术的发展,高速低成本的串行通信协议不断出现,采用串行通信进行计算机与外设之间的数据交换也变得越来越流行。

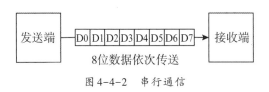

图 4-4-2　串行通信

2.同步串行通信与异步串行通信

串行通信又有两种基本方式:同步串行通信和异步串行通信。

在进行同步串行通信时,发送端和接收端在同一个时钟信号的驱动下完成字节中每一位的发送和接收。这个时钟信号可能由发送端发出,也可能由接收端发出。如果在数据编码时采用自同步编码(如曼彻斯特编码),发送端在发送数据时本身就含有时钟信息,此时不需要专门的时钟线连接。在一般情况下,要实现双方时钟同步,除了有数据线传输信号之外,往往在发送端和接收端之间连接时钟线。同步串行通信一般结构如图4-4-3所示。

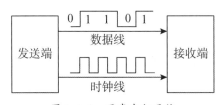

图 4-4-3　同步串行通信

异步串行通信是指发送端与接收端使用各自的时钟控制数据的发送和接收。为了使双方能够正确协调,要求发送和接收设备的时钟尽可能一致,但是要做到完全一致是不可能的。因此,在异步通信中,一般在进行发送和接收一个字符时,双方还必须按照约定的方式增加一些冗余位来进行同步,以保证在双方在时钟有少量误差的情况下也能够正常进行数据传输,消除因时间累积带来的误码。

在异步串行通信中,通常是以字符或字节为单位进行数据传输,被传送的字符与各种附加的冗余位构成一个字符帧。一个字符帧通常由四部分组成:起始位、数据位、校验位和停止位,字符和字符之间有时会插入空闲位,典型异步串行通信的字符帧如图4-4-4所示。

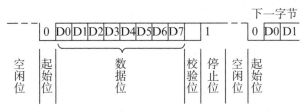

图 4-4-4　典型异步串行通信的字符帧

起始位一般是一位长度的0,接收方接收到起始位后启动接收过程。停止位一般为长度为1~2位的1,空闲位也是1。在许多异步通信接口中,接收方可以根据空闲时间的长度判断发送方有没有发送完一批完整的数据。校验位是可选的,可以无校验,也可以选择奇校验或偶校验。所谓奇校验,是指所有数据位和校验位之和为奇数;所谓偶校验,是指所有数据位和校验位之和为偶数。例如,要发送数据为0x43(二进制数01000011),如果选择奇校验,则校验位为0,如果选择偶校验,则校验位为1。

同步通信不发送冗余位,传输效率较高。异步通信虽然传输效率较低,但是其实现简单,不需要接收端和发送端时钟严格保持一致,硬件开销较少,在单片机与单片机之间或单片机与PC机之间通信通常采用异步通信。

3.单工、半双工和全双工通信

在通信系统中,如果构成通信的双方只能做发送或只能做接收,数据传输方向是单向的,这种通信方式称为单工通信,其系统结构如图4-4-5(a)所示。典型的单工通信系统如无线电广播系统、电视系统等。

在一些系统中,数据传输方向是双向的,构成通信的双方既可能是发送方,也可能是接收方,由于发送和接收占用相同的通信信道,在任一时刻,只能单向传输,这种方式称为半双工通信,其系统结构如图4-4-5(b)所示。我们日常的电话通信可以看作是一种半双工通信,除了两个人在吵架。

如果构成通信的双方可以同时进行发送接收,此时发送和接收使用不同的通信信道,这种方式称为全双工通信,其系统结构如图4-4-5(c)所示。全双工通信具有较高的通信效率,但是占用信道是半双工通信的两倍。

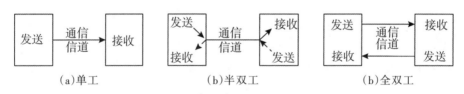

图4-4-5　单工、半双工和全双工通信

4.通信波特率

串行通信中数据只能一位一位传输,在单片机中,表征数据传送速率的量称为波特率(Baudrate),指的是单位时间内传输的二进制位数。事实上,更确切的名称应该是比特率,但是大家约定俗成,都是采用波特率这个名字。波特率的常用单位是bps(bit per second),即每秒钟传输的位数,这些位数包括数据位,也包括各种冗余位。因此,如果某个通信系统波特率为9600bps,实际每秒有效传输的字节数通常在960左右。要注意的是,在网络通信中,经常会用到Bps(Byte per second)的单位,是指每秒传输的字节数,和bps两者之间传输速率大约差了十倍。

在单片机串行通信中常见的波特率有1200、2400、4800、9600、19200、38400、57600,115200(单位:bps)等。

》》 4.4.2　STC8系列单片机UART工作原理

STC8系列单片机具有最多达4个全双工异步串行通信接口(通常简称串行口或串口):

串口1、串口2、串口3和串口4。每个串行口由数据缓冲器、移位寄存器、串行控制逻辑和波特率发生器等组成。数据缓冲器由2个互相独立的接收、发送缓冲器构成,可以同时发送和接收数据。

从外部连接上看,UART只有两根线:TXD和RXD。TXD是发送线,用于输出数据,RXD是接收线,用于输入数据。在缺省的情况下,串口1的RXD与P3.0引脚复用,TXD与P3.1引脚复用。在烧写程序时,RXD和TXD用于程序下载。

当单片机和其他计算机(包括单片机)进行数据通信时,必须进行交叉连接,即RXD线接对方的TXD线,TXD线接对方的RXD线,并且与对方共地,如图4-4-6所示。

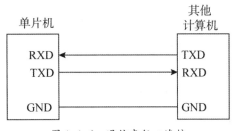

图4-4-6　通信串行口连接

本书以串口1为例说明串口通信的内部工作原理和编程方法。其他串口的工作与串口1类似,可以参照数据手册进行相应的处理。

1.串口1的结构

STC8系列单片机的串口1从总体上来说可以分为三部分:发送模块、接收模块和波特率发生模块,如图4-4-7所示。发送模块和接收模块的核心都是一个移位寄存器,发送模块的移位寄存器在发送逻辑的控制下实现并行移入和串行移出功能,接收模块的移位寄存器在接收逻辑的控制下实现串行移入和并行移出功能。波特率发生器产生接收和发送移位寄存器的时钟信号,其速度就决定了串行口数据发送和接收的快慢。

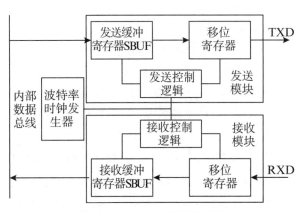

图4-4-7　UART1的总体结构

注意到,发送缓冲寄存器和接收缓冲寄存器都有相同的名字SBUF和相同的地址99H,但是两者实际上是两个独立的寄存器,前者只能写入,后者只能读取。以C语言为例,要将8

位数据a发送,只要执行

```
SBUF=a;
```

就将变量a中的数据写入发送缓冲寄存器SBUF。反之,如果执行

```
a=SBUF;
```

则将接收缓冲寄存器SBUF中的数据读入变量a。

2.工作方式

STC8系列单片机的串口1有4种工作方式:方式0、方式1、方式2和方式3,通过选择串口1控制寄存器SCON中的SM0(SCON.7)和SM1(SCON.6)实现设置。当SM0=0且SM1=0时,选择工作方式0;当SM0=0且SM1=1时,选择工作方式1;当SM0=1且SM1=0时,选择工作方式2;当SM0=1且SM1=1时,选择工作方式3。

当串口1选择工作方式0时,串行通信接口工作在同步移位寄存器模式,RxD为串行通信的数据口,TxD为同步移位脉冲输出脚,发送、接收的是8位数据,低位在先。当串行口模式0的通信速度设置位UART_M0x6(AUXR.5)为0时,其波特率固定为系统时钟频率的12分频(SYSclk/12);当设置UART_M0x6为1时,其波特率固定为系统时钟频率的2分频(SYSclk/2)。

串行口工作方式0通常不用于计算机之间的通信,而是连接移位寄存器用于扩展输入输出口。例如:连接串行输入并行输出的移位寄存器74LS164可以扩展输出端口;连接并行输入串行输出的74LS165可以扩展输入端口。具体应用方法可以参考相关的资料和参考书,本书将不对此加以详细探讨。

当串口1选择工作方式1时,串行通信接口工作在波特率可变的全双工异步通信方式,TxD为数据发送口,RxD为数据接收口。数据格式为8位UART格式,一帧信息为10位:1位起始位,8位数据位(低位在先)和1位停止位。工作方式1下串口通信波特率可以根据需要进行设置。工作方式1是串行口通信中使用最多的一种方式,必须加以掌握。

工作方式1的发送过程时序如图4-4-8所示。发送模块的核心是一个9位移位寄存器,寄存器输出连接发送引脚TXD。当CPU将数据写入SBUF后,也会将数据装入移位寄存器,同时把"1"(停止位)装入发送移位寄存器的第9位,并通知发送控制单元开始发送。在波特率时钟信号的作用下,移位寄存器不断将数据右移送入TXD端口发送,同时在左边补"0"。当8位数据发送完后,移位寄存器的高8位数据全为"0",这个状态条件使发送控制单元将最后一位数据"1"输出作为停止位,并将发送中断请求标志位TI置为1,表明一个字符数据发送完成,如果允许串行口中断,则向CPU请求中断处理。CPU在响应中断时,必须通过软件清除TI标志位。

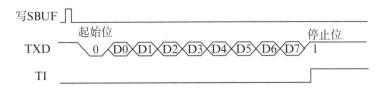

图 4-4-8　发送过程时序图

工作方式 1 的接收过程时序如图 4-4-9 所示。接收模块的核心同样也是一个 9 位的移位寄存器。当软件置位接收允许标志位 REN=1 时,接收器便对 RXD 端口的信号进行检测,当检测到 RXD 端口发生从"1"→"0"的下降沿跳变时,就将 1FFH 装入移位寄存器,启动接收器准备接收数据。在波特率时钟作用下,接收的数据从接收移位寄存器的右边移入,已装入的 1FFH 向左边移出。当起始位"0"移到移位寄存器的最左边时,使接收控制器作最后一次移位,完成一帧数据的接收。如果最后一次接收的停止位检测为"1"且此时 RI=0,则接收到的数据有效,接收控制器将接收到的数据装入 SBUF,并将接收中断请求标志 RI 置位为 1,表明一个字符数据接收完成。如果允许串行口中断,则向 CPU 请求中断处理。如果不能检测到停止位"1"或 RI 原来就为 1,接收到的数据作废并丢失,然后启动下一次接收检测。与 TI 位一样,在 CPU 响应中断时,必须由软件清除 RI 标志,否则可能导致后续数据接收失败。

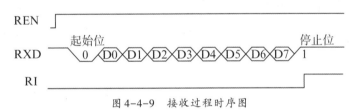

图 4-4-9　接收过程时序图

串行口 1 的工作方式 2 和工作方式 3 用于多机通信。其一帧的信息由 11 位组成:1 位起始位,8 位数据位(低位在先),1 位可编程位(第 9 位数据)和 1 位停止位。发送时可编程位(第 9 位数据)由 SCON 中的 TB8 提供,TB8 既可作为多机通信中的地址数据标志位,又可作为数据的奇偶校验位。接收时第 9 位数据装入 SCON 的 RB8。

除第 9 数据位不同外,串行口工作方式 2 和方式 3 与方式 1 的结构基本相同,发送和接收过程及时序也基本相同。方式 2 和方式 3 的主要区别是方式 2 是固定波特率,方式 3 是可变波特率。后面将会看到,串行口工作方式 2 不占用定时器资源,但是考虑到通信波特率一般情况下只能取一些特定的数值,采用方式 2 会影响到对系统时钟选择;工作方式 1 和方式 3 使用定时器产生波特率时钟,提供了更多灵活性。

3.波特率时钟的产生

在串口 1 的工作方式 2 下,波特率信号由系统时钟直接分频产生。当电源控制寄存器 PCON 中的 SMOD=1 时,波特率固定为系统时钟的 32 分频;当 SMOD=0 时,波特率固定为系统时钟的 64 分频。例如,如果希望波特率为 19200,选择 SMOD=0,则系统时钟必须固定为 19200×64=1.2288MHz;若设置 SMOD=1,系统时钟必须固定为 19200×32=0.6144MHz。

串口 1 工作方式 1 和方式 3 的波特率时钟信号是由定时器 1 或定时器 2 的溢出信号产生

的,它提供了较大的灵活性,因此应用更为广泛。在双机通信中通常选择工作方式1,多机通信中经常选择方式3。

串口1工作方式1和方式3的波特率时钟信号的产生原理如图4-4-10所示,与一般的8051单片机有所不同。辅助寄存器AUXR中的S1ST2(AUXR.0)位用来选择定时器T1或T2的溢出信号来产生波特率时钟信号。当选择T1溢出信号产生波特率时钟信号时,可以选择定时器1工作在方式0和方式2;当选择T2溢出信号产生波特率时钟信号时,选择定时器T2工作在方式0。当选择定时器T1工作方式2溢出信号产生波特率时钟信号时(这是典型的8051单片机的选择),可以通过选择PCON寄存器中的SMOD(PCON.7)位选择波特率是否加倍。请注意,这里有定时器工作方式的选择,还有串口工作方式的选择,不要将两者搞混了。

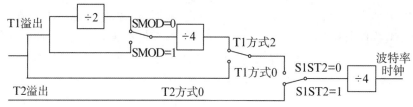

图4-4-10 串口1工作方式1和方式3中波特率时钟信号的产生

表4-4-1所示为不同选择下串口1工作方式1和方式3波特率计算公式。以选择定时器1方式2为例,如果定时器速度为12T(即对系统时钟12分频),波特率不加倍(SMOD=0),系统时钟为11.0592MHz,期望波特率为9600bps,则定时器1重装值$256 - \dfrac{11059200}{384 \times 9600} = 253 = FDH$。也就是说,定时器接收到3个输入时钟即溢出,定时器溢出频率为输入时钟的3分频,溢出频率为11059200/3/12=307200Hz,波特率为定时器溢出频率的32分频307200/32=9600(bps)。

表4-4-1 串口1工作方式1和方式3波特率计算公式

定时器选择	定时器速度	波特率计算公式
定时器2	1T	定时器2重装值 = 65536 − SysClk/4/BaudRate
	12T	定时器2重装值 = 65536 − SysClk/48/BaudRate
定时器1 方式0	1T	定时器1重装值 = 65536 − SysClk/4/BaudRate
	12T	定时器1重装值 = 65536 − SysClk/48/BaudRate
定时器1 方式2	1T	定时器1重装值 = 256 − SysClk/32/BaudRate(SMOD=0) 定时器1重装值 = 256 − SysClk/16/BaudRate(SMOD=1)
	12T	定时器1重装值 = 256 − SysClk/384/BaudRate(SMOD=0) 定时器1重装值 = 256 − SysClk/192/BaudRate(SMOD=1)

部分型号的STC8系列单片机除了串口1之外,还支持串口2、串口3和串口4。这些串口有两种工作方式:方式0和方式1。方式0为8位可变波特率方式,与串口1工作方式1相似;方式1为9位可变比特率方式,与串口1工作方式3相似。串口2的波特率时钟由定时器2溢出信号产生,串口3的波特率时钟由定时器2或定时器3溢出信号产生,串口4的波特率

时钟由定时器2或定时器4溢出信号产生,这些波特率计算公式与表4-4-1中串口1选择定时器2的计算完全相同。

》》4.4.3 相关寄存器一览

从表4-4-2可以看出,串口2、串口3和串口4的中断允许控制在IE2中相应位进行设置。受篇幅所限,上面表格中没有列出与串行口优先级控制相关的寄存器,如果需要用到中断优先级控制,请参阅芯片数据手册。

表4-4-2 相关寄存器一览

名称	符号	地址	位描述								复位值
			B7	B6	B5	B4	B3	B2	B1	B0	
串口1控制寄存器	SCON	98H	SM0/FE	SM1	SM2	REN	TB8	RB8	TI	RI	0000,0000
中断允许寄存器	IE	A8H	EA			ES					00x0,0000
中断允许寄存器2	IE2	AFH				ES4	ES3		ES2		00x0,0000
串口1数据寄存器	SBUF	99H									0000,0000
串口2控制寄存器	S2CON	9AH	S2SM0	–	S2SM2	S2REN	S2TB8	S2RB8	S2TI	S2RI	0100,0000
串口2数据寄存器	S2BUF	9BH									0000,0000
串口3控制寄存器	S3CON	ACH	S3SM0	S3ST3	S3SM2	S3REN	S3TB8	S3RB8	S3TI	S3RI	0000,0000
串口3数据寄存器	S3BUF	ADH									0000,0000
串口4控制寄存器	S4CON	84H	S4SM0	S4ST4	S4SM2	S4REN	S4TB8	S4RB8	S4TI	S4RI	0000,0000
串口4数据寄存器	S4BUF	85H									0000,0000
电源控制寄存器	PCON	87H	SMOD	SMOD0							0011,0000
辅助寄存器1	AUXR	8EH			UART_M0x6					S1ST2	0000,0001
串口1从机地址寄存器	SADDR	A9H									0000,0000
串口1从机地址屏蔽寄存器	SADEN	B9H									0000,0000

》》 4.4.4 利用 UART 实现通信

要正确实现串口通信编程,需要清楚三个问题:①波特率是如何产生的;②如何进行数据发送;③如何进行数据接收。波特率的产生问题我们已经在4.4.2节中做了比较详细的分析,要产生正确的波特率时钟,必须掌握定时器的基本概念和编程,这一点要特别引起注意。波特率时钟设置一般在初始化程序里完成。

下面程序代码是一个产生波特率时钟的例子,利用定时器2产生串行口1的波特率时钟9600bps,定时器2工作在1T速度下,系统时钟11.0592MHz。

```
#define  MAIN_Fosc  11059200L
#define  BaudRate  9600
#define  T2_Reload  (65536UL -(MAIN_Fosc/4/BaudRate))      //T2重装数值
void  UART_Init(void)
{
    SCON = 0b01010000;                   //串口1方式1,8位数据,无校验,接收使能
    AUXR = 0b00010101;                   //选择T2,T2定时器方式,1T速度
    TH2 = (unsigned char)(T2_Reload >> 8);
    TL2 = (unsigned char)T2_Reload;      //设置T2的重装值
    ES = 1;                              //允许串行口1中断
}
```

上面程序代码中,通过宏定义设置系统时钟频率MAIN_Fosc和波特率BaudRate,这时可以直接用公式计算出定时器2的重装值。定时器T2是自动重装的,没有工作模式限制,只需要为内部时钟设置好分频系数,为计数器设置好重装值,并且启动计数即可。

下面我们着重分析发送和接收问题。通常情况下,通信中很少使用单个字节的发送和接收,要发送和接收的数据一般包含多个字节(单个字节也可以看作是多个字节的特例),因此实现多个字节的数据发送和接收是必要的。我们通常将一次要发送或接收的多个字节的数据称为数据帧。注意,这里的数据帧和前面所述的字符帧是两个完全不同的概念。

对于一个程序来说,发送数据的过程是一个主动过程,接收过程是一个被动过程,对方数据什么时候发送过来是事先不可预知的。因此,当编写发送程序时,可以采用主动查询TI的方式来实现多个字节数据的发送。而在编写接收程序时,如果程序采用查询RI的方式检测数据是否来到,往往会导致其他问题处理的耽搁。因此,要实现正确的接收程序编程,应当尽量采用中断方式。

本节中介绍的几个实例都涉及单片机与PC机的通信问题。后面的许多实例中用到的连接采用了图4-4-11所示的电路,电路中使用了CH430芯片实现USB转串行口功能。当然,也可以用其他类似的芯片或现成的如图3-3-22所示的USB转串口模块实现与单片机的

通信,需要注意的就是在串行口连接时,两端RXD和TXD要交叉连接。

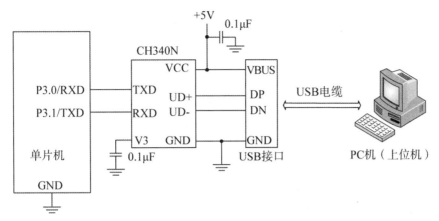

图4-4-11 单片机与上位机通信硬件连接

在调试单片机通信程序时,PC端配备一个串口调试软件是非常有必要的。在STC-ISP烧写软件中本身集成了一个串口助手,可以用来调试通信程序,如图4-4-12所示。读者也可以使用如SCommAssist、SerialDebug或友善串口调试助手等调试工具来调试串行通信程序。这些软件各有特点,但基本使用方式都大同小异且比较简单,可以在使用过程中慢慢学会。

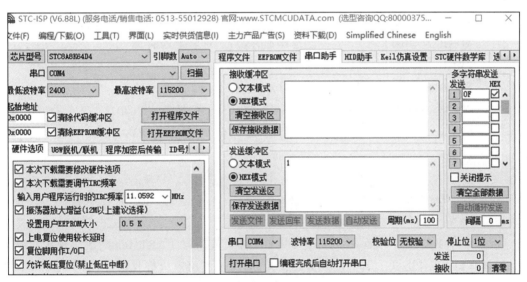

图4-4-12 STC-ISP中的串口助手

实例一:查询方式数据发送

本实例实现一个简单的数据发送功能,向上位机发送从开机时经过的秒数。秒计时用定时器0实现,具体思路可以参考4.3.3节实例二。4.3.3节的实例二是将秒数在数码管上显示,本实例将秒数上传至上位机。

参考程序代码包含三个源文件(uart.c、Timer.c和main.c):

例程 4-4-1(uart.c)：

```c
#include "STC8.h"
#include "stdint.h"
/********** 串口发送程序 **********/
uint8_t UART_Write(uint8_t *Buf, uint8_t Num)
{
    uint8_t i;
    for(i=0;i<Num;i++)
    {
        SBUF = Buf[i];          //数据写入SUBF
        while(!TI);             //等待数据传送完成
        TI=0;                   //清除TI
    }
}
/********** 串口初始化程序 **********/
void UART_Init(void)
{
    SCON = 0x40;               //串口1方式1,8位数据,无校验,无接收
    AUXR &= 0xFE;              //选择定时器1为波特率时钟源
    TMOD &= 0x0F;
    TMOD |= 0x20;              //定时器1选择方式2
    TL1 = 0xFD;                //系统时钟11059200,波特率9600,
    TH1 = 0xFD;                //重装值=256-11059200/9600/384=253
    TR1 = 1;                   //启动定时器1
    ES = 0;                    //禁止串行口1中断
}
```

例程 4-4-1 包含两个函数：UART_Init 和 UART_Write。UART_Init 函数实现串口初始化，设置串口1工作方式1，即8位数据无校验方式，不使用串口接收功能，也不使用串口中断。在初始化时，还设置定时器 T1 的方式2为波特率时钟源，并设定波特率所需要的初值。需要注意的是，缺省情况下，辅助寄存器 AUXR 中最低位为1，即设置定时器2为波特率时钟源，因此要选择定时器1为波特率时钟源，必须将 AUXR 的最低位清零。为了通信时钟更准确起见，设置系统时钟为 11.0592MHz，可以得到准确的倍数值。UART_Write 函数用于对串行口数据写入。其中参数 Buf 用于传入要发送的数据地址，参数 Num 用于传入要发送数组的长度。当数据写入 SBUF 后，程序查询 TI 的状态以检测是否完成发送。在发送一个字节后，清除发送完成标志。

例程4-4-2(Timer.c)：

```c
#include <REG51.H>
#include "stdint.h"
static uint8_t Count=0;
static uint32_t Second=0;
void   TaskHighFreq(void)      //高频任务,空函数
{
}
void TaskLowFreq(void)         //低频任务,秒值加1
{
    Second++;
}
void tm0_isr() interrupt 1
{
    TaskHighFreq();
    if(Count++>=200-1)
    {
        Count=0;
        TaskLowFreq();
    }
}
void Timer0Init(uint16_t us)
{
    uint16_t SetVal;
    SetVal = 0-us;             //定时器计数频率为1MHz
    TMOD &= 0xF0;
    TMOD |= 0x03;              //定时器0选择方式3
    TL0 = SetVal/256;         //初值低8位
    TH0 = SetVal%256;         //初值高8位
    TR0 = 1;                   //启动定时器0
    ET0 = 1;                   //使能定时器中断
}
uint32_t GetSysTime(void)
{
```

```
        return Second;
    }
```

文件中的函数在4.3.3节中已经做了说明,实现了每秒Second值加一。需要注意的是,由于此时系统时钟源为11.0592MHz,因此,实现5ms定时时计数器的初值要适当加以修改,即在调用函数Timer0Init时,要实现5ms定时,计数器初值设置应该设置为5000×11.0592 /12=4608。由于不需要刷新数码管,TaskHighFreq函数可以改为空函数。

例程4-4-3(main.c):

```
#include <REG51.H>
#include "stdint.h"
#include "uart.h"
#include "Timer.h"
void main()
{
    uint32_t Time,LastTime;
    uint8_t Temp;
    uint8_t NumBit[5];              //存放各位要显示的数据
    UART_Init();
    Timer0Init(4608);               //系统时钟11.0592M,设置刷新时间5ms
    EA=1;                           //开全局中断
    NumBit[4]='\n';
    while(1)
    {
    Time=GetSysTime();              //获取系统时间
    if(Time!=LastTime)
    {
        if(Time>=10000) Time=9999;  //数码管最大显示4位
        NumBit[0]=Time/1000+'0';    //计算数据的ASCII码
        Temp=Time%1000;
        NumBit[1]=Temp/100+'0';
        Temp=Temp%100;
        NumBit[2]=Temp/10+'0';
        NumBit[3]=Temp%10+'0';
```

```
        UART_Write(NumBit,5);        //送串口助手显示
    }
    LastTime=Time;
  }
}
```

在上面的主程序中，读取系统时间（经历的秒数），并将其分解成四位数，然后转换成 ASCII 码，发送至上位机，发送字符串的最后一个字符是'\n'，在上位机的串口调试助手中实现换行显示。

实例二：中断方式数据发送

实例一的数据发送在很多应用中是没有问题的。现在考虑一下这个问题：如果串行口采用波特率 9600bps 传输 20 个字节的数据，需要花费多长时间呢？估算一下，波特率 9600bps 即每秒钟传输 9600 位，考虑到附加的起始位和停止位，最快的速度也就是每秒传输 960 字节，传输 20 个字节要大于 20 毫秒。如果程序不断查询 TI 位来确定每个字节发送是否完成，就意味着程序要在发送时等待 20 多毫秒的时间，这在很多应用中是无法容忍的。为了解决这个问题可以考虑采用中断方式发送数据。

实例二的功能与实例一完全相同。源代码 main.c 和 timer.c 完全可以重用，仅仅对 uart.c 进行了修改，如例程 4-4-4 所示。

例程 4-4-4(uart.c)：

```
#include "stc8.h"
#include "stdint.h"
#define SEND_BUF_LEN   20
static uint8_t SendBuf[SEND_BUF_LEN];   //发送缓冲区
static uint8_t NumToSend=0;
static NumSended=0;
/*********  串口发送程序  **********/
uint8_t UART_Write(uint8_t *Buf, uint8_t Num)
{

    unsigned char i;
    if(NumToSend==0)                    //上次已经发送完
    {
        for(i=0;i<Num;i++)
        {
```

```
        SendBuf[i]=Buf[i];          //将发送的数据存放在缓冲区
    }
    NumToSend=Num;                  //要发送的字节数
    NumSended=0;
    SBUF=SendBuf[NumSended];        //发送第一个数据
    return  Num;
}
else                                //如果上次没发送完,返回发送数目0
    return  0;
}
/**********   串口初始化程序   ************/
void  UART_Init(void)
{
    SCON = 0x50;                    //串口1方式1,8位数据,无校验,允许接收
    TMOD &= 0x0F;
    TMOD |= 0x20;                   //定时器1选择方式2
    AUXR &= 0xFE;                   //串口1选择定时器1为波特率发生器
    TL1 = 0xFD;                     //系统时钟11059200,波特率9600,
    TH1 = 0xFD;                     //重装值=256-11059200/9600/384=253
    TR1 = 1;                        //启动定时器1
    ES = 1;                         //允许串行口1中断
}
/************   串口中断程序   ************/
void  ser_int (void) interrupt 4
{
if(RI==1)   RI=0;                   //RI接收中断标志,清除RI接收中断标志
    if(TI==1)
    {
    TI=0;                           //清除接收中断标志
    NumSended++;                    //发送计数值更新
    if(NumSended>=NumToSend)        //如果全部数据发送完成
    {
        NumSended=0;                //清零发送计数值
        NumToSend=0;                //清零要发送的字节数
    }
```

```
    else                        //未全部完成数据发送
    {
        SBUF=SendBuf[NumSended];  //发送下一个要发送的数据
    }
  }
}
```

在 UART_Init 函数中,由于采用了中断,因此加了句 ES=1 使能串口中断,其他初始化内容没有任何改变。

在程序中设置了一个发送缓冲区 SendBuf,在本实例中 UART_Write 函数不需要将数据全部写入 SBUF,而是将数据写入缓冲区 SendBuf 中并启动第一个字节的发送就可以了,不需要花时间在等待串行口发送上。如果上次发送的数据没有发送完,则 UART_Write 函数返回零,告诉调用者发送失败,否则返回发送的字节数。

剩余字节的发送放在中断服务程序中。如果产生了发送中断(TI==1),则说明一个字节发送完成。如果缓冲区中的数据已经发送完成,此时所有数据发送完成,相关的全局变量 NumToSend 重新初始化为零;如果缓冲区中仍然有待发送的数据,则将下一个待发送数据送入 SBUF,由串行口将数据发送出去。周而复始,直到所有数据发送完成。

实例三:数据接收

实例三要求:接收 PC 机发送的一段任意长度(小于 20 个字节)的数据,将其中的小写字母变为大写字母,并发送给 PC 机。例如,如果接收到的数据为字符串"hello!",则要求程序回发给 PC 机"HELLO!"。

既然任务要求将接收到的数据处理后回发,首先必须实现数据的接收工作,并需要知道接收到字节的数目。当然在本例中可以在中断服务程序接收一个字节数据后,立即处理并回发,但是这种处理方法不具备一般性,不是一种好的编程风格。数据发送程序已经在实例一和实例二中实现,可以直接使用前面的发送程序。如果能够实现接收任意字节数据的函数 UART_Read,整个问题就迎刃而解。由此可以写出主程序如例程 4-4-5 所示。

例程 4-4-5(main.c):

```
#include  "STC8.h"
#include  "stdint.h"
#include  "UART.h"
void  main(void)
{
    uint8_t  i, Read_Length;
    uint8_t  RecvData[20];
```

```
        EA=0;               //关总中断
        UART_Init();        //UART初始化
        EA=1;               //开总中断
        while(1)
        {
            if(Read_Length=UART_Read(RecvData))        //接收到数据
            {
                for(i=0;i<Read_Length;i++)
                {
                    if(RecvData[i]>='a' && RecvData[i]<='z')        //小写字母
                        RecvData[i]-=32;                            //小写变大写
                }
                UART_Write(RecvData,Read_Length);     //数据回发
            }
        }
    }
```

与发送数据相比,接收数据相对来讲更加复杂,不但需要考虑采用中断方式接收,还要判断数据有没有接收完毕,接收完数据后及时通知主程序处理。判断数据有没有接收完毕,可以考虑以下三种方式。

(1)发送方和接收方约定好数据接收长度,这时可以用接收到的字节数来决定一帧数据是否完成。为了更可靠地防止误码导致接收数据个数错误,往往还需要加上先导字符判断、数据校验等机制。

(2)发送方和接收方不约定数据帧长度,但是约定结束字符,接收方只要接收到结束字符,就认为完成了一帧数据的接收。采用这种方式,必须保证需要传送的字符不包含结束字符,否则会引起通信数据帧接收的意外终止。如果要发送的数据是可打印的ASCII字符,可以采用换行符等不可打印字符作为结束字符。

(3)如果要发送的数据为一般的二进制数据,无法采用结束字符作为数据帧的结束,这时可以用发送数据之间的停顿来检测数据帧的结束。很多单片机的UART提供了空闲检测中断,可以用于判断数据帧的结束。遗憾的是,STC单片机的UART并没有提供这种机制,可以用定时器来实现对数据帧结束的判断。其基本思想是:当接收到一个字符后,启动定时器,定时时间可以设置为2~3个字符的传输时间。如果连续不断接收字符,定时器不断被重置,不会产生溢出中断。一旦产生溢出中断,意味着有一段时间没有接收到数据,即发送方已经停止一帧数据的发送,数据接收完成。

例程4-4-6是在例程4-4-4基础上增加了接收部分的实现,为简明起见,略去了发送函

数 UART_Write 函数及相关的变量定义和处理。

例程 4-4-6(UART.c):

```c
#include "stc8.h"
#include "stdint.h"
#define RECV_BUF_LEN   20          //接收缓冲区长度
uint8_t RecvBuf[RECV_BUF_LEN];     //接收缓冲区
uint8_t NumRecved=0;               //接收到的字节数
bit isFrameRecved=0;               //是否接收到一帧数据
/********** 串口接收程序 **********/
uint8_t UART_Read(uint8_t *Buf)
{
    uint8_t i;
    if(isFrameRecved)              //接收到完整一串数据
    {
        for(i=0; i<NumRecved;i++)  //将数据传入参数数组
            Buf[i]=RecvBuf[i];
        isFrameRecved=0;           //清除接收完成标志
        NumRecved=0;               //清零接收到的字节数
        return i;
    }
    else
        return 0;
}
/************ 串口初始化程序 ************/
void UART_Init(void)
{
    SCON = 0x50;                   //串口1方式1,8位数据,无校验,允许接收
    TMOD &= 0x0F;
    TMOD |= 0x20;                  //定时器1选择方式2
    AUXR &= 0xFE;                  //串口1选择定时器1为波特率发生器
    TL1 = 0xFD;                    //系统时钟11059200,波特率9600,
    TH1 = 0xFD;                    //重装值=256-11059200/9600/384=253
    TR1 = 1;                       //启动定时器1
    ES = 1;                        //允许串行口1中断
    AUXR &= ~T2_CT;                //T2定时器功能,用作接收超时
```

```
        AUXR  &=  ~T2x12;            //T2分频 FOSC/12,定时器时钟 11059200/12=921600
        T2L  =  0xCD;                //设置接收超时时间 2ms,计数值 0.002*921600=1843
        T2H  =  0xF8;                //设置 T2 初值 65536-1843=63683=0xF8CD
        IE2  |=  ET2;                //T2中断使能
}
/**********  串口中断程序  ***********/
void  ser_int  (void)  interrupt  4
{
        if(RI==1)                    //RI接收中断标志
        {
            RI=0;                    //清除 RI 接收中断标志
            RecvBuf[NumRecved]=SBUF; //将接收到的数据保存到缓冲区
            NumRecved++;             //计数自增,指向缓冲区下一个位置
            AUXR  &=  ~T2R;          //停止定时器 T2
            T2L  =  0xCD;            //设置接收超时时间 2ms,计数值 0.002*921600=1843
            T2H  =  0xF8;            //设置 T2 初值 65536-1843=63683=0xF8CD
            AUXR|=T2R;               //启动定时器 T2
        }
        if(TI==1)
        {                            //此处略去发送相关的处理
        }
}
/**********  定时器2中断程序  ***********/
void  Timer2_int  (void)  interrupt  12
{
        AUXR  &=  ~T2R;             //停止定时器 T2
        isFrameRecved=1;            //指示接收完一帧数据
}
```

  串行口初始化程序 UART_Init 除了对串行口通信格式、工作方式、波特率发生等进行设置之外,还初始化了一个定时器 T2,作为接收超时计时信号,在初始化时,只进行一些必要设置,不需要启动定时器 T2。

  接收程序维护着一个数组 RecvBuf,作为接收缓冲区。当产生串行口中断时,表明串行口已经接收到一个字节的数据,需要读入内存。中断服务程序首先清除中断标志,然后将接收到的数据存入接收缓冲区 RecvBuf,并重新设置 T2 的初值为 2ms 定时。对于波特率为

9600的传输速率来说,传输一个字节大约1ms,如果持续接收到数据,则在定时器溢出前会重新进入串行口中断将定时器T2重新置初值,因此不会产生定时器T2中断。如果串行口在2ms内没有接收到新的数据,则会产生定时器T2中断,表示对端已经停止发送,这时将接收到一帧数据的标志isFrameRecved置1。

UART_Read函数是可以被其他程序调用的函数。当返回数据为0时,表示没有接收到完整的一帧数据;当返回数据不为0时,返回数据的大小就是接收到数据帧的长度,接收到的数据保存在参数Buf所指向的数组中。从严格上来说,上面的程序还是存在问题的,没有实现对缓冲区数组RecvData的数据保护,在原有的数据被UART_Read函数读取之前,可能被新的数据覆盖,从而存在潜在的Bug,感兴趣的读者可以做一下研究,在此并不做深入展开。

4.5　设计实例:微型步进电机的控制

步进电机是一种将脉冲信号转换成机械角位移的控制电机,如图4-5-1所示。步进电机的特点是直接接受数字信号输入。当给步进电机按照确定的时序通入脉冲信号时,电机就会产生转动,可以很方便地控制步进电机的转速、转角和方向。与直流电机控制系统相比,步进电机控制简单,运行可靠,在工业生产、航空航天、机器人、精密测量等领域得到了广泛应用。

图4-5-1　步进电机

》》 4.5.1　步进电机的工作原理

步进电机可分为反应式、永磁式、混合式三种类型。反应式步进电机结构简单,成本较低;永磁式步进电机力矩大,转矩稳定;混合式步进电机具有精度高,力矩大的特点,但成本较高。下面以三相反应式步进电机为例说明步进电机的结构和工作原理。

一个三相反应式步进电机结构示意图如图4-5-2所示,由固定机构定子和旋转机构转子组成。外侧是电机定子,有三相6个磁极,A与A′构成A相,B与B′构成B相,C与C′构成C相。内部是电机转子,共有4个齿。

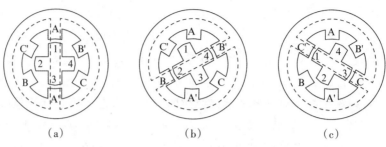

图 4-5-2　三相反应式步进电机工作原理

现在考虑这样一种控制方式:使定子绕组 A、B、C 相周而复始依次通电。若某个时刻 A 相通电,在磁场作用下,转子被磁化并在磁场作用下旋转,使转子齿 1、3 和定子 A 相对齐,如图 4-5-2(a)所示,注意到此时转子齿 2、4 和 B、C 相定子磁极都不对齐。下一个时刻,B 相通电,在磁场作用下电机转子会旋转,使转子 2、4 齿和定子 B 相对齐,如图 4-5-2(b)所示,可以看出,从 A 相通电到 B 相通电,转子逆时针方向转动 30°,这时候转子齿 1、3 和 A、C 相磁极都不对齐。再下一个时刻,C 相通电,转子在磁场作用下继续逆时针方向转动 30°,使转子齿 1、3 和定子 C 相磁极对齐,如图 4-5-2(c)所示。当再次使 A 相通电时,转子在磁场作用下再次逆时针方向转动 30°,旋转到图(a)所示的状态,只不过这时与 A 相磁极对齐的是 2、4 齿而不是 1、3 齿。可以看出,当通电循环一个周期后,转子转动一个齿的角度,称为齿距角,在这里齿距角是 90°;当通入一个脉冲后,转子转动一步,对应的角度称为步距角,在这里步距角是 30°。这种控制方式称为三相单三拍控制方式,线圈通电顺序为 A—B—C—A—B—C……,单三拍三相脉冲控制信号如图 4-5-3(a)所示。如果需要步进电机反向旋转,只需要将通电顺序反过来即可。如果需要控制步进电机转速,只需要改变通电脉冲频率即可。

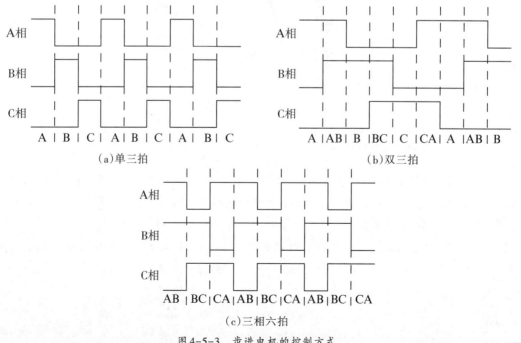

图 4-5-3　步进电机的控制方式

除了单三拍之外,还有双三拍和三相六拍控制方式。双三拍控制方式正转通电脉冲顺序为 AB—BC—CA—AB—......,反转通电脉冲顺序为 AB—CA—BC—AB......。双三拍控制方式每次有两相绕组通电,合成的磁场强度更大,因此能够提供更大的转矩。三相六拍方式正转通电脉冲顺序为 A—AB—B—BC—C—CA—A......,反转通电脉冲顺序为 A—CA—C—BC—B—AB—A......,三相六拍控制方式六个脉冲旋转一个齿的距离,因此步距角小,具有更高的控制精度。双三拍和三相六拍控制方式分别如图4-5-3(b)和4-5-3(c)所示。同样,如果需要步进电机反向旋转,只需要将通电顺序反过来即可。如果需要控制步进电机转速,只需要改变通电脉冲频率即可。

应当说明的是,上面的图示仅仅是对步进电机原理的说明,实际的步进电机可能有更多的磁极、更多的相数和更多的齿,这样就可以实现较小的齿距角和步距角,提高步进电机控制的精度。另外,还可以采用细分驱动来得到更高的控制精度,这里牵涉到更加深入的知识,就不再介绍了。

4.5.2　设计要求分析及硬件电路设计

被控对象是一款微型永磁式减速步进电机28BYJ48,如图4-5-4所示。该电机转子有8个齿,齿距角360/8=45°。其控制方式可以采用单四拍、双四拍和四相八拍方式。当采用单四拍或双四拍控制时,其步距角为45/4=11.25°。当采用四相八拍控制时,其步距角为45/8=5.625°。四相八拍方式能充分发挥步进电机的性能,一般采用这种方式。由于该电机减速比为1:64,在一个节拍作用下,步进电机输出轴上实际转动的角度为5.625/64=0.08789°。

图4-5-4　28BYJ48微型减速步进电机

28BYJ48最小空载牵入频率为500Hz,最小空载拖出频率为1000Hz。所谓空载牵入频率,指的是在空载情况下能够正常启动的脉冲频率,空载拖出频率指的是正常运行时不发生失步的脉冲频率。如果需要的目标转速较高,在启动时应该以适当低的速度启动,让转速逐渐升高至目标转速。

1.设计要求

要求设计一控制系统,使得步进电机能够通过接收上位机的发送的指令,实现以指定的转速转过确定的角度。指令格式:xxx±yyy,其中xxx为要求电机的转速,单位为转/分(rpm),转速变化范围1~20rpm;yyy为要求电机转过的角度,单位为°,角度变化范围(-180°~180°);

±表示电机旋转方向。xxx和yyy为三位ASCII编码格式。例如,如果希望电机以10rpm的速度正向转过120°,则上位机发送的数据为"010+120",如果希望电机以20rpm的速度反向转过90°,则上位机发送的数据为"020-090"。

2.设计要求分析

根据系统要求,单片机要完成两项基本任务:数据通信和步进电机控制。数据通信通过UART实现,具体实现方法已经在4.4节进行了比较深入的讨论,剩下的问题是步进电机控制问题。

与三相步进电机类似,四相步进电机四相八拍控制方式通电顺序为"A—AB—B—BC—C—CD—D—DA"循环,各相脉冲波形如图4-5-5所示。单片机只要按照顺序发出相应脉冲,控制步进电机各相线圈依次通电和断电,就可以控制步进电机旋转。如果按照相反顺序发出脉冲,就可以控制步进电机反向旋转。

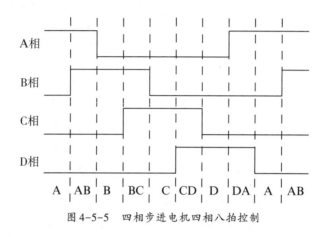

图4-5-5　四相步进电机四相八拍控制

3.硬件电路设计

整个系统的硬件结构简图如图4-5-6所示。上位机是PC机,通过串行口向下位机单片机发送控制指令;下位机单片机接收到上位机指令后,执行相应的操作。

在图4-5-6中,PC机上使用了USB转串行口模块,将USB转换为TTL串口,当然也可以用4.4节所示的USB转串行口芯片实现相应的转换,相应电路连接可以参考图4-4-11所示电路。

图4-5-6的右侧部分是步进电机的控制和驱动电路。控制步进电机的脉冲可以通过单片机GPIO口输出,图中使用了P1口的P1.0~P1.3控制四相线圈A、B、C、D。由于单片机输出电流一般不超过20mA,不能够直接驱动电机,需要外加驱动电路,实现电流放大功能。对于8BYJ48微型步进电机来说,可以采用晶体管或场效应管实现线圈驱动,本图中采用了集成电路ULN2803实现,简化了电路设计。ULN2803是一款常用的驱动芯片,其内部含有8个达林顿晶体管,可以驱动8个线圈,最大输出电流可达0.5A,工作电压可达50V,内部有续流二极管,适用于小功率步进电机的控制。需要注意的是,ULN2803输入和输出之间是反相的,当希望线圈通电时,需要给相应的端口输出低电平,当希望断电时,相应端口输出高电平。

例如,当需要B、C两相通电时,可以执行程序

P1=0xF9;

P1.1和P1.2输出为低电平,P1.0和P1.3输出为高电平,经过ULN2803反相后,OUT2和OUT3为高,OUT1和OUT4为低,B、C相通电。

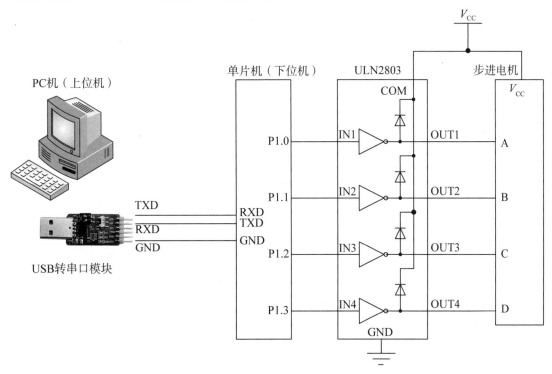

图4-5-6 四相步进电机控制硬件电路

4.5.3 软件系统设计

根据系统设计要求,从功能上看单片机软件程序可以分为两部分:①上位机命令接收与解析;②步进电机控制。前者对接收的上位机命令进行分析,得到控制参数;后者实现具体的控制功能。

1.上位机命令的接收与解析

步进电机控制需要接收上位机发送的命令,接收程序可以直接参考4.4节实例3实现一个变长度字符串数据接收,在此不加以重复。

单片机接收到数据格式为"xxx±yyy",需要从中提取目标角度、方向和目标速度三个信息。可以定义这三个信息为一个Motor_Control_Param类型结构体

typedef struct
{

```
    uint8_t  Angle;        //电机转角
    uint8_t  Dir;          //电机转向
    uint16_t Speed;        //电机转速
}Motor_Control_Param;
```

并且在主程序定义一个 Motor_Control_Param 类型变量 Object Param 来储存电机控制参数,并且以此变量为参数传递到电机控制程序。

主程序参考代码如例程 4-5-1 所示。

例程 4-5-1:(main.c)

```
#include "STC8.h"
#include "stdint.h"
#include "UART.h"
#include "StepMotor.h"
void  main()
{
    uint8_t Read_Length;
    uint8_t RecvData[10];
    Motor_Control_Param ObjectParam;
    EA=0;
    TimerInit();
    UART_Init();
    P1M0=0xFF; P1M1=0x00;                        //设置为推挽输出
    EA=1;
    while(1)
    {
        if(Read_Length=UART_Read(RecvData)==7) //接收到数据
        {
            //接收到的电机转角
            ObjectParam.Angle=(RecvData[4]-'0')*100
                +(RecvData[5]-'0')*10+(RecvData[6]-'0');
            if(RecvData[3]=='+')                        //接收到的电机转向
                ObjectParam.Dir=1;
            else
                ObjectParam.Dir=0;
```

```
                    //接收到的电机转速
                    ObjectParam.Speed=(RecvData[0]-'0')*100
                        +(RecvData[1]-'0')*10+(RecvData[2]-'0');
                    Motor_Control(&ObjectParam);              //电机控制
            }
        }
}
```

2.步进电机的控制

系统要求控制步进电机的转速、转角和方向。转角控制可以通过控制输出脉冲的个数实现;方向控制通过改变输出脉冲的次序实现;转速控制通过改变脉冲宽度实现。用定时器可以产生不同的脉冲信号,定时器的启停可以控制电机的启停。

如果需要步进电机旋转角度为 $\theta(-180° < \theta < 180°)$,则对应的脉冲数应该为

$$N = \frac{\theta}{5.625/64} = \frac{512 \cdot \theta}{45}$$

容易知道脉冲数取值范围是 $0 \le N < 2048$,可以用一个短整型数对脉冲进行计数。

如果需要电机转速为 $n(1 < n < 20)$ 转/分,则每秒电机旋转角度为 $6n$ 度,对应的拍数为 $6n/(5.526/64)$,因此每拍脉冲宽度为

$$T = \frac{5.625/64}{6n} = \frac{15}{1024n}$$

考虑到 $1 < n < 20$,则脉冲宽度 T 的取值范围是 $0.7324\text{ms} < T < 14.65\text{ms}$。要实现一定宽度的脉冲输出,可以采用定时器实现时间定时。

考虑到系统通信需要,选用系统时钟为 11.0592MHz,如果取系统时钟12分频作为定时器时钟源,采用定时器0作为时间定时器,对应于转速 n,计数器计数值

$$C = \frac{T}{1/(f_{sys}/12)} = \frac{15}{1024n} \times 11059200/12 = \frac{13500}{n}$$

根据 $1 < n < 20$,可以知道计数值范围是 $675\text{~}13500$。

当达到定时时间时,单片机控制P1口切换相序。为程序简明起见,定义8字节相序值数组StepMode[8],保存改变通电线圈时送入P1口的数值,注意由于硬件ULN2803反相,送入P1的数值也经过了反相。同时定义一个变化范围是 $0\text{~}7$ 的全局变量CurrentStep,记录当前切换到哪一个相序,当定时时间达到时,如果正向运动CurrentStep自加一,如果反向运动CurrentStep自减一,分别切换到前一个和后一个相序值。

步进电机控制程序如例程4-5-2所示。

例程4-5-2:(StepMotor.c)

```
#include  "STC8.h"
```

```c
#include "StepMotor.h"
uint16_t Steps;        //步进电机运行步数
uint8_t  Dir;          //步进电机运行方向
uint8_t code StepMode[8]={0xFE,0xFC,0xFD,0xF9,0xFB,0xF3,0xF7,0xF6};
uint8_t CurrentStep=0;

void TimerInit(void)     //定时器初始化,主程序调用
{
    TMOD &= 0xf0;              //定时器选择方式0
    TR0 = 0;                   //停止定时器0
    ET0 = 1;                   //使能定时器0中断
}
void SetTimerValue(uint16_t SetValue)   //设置硬件定时器时间
{
    uint16_t ValueToOver;
    ValueToOver=65536-SetValue;
    TL0 = ValueToOver%256;
    TH0 = ValueToOver/256;
}
void Motor_Control(Motor_Control_Param *ObjectParam)
{
    uint32_t CountValue;
    if(ObjectParam->Angle>0)
    {
        CountValue=13500/ObjectParam->Speed;   //定时器计数值1620~810
        Steps = ObjectParam->Angle*512/45;     //计算步进电机运行步数
        Dir = ObjectParam->Dir;                //获得电机运动方向
        SetTimerValue(CountValue);
        P1=StepMode[CurrentStep];
        TR0=1;                                  //启动电机
    }
    else
        TR0=0;                                  //停止电机
}
void tm0_isr() interrupt 1
```

```
{
    Steps--;              //步数更新
    if(Dir==1)            //取下一个相序
        CurrentStep=(CurrentStep+1)&0x07;
    else
        CurrentStep=(CurrentStep-1)&0x07;
        P1=StepMode[CurrentStep];
    if( Steps ==0)TR0=0;
}
```

在例程中,Motor_Control()函数首先根据传入的参数计算步进电机要移动的步数 Steps 和每步需要的定时器计数值 CountValue。然后设置定时器,送出电机控制相序并启动计数。

如果进入定时中断服务程序,说明硬件定时器定时时间已经到,程序需要根据电机旋转方向决定下一个相序值并送入 P1。如果此时判断所有步数都已经完成,则定时器关,电机停止转动。

扩展思考:在前面的步进电机控制程序中并没有考虑到空载牵入频率和空载脱出频率的限制。如果考虑到这些因素的限制,该如何修改我们的程序呢?

4.6　综合设计一:基于单片机的数字电子钟

4.6.1　任务要求

以 STC8 系列单片机为核心,设计一数字电子钟,基本要求如下:
(1)具有可选的 24 小时或 12 小时的计时方式,显示时、分;
(2)具有秒闪烁功能,由发光二极管或其他机制指示;
(3)具有校准时、分的功能,可以通过按键校时;
(4)能够设置闹钟起闹时间,响闹时间固定为 30 秒,超过 30s 自动停止;
(5)可以设置闹钟闹铃间隔(以分钟为单位),最大闹铃次数;
(6)具有人工停止闹钟功能,人工停止后,不再响闹;
(7)可以取消闹钟;
(8)具有整点报时功能;
(9)具有通信功能,通过上位机进行校时和闹钟设置。

4.6.2　任务关键问题分析

针对以上任务要求,需要从硬件和软件方面对问题进行分析和设计,首先从整体的观点来对问题进行分析,然后分部分进行局部设计。

1.整体方案的考虑

数字电子钟的实现方式多种多样,可以采用专用集成电路实现,也可以采用计数器等通用数字集成电路实现,也可以采用单片机实现。

专用集成电路使用简单,加上简单的外设就能构成数字电子钟,但是其功能相对固定,如果需要附加功能时就难以实现。从产品设计的角度来看,如果专用集成电路能够满足要求,尽量使用专用集成电路,电路简单可靠,成本较低。但是从学习的角度来看,采用专用集成电路设计相对来说意义不大。

如果采用计数器等通用数字电路实现,所有功能都是由硬件电路实现,需要的元器件较多,电路结构复杂,设计比较麻烦,调试困难。另外,需要增加功能时,元器件需要增加很多,很不方便。

采用单片机实现,大部分功能可以通过软件完成,硬件结构相对通用集成电路来说简单,功能改变相对专用集成电路更加灵活,是一个比较好的选择。在使用单片机实现数字钟时,可以采用实时时钟RTC芯片作为单片机的外围电路,也可以直接使用单片机内部的定时器完成数字钟设计。

采用实时时钟芯片是一个比较好的选择。实时时钟芯片一般采用精度较高的32768Hz的晶体振荡器作为时钟源,通过对晶振所产生的振荡频率分频和累加,得到年、月、日、时、分、秒等时间信息,自动实现闰年切换,使用非常方便。大部分实时时钟芯片在主电源掉电时,还可以自动切换到备用电源工作,具有较好的可靠性。实时时钟芯片多采用小体积贴片式封装,通过SPI或I²C等串行接口与单片机交换信息,关于SPI和I²C接口将在本书后续章节中介绍。

本节从已经学习的内容出发,来考虑使用单片机内部定时器来完成数字钟的设计。读者可以在学习后续章节后考虑采用实时时钟的实现方案。

2.时间显示

时间显示可以有不同的方式,常用的显示方式有液晶显示和数码管显示。

液晶显示可以采用段码式液晶和点阵式液晶,如图4-6-1所示。段码式液晶与数码管显示类似,能够显示简单的数字和固定的图形,一般需要对液晶进行定制,数量较大时成本低廉。点阵式液晶显示方式灵活,能够显示任意图形、数字和汉字,使用比较方便,但是成本稍高。

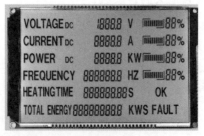　　　　

(a)段码式液晶屏　　　　　　　　　　(b)点阵式液晶屏

图4-6-1　液晶显示屏

随着电子技术和工艺的发展,液晶显示技术也有了长足进步,除了上面的段码式和点阵式液晶之外,以TFT-LCD(薄膜晶体管液晶显示器)为代表的彩色液晶也应用越来越多。彩色液晶显示图像色彩丰富,性能优良,成本低廉,在一些高性能的应用场合经常见到。

数码管显示技术已经在4.1节做了介绍。市场上有一种专用于时钟显示的数码管,其外观和内部结构如图4-6-2所示。图4-6-2中是一种共阳极结构的数码管,也有共阴极结构的数码管,其内部结构基本类似。与普通的七段数码管的主要区别是,普通数码管的两个小数点位D1和D2在时钟数码管中是时和分之间的两点,更加符合时间显示的格式。

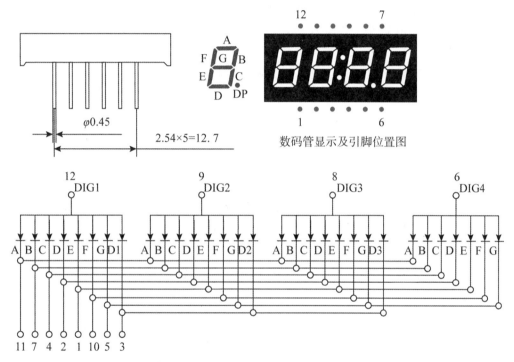

数码管显示及引脚位置图

图4-6-2　时钟数码管及其内部结构

对于时钟数码管的编程,和普通数码管相似,唯一不同的地方是当需要点亮或熄灭时和分之间的两点时,需要将对应段选码的相应位清零或置一。使用时钟数码管价格便宜,编程简单,显示亮度较高,适合于本设计要求。

3.按键与状态指示设计

按键用于校时和设置闹钟等功能。按键需要数量可多可少,如果直接输入数字,可以采用矩阵键盘输入;如果需要减少按键,可以采用独立式按键,通过设按键为"+""-"结合显示来改变数字输入。从电路设计来说,越简单电路可靠性越高,可以优先选择独立式按键,通过定义按键功能的方法来实现校时和闹钟设置等功能。

如果采用四个按键的方案,可以定义四个按键的功能分别为:

(1)功能键。当按下该按键后,进行状态切换。切换的状态包括:正常运行状态、调小时状态、调分钟状态、闹钟启停设置状态、闹钟小时设置状态、闹钟分钟设置状态、闹钟响铃次数设置状态、闹钟响铃间隔设置状态。

（2）增加键。在各种设置状态中，按下增加键，设置数值会相应增加。例如：当处于闹钟分钟设置时，按下增加键，闹钟的分钟数加一，当分钟数增加到60时，变为0；当处于闹钟启停设置时，可以在闹钟启用和停止之间进行转换。

（3）减小键。在各种设置状态中，按下减小键，设置数值会相应减小。例如：当处于闹钟小时设置时，按下减小键，闹钟的小时数减一，当小时数减小到-1时，变为23；当处于闹钟启停设置时，可以在闹钟启用和停止之间进行转换。

（4）确认键。在正常运行状态，当闹钟在闹铃时，按下该按键停止按铃，当闹钟不在闹铃时，按下该按键将切换12小时与24小时方式；在各种设置状态，按下该按键确认设置并返回正常运行状态。

为了便于使用者了解当前的状态，可以采用发光二极管指示。可以定义五个状态指示二极管，其功能分别表示如下：

（1）校时状态指示。当处于调小时状态，校时状态指示亮，同时小时数值闪烁；当处于调分钟状态时，校时指示亮，同时分钟数值闪烁。其他状态下，校时状态指示熄灭。

（2）闹钟启停状态指示。当启用闹钟时，闹钟启停状态零；当停用闹钟时，闹钟指示状态熄灭。

（3）闹钟时间设置状态指示。当处于闹钟小时设置状态时，闹钟时间设置状态指示点亮，同时小时数值闪烁；当处于闹钟分钟设置状态时，闹钟时间设置状态指示点亮，同时分钟数值闪烁。其他状态下，闹钟时间设置状态指示熄灭。

（4）闹钟重复设置状态指示。当处于闹钟响铃次数设置状态时，闹钟重复设置状态指示点亮，且响铃次数数值信息闪烁（小时数值位置）；当处于闹钟响铃间隔设置状态时，闹钟重复设置状态指示点亮，且响铃间隔数值信息闪烁（分钟数值位置）。其他状态下，闹钟重复设置状态指示熄灭。

（5）AM/PM指示。当电子钟切换至12小时方式时，该指示显示当前时刻是上午或下午。

4.响铃方式

响铃方式可以有多种响铃方式。可以采用蜂鸣器，也可以采用音乐方式或语音方式进行闹铃。最简单实用的方式是采用蜂鸣器，通过蜂鸣器的鸣响来作为闹铃。

蜂鸣器是一种电子设备中常见的发声器件，其外形和电路符号如图4-6-3所示。蜂鸣器可以分为有源蜂鸣器和无源蜂鸣器两种。这里的"源"指的是振荡源而不是电源。无源蜂鸣器内部没有振荡电路，需要给蜂鸣器施加交变信号输入，驱动蜂鸣器发出声音，其价格便宜，声音频率可控，可以发出不同的声音效果，但是程序控制复杂。有源蜂鸣器内部含有振荡电路，当外加直流电压时，蜂鸣器就会发出声音，程序控制非常简单，但是声音相对单调，只能发出同一频率的声音。

（a）外形　　　　　　　（b）符号

图 4-6-3　蜂鸣器

有源蜂鸣器工作电流一般比较大，在单片机控制时一般需要三极管加以驱动。另外，蜂鸣器本质上是一个感性元件，其电流不能突变，因此必须有一个续流二极管提供续流。否则，当蜂鸣器关断时，在蜂鸣器两端会产生过高的尖峰电压，可能损坏驱动三极管和电路的其他部分。蜂鸣器驱动电路图如图 4-6-4 所示，当单片机输出高电平时，晶体管导通，蜂鸣器发出声音；当单片机输出低电平时，晶体管关断，蜂鸣器停止。

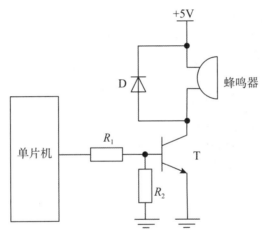

图 4-6-4　蜂鸣器驱动电路

音乐或语音方式也是可选的闹铃的方式之一。可以用单片机控制无源蜂鸣器产生音乐输出，但是其程序相对较为复杂。如果要实现音乐或语音输出，通常需要使用专用的音乐模块或语音芯片。这些模块或芯片种类非常多，有的只是固定的音乐或语音输出，有的提供了录音功能，有些先进的芯片还提供了语音识别功能。还有一些芯片是 OTP（一次性可编程）定制的，根据需要定制播放的内容。

5.软件设计考虑

要圆满完成电子钟设计问题，相比硬件系统，软件设计的工作量是比较多的。在软件设计时，可以考虑如下建议：

（1）维护一个全局变量 SystemTime 作为系统时间，该变量取值范围为 0~86399（一天时间共 86400 秒），可以在定时中断服务程序中实现 SystemTime 变量自增。

（2）设计两个转换函数：SysTimeToHMS 将 Second 数值转换为时分秒格式，HMSToSysTime 将时分秒格式转换为 SystemTime 数值。

（3）设计两个访问 Second 的函数：GetSysTime 函数返回当前的系统时间；SetSysTime 函数对系统时间进行设置。当对系统进行调时时可以调用 SetSysTime 修改系统时间 SystemTime。

（4）系统闹钟时间、闹钟次数和闹钟间隔的处理时，可以根据闹钟时间、闹钟间隔和闹钟次数确定闹钟开始的系统时间。

思考与练习

1.STC8 系列单片机 GPIO 口有几种工作模式？请对每种工作模式举一个实例。

2.简述多位 7 段数码管动态扫描的工作原理。

3.按键为什么要去抖动？如何进行软件去抖动？

4.什么是中断？CPU 响应中断的条件是什么？CPU 在响应中断之前需要做哪些处理？

5.STC8 系列单片机中断系统有几个优先级？当低优先级中断响应时，高优先级中断产生后会不会中断低优先级中断响应？

6.已知（TMOD）=A5H，则定时器 T0 和 T1 各为何种工作方式？是定时器还是计数器？

7.单片机的 f_{osc}=12MHz，设置对系统时钟 12 分频作为定时器时钟，要求用 T0 定时 10ms，计算不同工作方式下定时初值。

8.什么是串行通信？什么是并行通信？什么是同步通信？什么是异步通信？

9.简述 STC8 单片机串行通信工作方式 1 的特点。

10.使用定时器中断方法设计一个秒闪电路，让 LED 显示器每秒钟有 400ms 点亮。假定晶振为 6MHz，画出接口图并编写程序。

第5章 STC8系列单片机扩展外部设备

除了前面介绍的基本外部设备外,STC8系列单片机还提供了各种各样的扩展外部设备,如AD转换器、PWM发生器、SPI总线、I²C总线、可编程计数器阵列PCA、液晶模块LCM等。这些扩展外部设备一方面提供了应用的便利性,又为扩展其他外部设备提供了基础。另外,为了实现批量数据传输,在部分STC8系列芯片上还提供了DMA功能。

5.1 AD转换器

现实物理世界中的各种各样的物理量,如温度、压力、液位和浓度等,都是时间连续且幅值大小连续的信号,这些信号经过传感器或变送器转换为合适大小的电信号,称为模拟信号。现代计算机基本上都是数字计算机,这些模拟信号只有转换为数字信号后才能被计算机处理,因此需要一种将模拟信号转换为数字信号的设备,称为模数转换器,又称AD转换器。

5.1.1 AD转换器的工作原理

根据工作原理不同,有不同种类的AD转换器,分别应用于不同的工作环境。现代常用的AD转换器包括逐次逼近式、并行比较式、双积分式和Δ-Σ式等。其中,并行比较式AD转换器转换速度最快,但精度较低,一般适用于对速度要求较高而精度要求不高的场合,如示波器等仪器中;双积分式和Δ-Σ式AD转换器一般速度较慢,但精度较高,用于对精度要求较高而对速度要求不高的场合,如万用表等测量仪表;逐次逼近式AD转换器(或称为逐次比较式AD转换器)在精度和速度方面有较好的折中,结构简单,占用芯片面积小,功耗低,成本低,适合于在芯片内集成,应用非常广泛。本书主要介绍逐次逼近式AD转换器的工作原理。

不妨先考虑一下用天平称量物体质量的过程。将被测物体放入托盘后,从最重的砝码开始试放,与被称物体进行比较,若物体重于砝码,则该砝码保留,否则移去。再试放次重砝码,并与物体的质量进行比较来决定第二个砝码是留下还是移去。照此下去,一直试放到最小一个砝码为止。将所有留下的砝码质量相加,就得到此物体的质量。

逐次逼近式AD转换器的转换过程和前述的用天平称量过程非常类似,其基本结构如图5-1-1所示。AD转换控制逻辑在接收到启动转换信号后,采样保持器首先采样模拟量输入信号,稳定后切换到保持状态,确保在转换期间输入信号保持不变(相当于放入物体),然后在转换时钟脉冲驱动下开始进行转换。第一步转换时首先将 SAR 寄存器最高位置 1 且其他位清 0(相当于取最大砝码),并将 SAR 寄存器的值送入 DA 转换器,此时 DA 转换器输出模拟电压,大小为参考电压的一半,这个模拟电压在比较器中与输入模拟量进行比较。如果其大于模拟量输入,说明模拟量输入电压小于参考电压的一半,则将最高位变为 0(相当于砝码质量大于物体质量,取走最大砝码);否则将最高位保留为 1(相当于砝码质量小于物体质量,保留最大砝码)。然后将 SAR 寄存器次高位置 1(相当于取次大砝码),经 DA 转换后与模拟量输入进行比较,根据比较结果确定该位保持为 1 还是清零。依此类推,随着从高到低每一位比较完成,DAC 输出的模拟量越来越接近于输入模拟量。当最后一位比较完成后,AD 转换过程结束,SAR 寄存器中的数值所对应的模拟量输出最接近于输入的模拟量,SAR 寄存器中的数据就是 AD 转换结果。

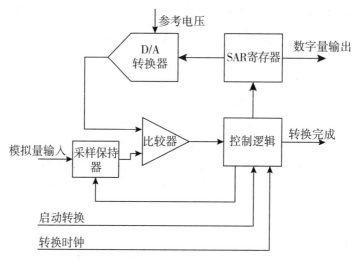

图 5-1-1　逐次逼近式 AD 转换器基本结构

从上面分析可以看出,逐次逼近型 AD 转换器具有以下特点:①需要在时钟脉冲作用下一步步完成,因此 AD 转换需要时钟信号;②AD 转换不是瞬间完成的,需要花费一定时间,时钟频率越高,转换速率越快;③AD 转换需要一个启动信号,开始进行转换;④为了使 CPU 知道转换是否完成,AD 转换器需要产生一个标志转换完成的信号;⑤AD 转换器中的 DAC 需要一个电压基准信号,这个电压基准信号决定了 DAC 输出电压的大小(相当于称量中的砝码),其准确性和稳定性直接影响了 AD 转换的精度。

衡量 AD 转换器质量好坏的主要技术指标有:

(1)转换速率(Conversion Rate):转换速率是指完成一次 AD 转换所需的时间的倒数,常用单位是 sps(Samples per Second,每秒采样个数)、ksps(Kilo Samples per Second,每秒采样几千个)和 Msps(Million Samples per Second,每秒采样几百万个)。

(2)分辨率(Resolution):分辨率是指数字量变化一个最小量时模拟信号的变化量,定义为满刻度与 2^n 的比值,实际应用中通常以数字信号的位数来表示分辨率。

（3）量化误差(Quantizing Error)：量化误差实际上与 AD 的有限分辨率密切相关，是有限分辨率的 AD 转换结果与理想的 AD 值之间的最大偏差。通常是 1 个或半个最小数字量对应的模拟量，表示为 1LSB 或 $\frac{1}{2}$LSB。在这里，LSB(Least Significant Bit)是最低有效位的意思。

（4）偏移误差(Offset Error)：输入信号为零时，输出信号可能不为零，这个误差称为偏移误差。

（5）增益误差(Gain Error)：理想输入与转换结果之间的斜率与实际转换斜率之间的误差称为增益误差。偏移误差和增益误差可以通过软件或硬件补偿消除。

（6）线性度(Linearity)：消除掉偏移误差和增益误差后实际转换器的转移函数与理想转换直线的最大偏移。

在以上指标中，转换速度和分辨率是主要关注的指标。高速和高分辨率 AD 转换器的价格一般是比较昂贵的。

》》 5.1.2 STC8 系列单片机内部 AD 转换器

STC8 系列单片机内部集成了一个 16 通道(通道号 0~15)的 12 位逐次逼近式 A/D 转换器，最高转换速率可以达到 800ksps(即每秒可进行 80 万次转换)。因为第 15 通道只能用于检测内部参考电压，实际可用的外部输入通道为 15 路，编号为 ADC0~ADC14。

STC8 系列单片机内部 AD 转换器的结构如图 5-1-2 所示，由控制逻辑、多路选择开关、比较器、12 位逐次比较寄存器、DA 转换器和 ADC 转换结果寄存器(ADC_RES 和 ADC_RESL)等构成。

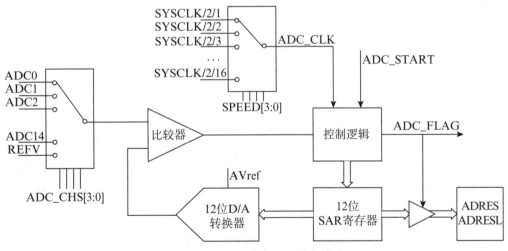

图 5-1-2　STC8 内部 ADC 结构简图

ADC_CONTR 寄存器中的 ADC_CHS[3:0]控制模拟多路选择开关，选择相应通道的模拟量输入送入比较器。如果 ADC_CHS[3:0]=15，选择的是内部参考电压 REFV。REFV 是带隙基准电压，标准电压值为 1.344V，由于制造误差，实际电压值可能在 1.34V 到 1.35V 之间，但是其电压值非常稳定，不会随芯片的工作电压的改变而变化。当 AD 转换参考电压选择为电源电压,而电源电压波动较大时,可以利用对REFV测量的结果修正AD转换的结果。本章后面将给出这样一个实例。

ADC的时钟频率ADC_CLK为系统频率2分频再经过用户设置的分频系数进行再次分频(ADC的时钟频率范围为SYSclk/2/1~SYSclk/2/16)得到,分频系数的设置在ADC_CFG寄存器的SPEED[3:0]位。对于12位AD转换器来说,仅仅完成转换的时间就需要12个ADC时钟。此外,为了保证采集到的信号可靠,当信号切换时,必须等待信号建立并对输入模拟量信号采样和保持后才能进行AD转换。模拟信号建立、采样和保持时间通过ADC时序控制寄存器ADCTIM设置。最终转换速率

$$f_{ADC} = \frac{SYSclk}{2 \times (SPEED + 1) \times [(CSSETUP + 1) + (SMPDUTY + 1) + (CSHOLD + 1) + 12]}$$

$$(5-1-1)$$

其中CSSETUP+1为模拟电路建立时间(1~2,默认为1),SMPDUTY+1为采样时间(1~32,默认为11),CSHOLD+1为保持时间(1~4,默认为2)。例如,当系统时钟SYSclk=8MHz,分频系数为SPEED[3:0]=0时,ADCTIM取默认设置,可以计算出ADC转换速率为153.8ksps(每秒钟完成15.38万次采样)。注意:在设置分频系数时,不要使ADC转换速率超过其最大允许的转换速率800ksps,另外,SMPDUTY在设置时不要小于默认值1010。

AD转换的启动可以通过软件启动,也可以通过硬件启动。通过将ADC_CONTR寄存器中的ADC_START位(ADC_CONTR.6)置1,可以软件启动AD转换。硬件启动AD转换可以通过外部引脚ADC_ETR触发,此时需要设置ADC扩展配置寄存器中的ADC_ETRS部分;也可以通过PWM发生器中设置的触发计数值来启动转换,此时需要将ADC_CONTR寄存器的ADC_EPWMT位(ADC_CONTR.4)置1。本书仅仅介绍软件启动AD转换。

当AD转换完成后,ADC_CONTR寄存器中的AD转换完成标志ADC_FLAG位(ADC_CONTR.5)置1,并将最终的转换结果保存到ADC转换结果寄存器ADC_RES和ADC_RESL中。如果AD转换中断使能(中断允许寄存器IE中的EADC=1),将会向CPU申请中断。用户程序可以通过查询ADC_FLAG等待AD转换完成,也可以通过中断知道AD转换完成,然后就可以从ADC_RES和ADC_RESL寄存器中读取AD转换的结果。

STC8系列单片机的AD转换结果可以选择左对齐或右对齐,通过ADC_CONF寄存器中RESFMT(ADCCFG.5)位决定。当RESFMT=0时,转换结果左对齐,ADC_RES保存结果的高8位,ADC_RESL高四位保存结果的低4位,ADC_RESL低四位填0,数据保存格式如图5-1-3所示。

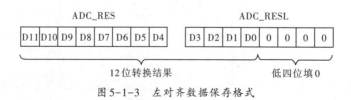

图5-1-3 左对齐数据保存格式

当RESFMT=1时,转换结果右对齐,ADC_RES保存结果的高4位,ADC_RESL保存结果的低8位,数据保存格式如图5-1-4所示。

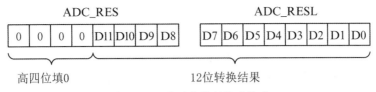

高四位填0　　　　　　　　　　12位转换结果

图 5-1-4　右对齐数据保存格式

STC8 系列单片机读取 AD 转换结果并不能自动清零 ADC_FLAG,当读取 AD 转换结果后,需要软件将 ADC_FLAG 清零。

AD 转换的参考电压为单片机的 AVref 引脚的输入电压。参考电压可以使用电源电压,对转换精度要求较高的系统,可以外接独立的参考电压,参考电压的大小不能超过模拟电源电压 AVCC 的大小,AD 输入信号的大小也不能高于参考电压的大小。理想条件下,AD 转换结果的计算公式:

$$[AD\_RES,AD\_RESL] = 4096 \times \frac{V_{in}}{V_{ref}} \tag{5-1-2}$$

式中,[AD_RES,AD_RESL]是保存的 12 位 AD 转换结果,V_{in} 为输入模拟电压大小,V_{ref} 为参考电压大小。

5.1.3　相关寄存器一览

相关寄存器参见表 5-1-1。

表 5-1-1　相关寄存器一览

名称	符号	地址	位描述								复位值
			B7	B6	B5	B4	B3	B2	B1	B0	
ADC 控制寄存器	ADC_CONTR	BCH	ADC_POWER	ADC_START	ADC_FLAG	ADC_EPWMT	ADC_CHS[3:0]				0000,0000
ADC 结果寄存器高	ADC_RES	BDH									0000,0000
ADC 结果寄存器低	ADC_RESL	BEH									0000,0000
ADC 配置寄存器	ADCCONF	DEH	–	–	RESFMT	–	SPEED[3:0]				xx0x,0000
中断允许寄存器	IE	A8H	EA		EADC						0000,0000
ADC 时序控制寄存器	ADCTIM	FEA8H	CSSETUP	CSHOLD[1:0]		SMPDUTY[4:0]					0010,1010
ADC 扩展配置寄存器	ADCEXCFG	FEADH			ADCETRS[1:0]			CVTIMESEL[2:0]			0000,0000

注:STC 不同系列不同芯片的相同外设其寄存器内容存在差别,请参考具体芯片的用户手册。

ADC_CONTR 寄存器的 B7 位 ADC_POWER 是 ADC 电源控制位。当 ADC_POWER=0 时,ADC 模块不供电,相当于模块被禁止;当 ADC_POWER=1 时,ADC 模块供电,ADC 被启用。

当不需要ADC时,应该设置ADC_POWER为0(缺省情况下就是0),以降低系统功耗。

ADC扩展配置寄存器中CVTIMESEL可以设置将采样值进行自动平均,这在某些应用中是非常方便的。另外需要注意的是,ADCTIM和ADCEXCFG位于xdata的高地址处,要访问这些寄存器,需要先将寄存器P_SW2.7位置1。当访问完成后,再将寄存器P_SW2.7位清零。

》 5.1.4　AD转换器的应用编程

STC8单片机ADC输入引脚和GPIO口是复用的,要使用ADC模块,必须首先设置GPIO使其工作在高阻输入模式。具体地说,如果设置P1.2为AD转换输入,则需要如下代码设置GPIO工作模式:

```
P1M0=0;
P1M1=(1<<2);
```

另外,要设置好AD转换的时钟和AD参考电压大小。

还需要清楚三个问题:①如何启动AD转换;②如何知道AD转换是不是完成;③如何读取AD转换的结果。

如果只进行一次采样,一般情况下采用软件启动方式启动AD转换,即将AD_CONTR寄存器中的AD_START位置1。如果要进行周期性采样,可以使用PWM模块硬件触发AD转换,也可以使用定时器,在定时器中断服务程序中软件触发AD转换。

可以通过查询AD_CONTR寄存器中的AD_FLAG位是否为1判断AD转换是否完成。只有当ADC_FLAG=1,才能进一步读取AD转换结果,否则是没有意义的。当然,如果使能了ADC中断,可以在中断服务程序中读取AD转换结果。无论是哪种情况,读取结果后都要将AD_FLAG清零。

实例一:远程测量电压

任务要求:STC8A系列单片机,系统时钟频率f_{osc} = 11.0592MHz,模拟量输入信号从P1.0引入,参考电压取电源电压5V,测量输入电压信号,并将测量结果以mV为单位通过串行口发送到上位机,每500ms上传一次,通信波特率9600bps。

编程要点分析:上传频率不高,且系统没有其他任务要求,可以采用查询法检测AD转换是不是完成,采用延时实现500ms的周期。为了提高对噪声抑制能力,可以采用多次采样做均值处理。

程序参考代码如例程5-1-1所示,限于篇幅所限,例程程序未给出串口发送程序的实现,读者可以查阅4.4.4节的相关例程。

例程5-1-1(ADC.C):

```
#include  "STC8.h"
#include  "stdint.h"
```

```
#include "ADC.h"
#define ADC_Speed  2      //ADC时钟,系统时钟6分频,11059200/2/3/16
//ADC初始化,完成AD时钟设置,IO口设置,格式设置
void ADC_Init()
{
    P1M0 &= 0xFE;
    P1M1 |= 0x01;                    //P1.0设置为浮空输入模式
    ADCCFG = ADC_RESFMT | ADC_Speed; //右对齐模式,采样速率115.2kHz
    ADC_CONTR &= 0xF0;               //设置ADC通道为0
    ADC_CONTR |= ADC_POWER;          //ADC模块使能
}
//ADC查询并读数
uint16_t ADC_Polling(void)
{
    uint16_t AD_Resul;
    ADC_CONTR |= ADC_START;          //启动AD转换
    while (!(ADC_CONTR & ADC_FLAG)); //等待AD转换完成
    AD_Resul = (ADC_RES<<8)| ADC_RESL;//读取AD转换结果
    ADC_CONTR &= ~ADC_FLAG;          //清除AD转换完成标志
    return AD_Resul;                 //结果返回
}
```

AD初始化程序ADC_Init为AD转换做好准备,完成时钟设置、通道选择、输出格式设置、端口模式设置等工作,并使能ADC_POWER,为启动AD转换做好准备。

在ADC_Polling函数中,通过将ADC_START位置1来启动AD转换,并持续检测ADC_FLAG位直到ADC_FLAG位变为1(表示AD转换完成),读取AD转换的数值,并将ADC_FLAG清零。

主函数调用相关程序完成系统数据读取、数据格式转换和数据传输功能。主程序代码如例程5-1-2所示。

例程5-1-2(main.C):

```
#include "STC8.h"
#include "stdint.h"
#include "ADC.h"
void main(void)
```

```
{
    uint16_t AD_Result;                //AD转换成的数字量
    uint16_t AD_Result_mV;             //电压值,mV 为单位
    uint8_t AD_String[7];              //四位上传数据,加上单位"mV"和回车符
    UART_Init();                       //串口初始化
    ADC_Init();                        //ADC初始化
    EA=1;
    while(1)
    {
        AD_Result=ADC_Polling();           //查询并读取 AD 转换结果
        AD_Result_mV=((uint32_t)AD_Result*5000)>>12; //转换为电压值(mV)
        AD_String[0]= AD_Result_mV/1000 + '0';
        AD_Result_mV %= 1000;
        AD_String[1]= AD_Result_mV/100 + '0';
        AD_Result_mV %= 100;
        AD_String[2]= AD_Result_mV/10 + '0';
        AD_String[3]= AD_Result_mV%10 + '0';    //数据转换为可打印字符
        AD_String[4]='m';
        AD_String[5]='V';
        AD_String[6]='\n';
        UART_Write(AD_String,7);
        DelayMs(500);
    }
}
```

在程序中,将 ADC 转换的结果转化为电压值时,是利用式(5-1-2)得到

$$V_{in} = [AD\_RES, AD\_RESL] \times \frac{V_{ref}}{4096} \qquad (5-1-3)$$

其中,V_{ref} = 5000mV。程序中将除以 4096 转换为右移 12 位运算,在很多编译器中具有较高的代码执行效率。

实例二:中断方式 AD 转换

实例一采用查询方式来检测 AD 转换是不是完成,查询过程会占用 CPU 时间,导致其他任务的处理被搁置,在很多情况下这是不合适的,特别是要采集的数据较多时。在这种情况下,采用中断方式读取 AD 转换结果是很有必要的。

如果采用中断方式检查 AD 转换的完成,需要在中断服务程序中将数据读出并保存到相应的变量中。例程 5-1-3 给出了中断方式处理 AD 转换的程序。例程 5-1-3 采集 8 路 AD 转

换数据(ADC0~ADC7),并将 AD 转换结果保存到一个数组 AD_Result 中。

例程5-1-3(ADC.c):

```c
#include "STC8.h"
#include "stdint.h"
#include "ADC.h"
#include "ISR.h"
#define ADC_Speed 2                              //时钟分频2,采样速率 fsys/2/(2+1)/16
uint8_t CurrentCh;                               //当前转换通道(取值范围 0-8)
uint16_t idata AD_Result[8];                     //AD 转换结果
//启动 AD 转换,参数 ch 通道号
void ADC_Start(uint8_t Ch)
{
    ADC_CONTR &= 0xF0;
    CurrentCh = Ch;
    ADC_CONTR |= (CurrentCh | ADC_START);    //启动 CurrentCh 通道 ADC
}
//ADC 初始化,完成 AD 时钟设置,IO 口设置,格式设置
void ADC_Init(void)
{
    P1M0 = 0x00;
    P1M1 = 0xff;          //浮空输入模式
    ADCCFG = ADC_RESFMT | ADC_Speed; //左对齐输入,设置时钟分频
    ADC_CONTR |= ADC_POWER;           //ADC 模块使能
    EADC=1;                           //ADC 中断允许
    ADC_Start(0);                     //启动 ADC0 的转换
}
//ADC 中断服务程序
void ADC_ISR() interrupt 5
{
    ADC_CONTR &= ~ADC_FLAG;           //清除 ADC 中断标志
    AD_Result[CurrentCh] = (ADC_RES<<8)| ADC_RESL;    //读取 AD 转换结果
    CurrentCh=(CurrentCh+1)&0x07;     //切换至下一通道
    ADC_Start(CurrentCh);             //启动下一通道转换
}
//读取 AD 转换数据,Ch 为通道号
```

```
uint16_t ADC_Read(uint8_t Ch)
{
    return  AD_Result[Ch];
}
```

与查询方式相比,中断方式的ADC_Init程序除了做好时钟设置、通道选择、输出格式设置、端口模式设置等工作之外,还需要允许ADC中断(EADC=1),另外启动了ADC0通道的转换。

在中断服务程序中,首先将中断标志位清零,然后读取AD转换结果并保存到数组AD_Result中,最后切换至下一通道并启动AD转换。

例程5-1-4调用了ADC.c中的ADC_Read函数。虽然ADC.c中进行了8通道AD转换,但是在例程中只用了通道0。程序的基本功能是:每5ms读取一次AD转换结果,并放在一个长度为64的缓冲区中进行滑动平均值滤波,每秒钟将滤波之后的平均值在数码管上显示。

平均值滤波算法是取N个周期的采样值计算平均值,是比较常用的滤波算法。平均值滤波算法计算简单,对周期性干扰有良好的抑制作用。滑动平均是平均值算法的一种,是在内存中建立一个数据缓冲区,存放N个周期的采样数据,当新的采样值到达后,就将最早采集的那个数据丢掉,然后对数据缓冲区中的N个数据取平均值。这样,每进行一次采样,就可计算出一个新的平均值,从而加快了数据处理的速度。

在具体程序设计时,可以采用简单的递推算法。如果数据缓冲区长度为L,k时刻采样值为$x(k)$,则平均值为$y(k)$的计算

$$y(k) = \frac{1}{L} \sum_{i=k-L+1}^{k} x(i) \tag{5-1-4}$$

$k-1$时刻平均值$y(k-1)$的计算

$$y(k-1) = \frac{1}{L} \sum_{i=k-L}^{k-1} x(i) \tag{5-1-5}$$

由式(5-1-4)和式(5-1-5)相减,并整理,可以得到

$$y(k) = y(k-1) + \frac{1}{L} [x(k) - x(k-L)] \tag{5-1-6}$$

从递推公式可以看出滑动平均值滤波的计算相当简单,只要在上一时刻计算结果的基础之上加入新增加的量并减去最早的量即可。

例程5-1-4(main.c):

```
#include  "STC8.h"
#include  "Led7Seg.h"
#include  "stdint.h"
#include  "Timer.h"
```

```c
#include "ADC.h"
uint16_t xdata Samples[64]={0};
uint8_t SamplePtr=0;
uint16_t AverageData=0;
bit IsSecondReach=0;
void TaskHighFreq(void)      //高频任务,刷新数码管显示
{
    uint16_t ADCData;
    ADCData=ADC_Read(0);
    AverageData=AverageData+ADCData/64-Samples[SamplePtr]/64;
    Samples[SamplePtr]=ADCData;
    SamplePtr=(SamplePtr+1)&63;      //以上三行为滑动平均值滤波
    Led7Seg_Flush();
}
void TaskLowFreq(void)                //低频任务,设置标志
{
    IsSecondReach=1;
}
void main()
{
    uint8_t NumBit[4];                //存放各位要显示的数据
    uint16_t Temp;
    EA=0;                             //关总中断
    Timer0Init(5000);                 //设置系统心跳时间 5ms,低频任务时间 1s
    ADC_Init();                       //ADC 初始化
    EA=1;                             //开总中断
    while(1)
    {
        if(IsSecondReach)
        {
            IsSecondReach=0;
            NumBit[3]=AverageData/1000;  //计算各位要显示的数据
            Temp=AverageData%1000;
            NumBit[2]=Temp/100;
            Temp=Temp%100;
```

```
            NumBit[1]=Temp/10;
            NumBit[0]=Temp%10;
            Led7Seg_WriteNum(NumBit);    //送数码管显示
        }
    }
}
```

为了尽量缩短停留在中断服务程序中的时间,低频任务(每秒执行一次)只做了设置时间到来的标志 IsSecondReach 为 1,至于后续的处理工作,则放在主程序中执行。这也是在写中断服务程序常见的技巧。尽量不要把大量的处理工作放在中断服务程序中,中断服务程序只做必要的工作。

实例三:电源电压改变时的 AD 转换的处理

硬件设置同编程实例一,在允许电源电压改变的情况下测量 P1.0 口输入的电压。

根据公式(5-1),AD 转换器的输出结果直接取决于输入电压的大小和参考电压的大小之比,因此对某个输入电压来说,参考电压的精度就直接决定了 AD 转换精度。在需要高精度 AD 转换的场合,一般在 Vref 引脚需要外接参考电压,如 TL431 等。对于一般应用场合,可以将 Vref 直接和供电电源相连,此时参考电压就等于电源电压。如果电源电压会随着时间的流逝而降低(如电池供电场合),对于相同的输入电压,由于参考电压降低,AD 转换的结果会逐渐变大。

STC8 系列单片机 AD 转换器的第 15 通道输入为我们提供了一种解决问题的方法。第 15 通道输入连接的是内部带隙参考电压,其标称电压为 1.344V,由于制造误差,实际电压值在 1.34V 到 1.35V 之间,具有较好的温度系数,且不随着电源电压的改变而改变。实际内部带隙基准电压值存放在 idata 中,EFH 地址存放高字节,F0H 地址存放低字节,电压单位为毫伏(mV)。因此,通过测量此通道电压 AD 转换的结果,可以计算出当前的电源电压大小,进而计算出其他通道输入电压大小。具体来说,如果第 15 通道测量值为 D_{15},其真实电压 $V_{15} = 1344$mV,若模拟电源电压(即 AD 转换参考)为 V_A,第 $n(n = 0..14)$ 通道电压 V_n 的转换结果为 D_n,根据

$$D_{15} = 4096 \times \frac{V_{15}}{V_A}, D_n = 4096 \times \frac{V_n}{V_A}$$

则可以得到实际电压 V_n 的计算公式:

$$V_n = V_{15}\frac{D_n}{D_{15}} = 1344\frac{D_n}{D_{15}} \ (mV) \tag{5-1-7}$$

程序其他部分可以参考编程实例一的程序,仅需要改写一下 ADC_Polling 函数。ADC_Polling 函数的代码如下:

```
uint16_t ADC_Polling(void)
{
    uint16_t AD_Result;
    uint16_t  pV15;
    uint16_t AD0_Result, AD15_Result;
    pV15=*((uint16_t idata *)0xEF);                 //存放参考电压值的地址
    ADC_CONTR = ADC_POWER|ADC_START;                //启动通道 0 AD 转换
    while (!(ADC_CONTR & ADC_FLAG));                 //等待 AD 转换完成
    AD0_Result = (ADC_RES<<8)| ADC_RESL;            //读取 AD 转换结果
    ADC_CONTR &= ~ADC_FLAG;                          //清除 AD 转换完成标志
    ADC_CONTR = ADC_POWER|ADC_START|0x0f;           //启动通道 15 AD 转换
    while (!(ADC_CONTR & ADC_FLAG));                 //等待 AD 转换完成
    AD15_Result = (ADC_RES<<8)| ADC_RESL;           //读取 AD 转换结果
    ADC_CONTR &= ~ADC_FLAG;                          //清除 AD 转换完成标志
    AD_Result= (uint16_t)((uint32_t)pV15*AD0_Result/AD015_Result)
    return AD_Result;                               //结果返回
}
```

在程序中,从地址 EFH 读取基准电压的毫伏数,然后代入公式(5-1-7)进行计算。为了防止计算结果溢出,先将数据强制转换为 32 位整数。在本例中,AD_Polling 函数返回的结果是被测电压的毫伏数,而不是 AD 转换的直接结果,这一点和程序 5-1-1 中相应部分是有所不同的。

5.2　直流电机控制与PWM波形发生器

在控制系统中经常使用电动机作为执行机构。根据供电电源的不同,可以将电动机分为直流电动机和交流电动机两大类。直流电动机采用直流电源供电,其结构简单,启动和调速性能好,价格便宜,成为中小功率控制系统中的首选。速度控制是直流电动机控制中最基本的主题。在直流电动机的速度控制中,普遍采用脉冲宽度调制(Pulse Width Modulation,PWM)技术。

5.2.1　直流电动机与PWM控制

直流电动机大小不一,种类繁多,根据有无电刷可以分为有刷直流电机和无刷直流电机两大类,根据励磁方式可以分为永磁式直流电机、他励式直流电机、串励式直流电机、并励式直流电机、复励式直流电机等。本书仅介绍有刷直流电机的工作原理及其控制方法,其他电机的工作原理及其控制请参阅相关的参考资料。

小型直流电动机控制电路如图5-2-1所示,图中晶体管也可以用其他开关器件如MOS管或IGBT等代替。单片机输出信号至V_i输入端,当输入为高电平时,晶体管T导通,电动机通电加速;当输入为低电平时,晶体管T断开,电动机断电减速。由于电动机线圈是感性的,当电动机断电时,可能会产生瞬间高压,为了防止对晶体管和其他电路的损坏,在电动机旁边增加了续流二极管D为电机电流提供了通路。

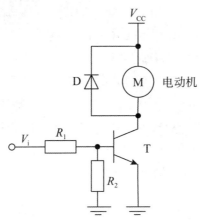

图5-2-1 小型电动机控制电路

直流电动机的转速

$$n = \frac{V_d - I_d R}{K_e \Phi} \tag{5-2-1}$$

式(5-2-1)中:V_d为输入电压,即加在直流电动机电枢绕组上的电压;I_d为电枢电流,是由电机负载决定的,电机加的负载越大,则电枢电流越大;R为电枢回路总电阻,包括电源内阻和电枢绕组电阻等;K_e为常数,由电机结构决定;Φ是电机内部电枢绕组所处的磁通强度。

对直流电机转速控制来说,电枢电流I_d取决于负载大小,一般是无法预料的,是一个干扰量。因此,要改变电机转速,只能有三种手段:①改变电枢电压U_d;②改变电枢回路电阻R;③改变励磁磁通强度Φ。改变电阻调速比较简单,但是在电阻上消耗的能量较大,且需要功率较高的可变电阻。改变磁通的方法面临两个问题:①当转速较高时需要降低励磁磁通,而降低励磁磁通会降低能量传输的效率;②对于永磁式直流电机来说,励磁磁通基本是个定值,是不能改变的。因此,通过改变电枢电压的方法来进行直流电动机调速几乎是必然的选择。

如果电源电压不变,如何控制电枢电压大小呢?可以采用PWM技术来实现。PWM的全称是脉冲宽度调制(Pulse Width Modulation),就是通过改变脉冲宽度来改变输出平均电压的大小。当图5-2-1中V_i输入端输入的电压是周期性的脉冲信号时,根据前面的分析,加在电动机上的电压也是一个周期性的脉冲信号,如图5-2-2所示。图中,V_M是加在直流电动机上的电压波形,V_d为加在直流电动机上的平均电压。在PWM信号中,占空比是一个关键变量,其定义为高电平保持时间与脉冲周期之比。从图中可以看出,占空比决定了平均电压的大小。不考虑晶体管饱和电压的情况下,如果控制信号占空比为$D(0 \leqslant D \leqslant 100\%)$,加在电动机上的平均电压

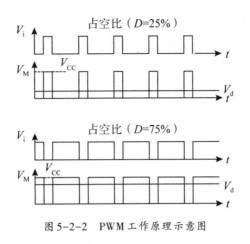

图 5-2-2　PWM 工作原理示意图

$$V_{\mathrm{d}} = D \times V_{\mathrm{cc}} \tag{5-2-2}$$

式中，V_{cc} 为电源电压。可以看出，通过控制 PWM 占空比可以有效地控制电机转速的大小。

在 PWM 信号中，除了占空比之外，还有一个参数是频率。频率的改变不影响平均电压的大小，但也是要考虑的问题。如果频率较低，电流波动会较大，也会产生比较大的噪声；如果频率过高，则开关管的损耗会加大，导致器件温度上升而损坏。对于小功率电机，其 PWM 频率一般在几 kHz 到几十 kHz 的范围。

前面介绍了直流电动机的转速大小控制，在很多应用场合下，除了控制电机转速大小之外，还需要控制电机的旋转方向。对直流电动机来说，如果所加电源的方向反向，那么其转动方向就会反向，因此要控制电机方向，需要对电机所加电源的方向加以控制。

直流电动机方向控制通常用 H 桥电路来实现。H 桥电路如图 5-2-3 所示，其四个开关管 $T_1 \sim T_4$ 和电机 M 形成了一个 H 型的结构，因此称为 H 桥电路。在该电路中，如果开关管 T_1 和 T_4 导通，同时 T_2 和 T_3 关断，电流由左向右流过电动机，电动机正转；如果开关管 T_1 和 T_4 关

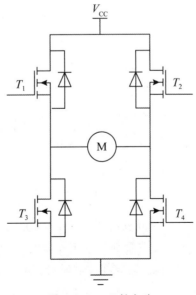

图 5-2-3　H 桥电路

断,同时 T_2 和 T_3 导通,电流由右向左流过电动机,电动机反转;当四个开关管都关断时,电动机在惯性作用下滑行;当开关管 T_1 和 T_2 关断时,T_3 和 T_4 导通时,电动机处于短路制动状态。

如果需要既能控制速度大小,又能控制速度方向,则在 H 桥电路控制的时候,对应该导通的开关管施加 PWM 信号即可。例如,如果希望控制正转速度,将 T_2 和 T_3 关断,T_1 和 T_4 施加不同占空比的 PWM 波,就可以得到不同的正转速度。

上面所述的 H 桥电路的控制方式称为单极性 PWM 控制方式。还有一种控制方式称为双极性控制方式。其基本思路:将开关管 T_1 和 T_4 与开关管 T_2 和 T_3 分别施加互补对称的控制信号。如果 T_1 和 T_4 控制 PWM 信号的占空比为 D,则 T_2 和 T_3 控制 PWM 信号的占空比为 $1-D$。如果 $D = 0$,则 T_1 和 T_4 关断,T_2 和 T_3 导通,电机将会以最大转速反转;如果 $D = 100\%$,则 T_1 和 T_4 导通,T_2 和 T_3 关断,电机将会以最大转速正转;如果 $D = 50\%$,则 T_1 和 T_4、T_2 和 T_3 导通的占空比各为 50%,加在电机上的平均电压为零,电机转速为零;当 $0 \leqslant D < 50\%$ 时,电机反转,D 越小,反转速度越快;当 $50\% < D \leqslant 100\%$ 时,电机正转,D 越大,正转速度越快。图 5-2-4 为占空比分别为 25% 和 75% 时双极性 PWM 工作原理示意图。图中,V_{T1}、V_{T2}、V_{T3} 和 V_{T4} 分别为开关管 T_1、T_2、T_3 和 T_4 的控制电压,V_{CC} 为电源电压,V_M 为电机两端的电压,V_d 为其平均电压。

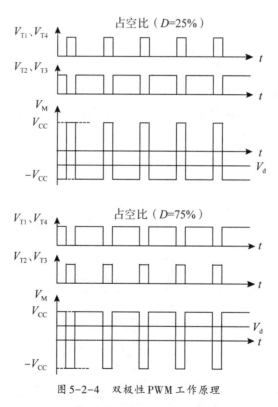

图 5-2-4 双极性 PWM 工作原理

与单极性 PWM 相比,双极性 PWM 只需要一路 PWM 信号就可以实现大小与方向的控制。但是由于在工作过程中,四个开关管都处于工作状态,容易发生上下管直通的事故,导致开关管被烧毁。为了防止这个问题,需要在控制时设置死区,关于这个问题和具体实现方法将在本节实例二中详细讨论。

⋙ 5.2.2　STC8 的增强型 PWM 控制器

STC8A 系列的单片机内部集成了一组(各自独立 8 路)增强型 15 位 PWM 波形发生器,可以方便地用于各种电机控制任务。STC8 系列有些型号的单片机集成了 6 组增强型的 PWM 波形发生器,最多可以提供 45 路 PWM 输出,可以满足舞台灯光控制等的要求。

增强型 PWM 波形发生器的基本结构如图 5-2-5 所示,由一个计数器与 8 个 PWM 模块构成。PWM 模块只是一个输出模块,不具有输入功能。

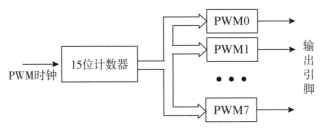

图 5-2-5　增强型 PWM 模块总体结构

⋙ 5.2.3　15 位计数器及其外围电路

增强型 PWM 波形发生器有一个 15 位的内部计数器,计数范围是 0~32767,其计数值分别与 8 路 PWM 翻转点设置寄存器进行比较,控制输出信号的翻转,实现对信号占空比的控制。15 位计数器及其周边电路结构如图 5-2-6 所示。

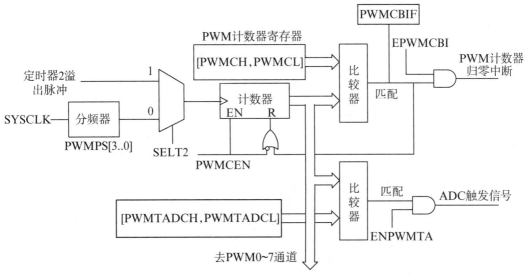

图 5-2-6　15 位内部计数器及其周边电路

15 位计数器的时钟又称为 PWM 时钟,可以由系统时钟分频(1~16 分频)产生,也可以选择定时器 2 的溢出信号作为其时钟源,时钟源选择通过设置时钟选择寄存器 PWMCKS 相应的位 SELT2(PWMCKS.4)实现。如果选择系统时钟,可以通过 PWMCKS 寄存器中的预分频系数PWMPS[3..0](PWMCKS.3~PWMCKS.0)对系统时钟分频,预分频系数PWMPS[3..0]设置为0000~1111,可以对系统时钟进行1~16分频。

选定时钟源后,PWM周期设定可以通过设置PWM计数器寄存器[PWMCH,PWMCL]实现,[PWMCH,PWMCL]共同组成一个15位寄存器,其设置范围可以是1~32767。PWM波形发生器内部的计数器从0开始计数,每个PWM时钟周期递增1,当内部计数器的计数值达到[PWMCH,PWMCL]所设定的PWM周期时,将会被清零并重新开始计数,硬件会自动将PWM归零中断标志位PWMCBIF(PWMCFG.3)置1。若PWM归零中断允许EPWMCBI位(PWMCFG.2)为1,将向CPU提出中断请求。PWMCBIF位不会被硬件清零,应该在中断服务程序中通过软件将其清零。

PWM计数器可以用于周期性触发AD转换,触发时间点通过设置PWM触发ADC计数器寄存器[PWMTADCH,PWMTADCL]实现,如果PWMCFG寄存器中的ENPWMTA(PWMCFG.1)使能,当内部计数器的计数值与[PWMTADCH,PWMTADCL]相匹配时,则产生ADC触发信号。如果这时ADC_CONTR寄存器中的ADC_POWER位(ADC_CONTR.7)和ADC_EPWMT位(ADC_CONTR.4)都为1,会启动AD转换。

PWM配置寄存器PWMCFG中的位PWMCEN(PWMCFG.0)用于使能PWM计数器。当PWMCEN=0时,会对PWM计数器清零。当再次使能PWMCEN位时(PWMCEN=1),PWM的计数会从0开始重新计数,而不会记忆PWM停止计数前的计数值。所以必须在其他所有的PWM设置(包括T1/T2翻转点的设置、初始电平的设置、PWM异常检测的设置以及PWM中断设置)都完成后,最后才能使能PWMCEN位。另外,在PWMCEN从0变到1时,会立即产生一个归零中断,这个归零中断不是PWM计数器计满后归零得到的中断,如果需要处理归零中断时要注意这一问题。

5.2.4 增强型PWM通道控制逻辑

在增强型PWM波形发生器中,最多可以输出8个PWM通道,每个输出通道都有相同的结构,如图5-2-7所示。

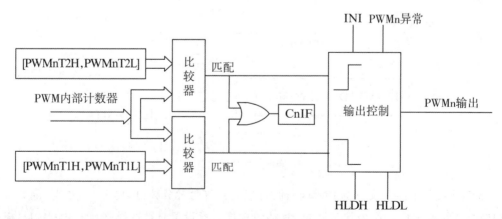

图5-2-7 PWM通道工作示意

在 PWM 时钟作用下,PWM 内部计数器计数值不断从 0 到[PWMCH,PWMCL](以下简称 PWMC)进行周期性变化,该计数值同时馈入 8 路 PWM 通道。每个 PWM 通道都有两组 PWM 翻转点设置寄存器[PWMnT1H, PWMnT1L](以下简称 PWMnT1)和[PWMnT2H, PWMnT2L](以下简称 PWMnT2)(n=1,2,......7),用于控制各 PWM 通道每个周期中输出波形的两个翻转点。当 PWM 的内部计数值与所设置的第 1 个翻转点的值 PWMnT1 相等时,PWMn 输出波形会自动翻转为低电平;当 PWM 的内部计数值与所设置的第 2 个翻转点的值 PWMnT2 相等时,PWMn 的输出波形会自动翻转为高电平。当 PWMnT1 与 PWMnT2 的值设置相等时,第 2 组翻转点的匹配将被忽略,即只会翻转为低电平。PWM 信号产生的工作原理如图 5-2-8 所示。可以看出,通过设置适当的翻转点时刻,就可以方便地控制输出 PWM 波形的占空比。

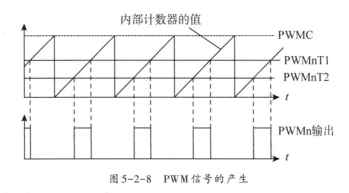

图 5-2-8　PWM 信号的产生

由于每个通道的翻转点都是独立可设置的,因此每个通道的占空比都是独立设置的,可以实现 8 路独立 PWM 输出。在如图 5-2-3 所示的 H 桥控制电路中,需要实现互补对称输出以及死区控制等功能,这时可以将其中的任意两路输出配合起来使用,本节实例二就给出了这样一个应用实例。另外,每个通道还可以独立设置输出使能及其初始电平,也可以强制输出为高电平或低电平。

增强型 PWM 波形发生器还设计了对外部异常事件(包括外部端口电平异常、比较器比较结果异常)进行监控的功能,可用于紧急关闭 PWM 输出,实现紧急刹车的功能。例如,检测到发热异常或电流过大时需要实现紧急刹车。外部异常事件控制逻辑如图 5-2-9 所示。外部异常事件的控制主要通过异常检测控制寄存器 PWMnFDCR 设置,外部事件可以设置为 PWMFLT(P3.5 口)引脚的上升沿或下降沿,也可以设置为比较器结果的上升沿或下降沿,外部事件检测可以通过 ENFD、FDCMP 或 FDIO 使能或禁止。检测到 PWM 外部事件异常时,硬件自动将 FDIF 置位 1,如果 FLTLIO 置位,可以直接控制将 PWM 输出引脚切换高阻输入态。如果此时 EFDI 置位,程序会跳转到相应中断入口执行 PWMFD 中断服务程序,FDIF 标志需要软件清零。

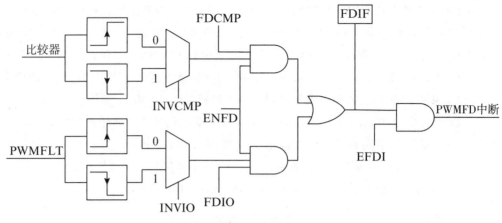

图 5-2-9　外部异常事件控制逻辑

虽然一般情况下的应用中不需要PWM中断,但是在STC8的增强型PWM中也提供了中断机制。与增强型PWM发生器相关的中断有两个,分别是PWM中断和PWMFD中断,其中断号分别为22和23,对应的中断服务程序入口地址分别为00B3H和00BBH。如前所述,PWMFD中断产生的条件是各种异常事件,其中断标志是FDIF,中断使能位为EFDI,这两个位都在异常检测控制寄存器PWMnFDCR中。PWM中断产生条件相对比较复杂,包括计数器归零和每个通道的翻转都会产生中断,其中断逻辑如图5-2-10所示。内部定时器归零中断标志位为PWMCBIF(PWMCFG.3),中断使能标志位为EPWMCBI(PWMCFG.2)。每个通道PWMn发生翻转时,会置位PWMIF中的相应位,如果这时在PWM通道控制寄存器PWMnCR中置位了ENT1I或ENT2I,并且置位了ENI,则会产生PWM中断,当然还要强调其前提条件是总中断开关EA=1。另外需要说明的是,上述的中断标志都是由硬件自动置1,需要用软件手动清零。

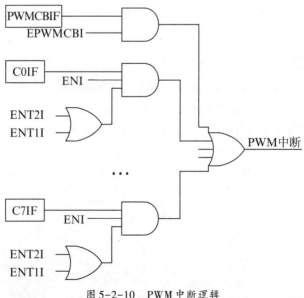

图 5-2-10　PWM中断逻辑

》》 5.2.5　相关寄存器一览

与增强型 PWM 控制相关的寄存器可以分为两大类：PWM 全局设置类寄存器和 PWM 通道设置类寄存器。如果使用中断的话,还包括一些中断相关的寄存器。

PWM 全局设置类寄存器用于内部计数器及其周边电路的设置,实现 PWM 配置、时钟选择、中断允许、周期设置、触发 ADC 等功能,包括 PWM 全局配置寄存器 PWMSET、PWM 配置寄存器 PWMCFG、PWM 计数器 PWMCH 和 PWMCL、PWM 时钟选择寄存器 PWMCKS、PWM 触发 ADC 计数值寄存器 PWMTADCH 和 PWMTADCL、PWM 中断标志寄存器 PWMIF 以及 PWM 异常检测控制寄存器 PWMFDCR。具体寄存器及其相关信息如表 5-2-1 所示,其中, PWMSET 寄存器中的 ENPWM（PWMSET.0）是 PWM 模块的全局使能信号 , PWMRST （PWMSET.6）对除了 PWMSET 和 PWMCFG 之外的寄存器进行复位。

表 5-2-1　PWM 全局设置类相关寄存器

名称	符号	地址	位描述								复位值
			B7	B6	B5	B4	B3	B2	B1	B0	
PWM 全局配置寄存器	PWM-SET	F1H		PWM RST						EN-PWM	x0xx, xxx0
PWM 配置寄存器	PWM-CFG	F6H			–	–	PWM CBIF	EPWM-CBI	ENPW-MTA	PWM-CEN	xxxx, 0000
PWM 计数器高字节	PWMC H	FF00H	–								x000, 0000
PWM 计数器低字节	PWM-CL	FF01H									0000, 0000
PWM 时钟选择	PWMC KS	FF02H	–	–	–	SELT2	PWM_PS[3:0]				xxx0, 0000
触发 ADC 计数值高字节	PWM-TADC H	FF03H	–								x000, 0000
触发 ADC 计数值低字节	PWM-TAD-CL	FF04H									0000, 0000
PWM 中断标志寄存器	PW-MIF	FF05H	C7IF	C6IF	C5IF	C4IF	C3IF	C2IF	C1IF	C0IF	0000, 0000

续表

名称	符号	地址	位描述								复位值
			B7	B6	B5	B4	B3	B2	B1	B0	
PWM异常检测控制寄存器	PWMFDCR	FF06H	INVCMP	INVIO	ENFD	FLTFLIO	EFDI	FDCMP	FDIO	FDIF	0000,0000

PWM通道设置类寄存器用于8路PWM通道的设置,实现每个通道输出电平使能、翻转点、初始电平、通道中断使能等设置,包括PWMn计数值T1寄存器PWMnT1H和PWMnT1L、PWMn计数值T2寄存器PWMnT2H和PWMnT2L、PWMn控制寄存器PWMnCR、PWMn电平保持寄存器PWMnHLD。以PWM0为例,其寄存器相关信息如表5-2-2所示。

表5-2-2 PWM0通道设置类相关寄存器

名称	符号	地址	位描述								复位值
			B7	B6	B5	B4	B3	B2	B1	B0	
PWM0T1 计数值寄存器高字节	PWM0T1H	FF10H	–								x000,0000
PWM0T1 计数值寄存器低字节	PWM0T1L	FF11H									0000,0000
PWM0T2 计数值寄存器高字节	PWM0T2H	FF12H	–								x000,0000
PWM0T2 计数值寄存器低字节	PWM0T2L	FF13H									0000,0000
PWM0控制寄存器	PWM0CR	FF14H	ENO	INI	–	C0_S[1:0]		ENI	ENT2I	ENT1I	00x0,0000
PWM0电平保持控制寄存器	PWM0HLD	FF15H	–	–	–	–	–	–	HLDH	HLDL	xxxx,xx00

≫ 5.2.6 PWM编程实例

与其他模块一样,增强型PWM波形发生器也提供了不同的引脚输出选项。在使用时,必须首先明确PWM选择哪个引脚输出,可以通过设置PWMnCR寄存器的Cn_S[1:0]实现。以STC8A系列PWM0为例,输出可以在P2.0、P1.0和P6.0之间切换,可以通过将PWM0CR寄存器的C0_S[1:0]设置为01将PWM0输出定位于P1.0引脚。

另外,在使用增强型PWM波形发生器时,还要置位PWMnCR寄存器中ENO来将引脚功能设置为PWM输出而不是GPIO,在进行切换之前,必须将GPIO引脚设置为准双向口或推挽输出,如果设置为开漏输出,则高电平输出可能会失败。

实例一:PWM波形输出

设计要求:电路图如图5-2-1所示,要求根据上位机发出的命令控制一个直流电机的空载转速。转速控制采用开环控制,不需要考虑负载等效应的影响。

　　设计分析:在开环控制情况下,通过控制输出脉冲的占空比控制电枢电压即可控制电机转速。上位机可以通过发送占空比数值来控制电机转速。例如,当发送数据"100"时,电机全速旋转;当发送数据"000"时,电机停止旋转;当发送数据"050"时,电机以一半速度旋转。单片机执行串口接收功能,接收数据后,将字符串转换为相应的占空比,并控制 PWM 输出。

　　系统主程序代码如例程 5-2-1 所示,使用 PWMO 控制电机转速。

　　例程 5-2-1(main.c):

```c
#include "stdint.h"
#include "UART.h"
#include "ePWM.h"
void main()
{
    uint8_t duty, Read_Length;
    uint8_t RecvData[10];
    EA=0;
    ePWM_Init(10000,0);      // 初始化 PWM 频率 10kHz,占空比 0%
    UART_Init();             // 串口初始化
    EA=1;
    while(1)
    {
        if(Read_Length=UART_Read(RecvData))      //接收到数据
        {
            if(Read_Length==3)                   //读取数据长度等于 3
            {
                duty=(((uint16_t)RecvData[0]-'0')*100+
                    (RecvData[1]-'0')*10+(RecvData[2]-'0'));      //求占空比
                ePWM_SetDuty(duty);          //设置占空比
            }
        }
    }
}
```

　　控制一个电机,可以使用 10kHz 的 PWM 频率。在例程 5-2-1 中,初始化的时候,ePWM_Init 将 PWM 频率设置为 10kHz,占空比设置为 0%,输出低电平。要改变输出的占空比时,通过 UART 口接收到的字符串进行设置。程序读取到 UART 数据后,首先判断接收到的数据是不是3个字节的字符串,如果数目对,则将字符串转换为对应的占空比数值,并调用ePWM_SetDuty函数设置相应的PWM占空比输出。

初始化程序ePWM_Init和占空比设置程序ePWM_SetDuty在文件ePWM.c中实现,其代码如例程5-2-2所示。

例程5-2-2(ePWM.c):

```c
#include "STC8A8K64D4.h"
#include "stdint.h"
#define SysClk 11059200          //系统时钟11.0592MHz
uint16_t PWM_PeriodCnt;          //PWM周期计数器
void ePWM_Init(uint16_t Freq, uint8_t Duty)
{    P2M0 = 0x01; P2M1 = 0x00;    //设置PWM口为推换输出
     PWMSET = 0x01;               //使能PWM模块
     PWM_PeriodCnt = SysClk/Freq;
     P_SW2 = 0x80;                //访问地址位于xdata区域的寄存器
     PWMCKS = 0x00;               // PWM时钟为系统时钟
     PWMC = PWM_PeriodCnt; //设置PWM周期
     PWM0T1= (uint32_t)PWM_PeriodCnt*Duty/100;      //T1匹配输出低电平
     PWM0T2 = 0;                  //T2匹配输出高电平
     PWM0CR= 0x80;                //使能PWM0输出
     P_SW2 = 0x00;                //访问地址位于xdata区域的寄存器完成
     PWMCFG = 0x01;               //启动PWM模块
}
void ePWM_SetDuty(uint8_t Duty)
{
     P_SW2 = 0x80;                //访问地址位于xdata区域的寄存器
     PWM0T1=  (uint32_t)PWM_PeriodCnt*Duty/100;    //T1匹配输出低电平
     P_SW2 = 0x00;
}
```

PWM输出频率由PWM时钟频率和PWM计数器寄存器共同决定。如果选择系统时钟频率为11.0592MHz,直接作为PWM计数器时钟,则要实现10kHz的时钟周期,则需要设置[PWMCH,PWMCL]的值为11059200÷10000=1105。

占空比由[PWM0T1H,PWM0T1L]和[PWM0T2H,PWM0T2L]确定的翻转时间决定,如果设置[PWM0T2H,PWM0T2L]=0,即计数器值为0的时候输出高电平,要实现占空比为Duty%,则需要设置[PWM0T1H,PWM0T1L]=1105×Duty/100,在这个时间点翻转为低电平。

另外需要注意的是,PWM 相关寄存器中 PWMC、PWMCKS、PWM0T1、PWM0T2 和 PWMCR 等都位于 xdata 区域的高地址处,要访问这些寄存器,需要先将寄存器 P_SW2(地址 0xBA)的 B7 位置 1。当访问完成后,再将寄存器 P_SW2 的 B7 位清零。

实例二:带有死区的互补对称 PWM 输出

前面已经讲过,在双极性 PWM 控制中,由于四个开关管都是处于开关状态,必须保证上下管不能同时导通。如果如前所述,上下管控制信号简单采用互补对称的控制信号,由于受各种因素影响,脉冲信号可能不是一个真正的方波,开关管导通和关断时间也可能存在不同的延迟,这样可能会导致在信号跳变的瞬间,产生上下管同时导通的情况。如图 5-2-11(a)所示,由于时延的存在,导致在 t_1 和 t_2 之间出现了上下管同时导通的情况。

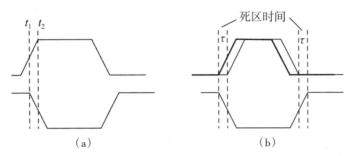

图 5-2-11 开关管时延导致上下管导通及死区时间设置

一种解决的方法是在导通和关断之间设置一个死区。在死区中,上下管都处于关断状态。死区时间设置既要保证上下管不能同时出现导通情况,又要足够短以免影响电机的正常控制。如图 5-2-11(b)所示,设置死区时间 τ 之后,上管导通时间小于下管的关断时间,这时即使产生一个时延,也可以保证上下管不同时导通。

在 STC8 单片机中,每路 PWM 输出都可以单独设置翻转为高电平的时间与翻转为低电平的时间,因此可以将任意两路 PWM 输出组合成一对互补对称输出,通过设置每个 PWM 输出的翻转时间可以控制死区大小。

设计要求:在 PWM0 和 PWM1 输出频率为互补对称的波形,波形占空比和死区时间可以通过串行口由上位机设置。

如果要求占空比为 Duty,频率为 Freq,如果选取系统时钟 SysClk 作为 PWM 时钟输入,则 PWM 周期寄存器设定值

$$\text{PWMC} = \frac{\text{SysClk}}{\text{Freq}} \tag{5-2-3}$$

占空比 Duty 对应的高电平时间所含的脉冲数 DutyData

$$\text{DutyData} = \frac{\text{SysClk}}{\text{Freq}} \times \text{Duty}/100 \tag{5-2-4}$$

以微秒表示的死区时间 DeadZone_us 对应的脉冲数

$$\text{DeadZoneData} = \frac{\text{SysClk} \times \text{DeadZone\_us}}{1000000} \tag{5-2-5}$$

如果PWM0输出占空比恰好为Duty的方波,PWM1输出带有死区的互补对称方波,则可以取PWM0T2=0,PWM0T1=DutyData,PWM1T2=DutyData+DeadZoneData,PWM1T1=PWMC-DeadZoneData。这样,在PWM0信号在DutyData时刻变为0后,经过DeadZoneData个脉冲PWM1信号才变为1;在PWM1信号在PWMC-DeadZoneData时刻变为0后,经过DeadZoneData个脉冲,到达计数寄存器的值,计数器清零,由于PWM0T2=0,PWM0输出变为高电平,因此,在PWM0和PWM1控制信号电平切换之间增加了DeadZoneData个脉冲。

其代码实现如例程5-2-3所示,代码仍旧在ePWM.c中,省去了例程5-2-1中的重复的代码。

例程5-2-3(ePWM.c):

```c
void ePWM_Dual_Init(uint16_t Freq, uint8_t Duty, uint16_t DeadZone_us)
{
    uint16_t DeadZoneData, DutyData, NegDutyData;
    DeadZoneData = (uint32_t)SysClk*DeadZone_us/1000000;
    DutyData=(uint32_t)SysClk*Duty/Freq/100;
    NegDutyData = (uint32_t)SysClk*(100−Duty)/Freq/100;
    P2M1 = 0x00;
    P2M0 = 0x03;
    PWMSET = 0x01;                    //使能PWM模块
    P_SW2 = 0x80;                     //访问地址位于xdata区域的寄存器
    PWMCKS = 0x00;                    //PWM 时钟为系统时钟
    PWMC = SysClk/Freq;               //设置 PWM 周期
    PWM0T1= DutyData;                 //在计数值为DutyData时输出低电平
    PWM0T2= 0;                        //在计数值为0时输出高电平
    PWM0CR= 0x80;                     //使能 PWM0 输出
    if(NegDutyData>2*DeadZoneData)
    {
        PWM1T2= DutyData+DeadZoneData;     //在计数值为T1时输出高电平
        PWM1T1= SysClk/Freq-DeadZoneData;  //在计数值为T2时输出低电平
    }
    else
    {
        PWM1T1= 0;
        PWM1T2= 0;
    }
    PWM1CR= 0x80;                     //使能 PWM1 输出
    P_SW2 = 0x00;
```

```
    PWMCFG = 0x01;                          //启动 PWM 模块
}
void ePWM_Dual_Set(uint16_t Freq, uint8_t Duty, uint16_t DeadZone_us)
{
    uint16_t DeadZoneData, DutyData;
    DeadZoneData = (uint32_t)SysClk*DeadZone_us/1000000;
    DutyData=(uint32_t)SysClk*Duty/Freq/100;
    P_SW2 = 0x80;                           //访问地址位于xdata区域的寄存器
    PWM0T1= DutyData;                       //在计数值为DutyData时输出低电平
    if(DutyData>2*DeadZoneData)
    {
        PWM1T2= DutyData+DeadZoneData;      //在计数值为T2时输出高电平
        PWM1T1= SysClk/Freq-DeadZoneData;   //在计数值为T1时输出低电平
    }
    else
    {
        PWM1T1= 0;
        PWM1T2= 0;
    }
    P_SW2 = 0x00;
}
```

两个函数代码基本类似,唯一差别是初始化函数 ePWM_Dual_Init 中包含了对 PWM 时钟和 PWM 周期的设置,而 ePWM_Dual_Set 函数只设置了需要修改的寄存器数值。

主程序清单如例程5-2-4所示。

例程5-2-4(main.c):

```
#include "STC8.h"
#include "stdint.h"
#include "UART.h"
#include "ePWM.h"
void main()
{
    uint8_t Duty, Read_Length;
    uint16_t DeadZone;
```

```
        uint8_t RecvData[10];
        EA=0;
        ePWM_Dual_Init(10000,0,0);
        UART_Init();
        EA=1;
        while(1)
        {
            if(Read_Length=UART_Read(RecvData))        //接收到数据
            {
                if(Read_Length==3)
                {
                    Duty=RecvData[0];
                    DeadZone=RecvData[1]*256+RecvData[2];
                    ePWM_Dual_Set(10000,Duty,DeadZone);
                }
            }
        }
}
```

这个例程和例程 5-2-2 非常类似,只是调用函数做了改变。当接收到数据后,根据上位机要求的占空比和死区时间控制 PWM 输出的脉冲。应该注意的是,在上个例子中,上位机发送的数据是 ASCII 码的字符串。在本例中,上位机直接发送的是二进制数据,在使用串口调试助手时要注意发送的格式。

5.3 可编程计数器阵列(PCA/CCP/PWM)模块

定时器/计数器是单片机中非常有用的资源。在 STC8 系列单片机中,除了在第 4 章介绍的定时器外,部分型号单片机还集成了可编程计数器阵列模块(Programmable Counter Array, PCA),可以用于软件定时、外部脉冲的捕捉、高速脉冲输出以及 PWM,相对前面所述的定时器/计数器,PCA 提供了更为灵活的控制功能。

5.3.1 可编程计数器阵列 PCA 的工作原理

STC8 系列单片机可编程计数器阵列模块 PCA 基本结构如图 5-3-1 所示,其中包括一个 16 位 PCA 定时器/计数器,分别与四个可编程计数器阵列模块(PCA/CCP/PWM 模块,简称 PCA 模块)相连。每个 PCA 模块都可以编程为上升或下降沿捕获、软件定时、高速脉冲输出以及 PWM 输出模式。

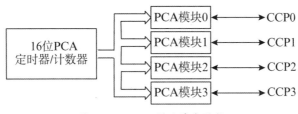

图 5-3-1　PCA 模块基本结构

1.PCA定时器/计数器

PCA模块的核心是16位PCA定时器/计数器,其结构如图5-3-2所示。

PCA定时器/计数器是一个16位递增计数器,高字节为CH,低字节为CL,其计数脉冲时钟源可以通过编程设置以下输入之一:SYSclk/12、SYSclk/2、定时器0的溢出信号、外部ECI引脚输入信号、SYSclk、SYSclk/4、SYSclk/6或SYSclk/8。计数器时钟源的选择由特殊功能寄存器CMOD中的CPS2、CPS1和CPS0位(即第3~1位)决定。当选择外部ECI作为时钟源输入时,工作在计数器状态;当选择其他信号作为时钟源输入时,工作在定时器状态。

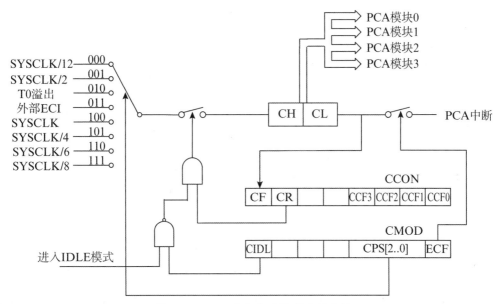

图 5-3-2　PCA 内部定时器/计数器结构

特殊功能寄存器CCON中的CR位是计数器的启动信号。当CR=0时,计数器时钟源被切断,计数器停止计数,只有CR=1时,计数器才允许工作。当特殊功能寄存器CMOD的CIDL位为1时,进入空闲模式,计数器被切断,这有利于降低系统功耗。

当计数器溢出后,特殊功能寄存器CCON的CF位(CCON.7)置1。如果寄存器CMOD的ECF位(CMOD.0)被置位,在计数器溢出时,将会产生PCA计数器中断。CF位置位后,只能通过软件清除,因此在中断服务程序中必须将CF清零。

与定时器0和定时器1类似,PCA定时器/计数器可以作为一个普通的16位定时器/计数器使用。但是,由于PCA定时器/计数器没有自动重装机制,其定时时间的准确度不如定时器0和定时器1的方式0,只能与方式1类似。用于普通的定时器/计数器,PCA并没有什么优势。

PCA的优势在于其四个通道的PCA模块,通过对其进行配置,可以编程为上升下降沿捕获、软件定时、高速脉冲输出以及PWM输出模式等。四个PCA模块共用同一个PCA计数器。

2.PCA模块的输入捕获模式

所谓输入捕获,实际上是在输入信号的上升沿或下降沿将计数器的当前值保存起来,获取上升沿或下降沿发生的时刻。PCA模块工作于输入捕获模式的结构图如图5-3-3所示。当模块工作于输入捕获模式时,可以对输入引脚CCPn(n=0,1,2,3)上的跳变进行检测。当有效跳变发生后,产生捕获行为,计数器CH和CL中当前的数据分别被装载到捕获比较寄存器CCAPnH和CCAPnL中,同时,CCON寄存器的CCFn位被置位。如果要产生输入捕获中断,需要置位特殊功能寄存器CCAPMn中的ECCFn位(CCAPMn.0位)。当产生捕获行为时,将会产生PCA模块中断。PCA模块中断和PCA计数器中断共用同一个中断号,因此,需要在中断服务程序中检测中断源到底是计数器产生的还是PCA模块产生的。另外,CCFn标志需要软件手动清零。

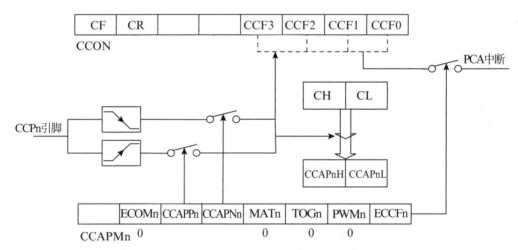

图5-3-3 PCA模块之输入捕获模式

要使某个模块工作于输入捕获模式,特殊功能寄存器CCAPMn(n=0,1,2,3)中的CAPPn(CCAPMn.5)或CAPNn(CCAPMn.4)位至少有一位置1或两位同时置1,而ECOMn位、MATn、TOGn和PWMn位清零。如果CCAPPn为1,输入信号的上跳沿产生捕获行为;如果CCAPNn为1,输入信号的下跳沿产生捕获行为;如果CCAPPn和CCAPNn都为1,则输入信号的上下跳沿都产生捕获行为。

PCA模块输入捕获模式的典型应用是测量脉冲周期或脉冲宽度。此时,将PCA计数器的脉冲源取SYSclk或其分频信号,CCPn引脚连接到被测信号,如果将捕捉模式设为上跳沿或下跳沿捕获,通过两次捕获之间的捕获寄存器值之差就可以得到脉冲周期;如果将捕获模式设为上下跳沿都捕获,则计算两次捕获之间的捕获寄存器值之差可以获得脉冲宽度信息。

3.PCA 模块的软件定时器模式

PCA 模块的软件定时器模式的工作原理如图 5-3-4 所示。计数器值 CH 和 CL 与捕获比较寄存器 CCAPnH 和 CCAPnL 中数值进行比较,如果相等,则发生匹配事件。当发生匹配事件后,CCON 寄存器中相应的 CCFn 位置位。如果 CCAPMn 中 ECCFn 置位,则向 CPU 申请 PCA 中断。同输入捕获模式一样,匹配标志位 CCFn 被置位后不能自动清零,必须在中断服务程序中通过软件清除。

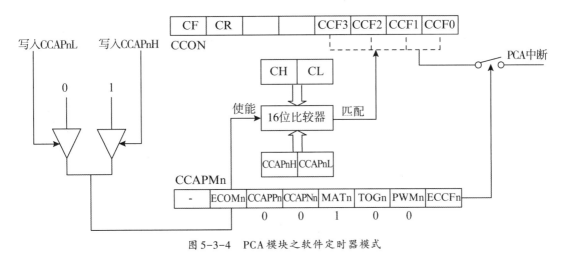

图 5-3-4　PCA 模块之软件定时器模式

要使某个模块工作于软件定时器模式,必须将特殊功能寄存器 CCAPMn(n=1,2,3,4)中的 MATn 位置 1,CAPPn、CAPNn、ECOMn、TOGn 和 PWMn 位清零。

在软件定时器工作模式下,PCA 计数器的时钟源一般来自于系统时钟及其分频或定时器 T0 的溢出信号,CH 和 CL 是不断进行累加更新的,累加快慢取决于 SYSclk 以及分频系数或定时器 0 的溢出率。软件定时器定时时间取决于捕获比较寄存器设定以及 PCA 时钟源的选择。如果要实现周期性定时,只要在 PCA 中断服务程序中将 CCAPnH 和 CCAPnL 构成的 16 位数加上一个固定的数即可。例如,如果系统时钟 12MHz,选择计数器时钟源 SysClk/12,则每隔 1μs 时间 CH 和 CL 组成的 16 位计数器计数值加一。如果要定时 5ms,只要在中断服务程序中将捕获比较寄存器值加上 5000 即可。这样,在 5000μs 之后,计数器 CH 和 CL 与捕获比较寄存器 CCAPnH 和 CCAPnL 再次匹配,即实现了 5ms 的定时。

需要注意的是,写入 CCAPnL 后 ECOMn 清零,停止比较;写入 CCAPnH 后 ECOMn 置位,恢复比较。因此,为使 PCA 功能正确执行,在写入捕获比较寄存器时,先写入低字节,后写入高字节。

PCA 模块的四个软件定时器可以独立设置与工作,并且可以进行精确定时,在需要定时器比较多的场合,应用还是比较方便的。

4.PCA 模块的高速脉冲输出模式

高速脉冲输出模式和软件定时器模式类似,唯一不同是增加了 CCPn 输出,输出使能信号受特殊功能寄存器 CCAPMn 的 TOGn 位控制,如图 5-3-5 所示。当 TOGn=1 时,当发生匹配事件后,除了CCON寄存器中相应的CCFn位置1外,CCPn引脚输出电平翻转。

要实现某个频率的高速脉冲输出,在软件设计时与软件定时器相似,只要在中断服务程序中向捕获比较寄存器CCAPnL和CCAPnH写入新的比较值即可。新的比较值的大小决定了下次脉冲翻转的时间,脉冲频率由比较值的增量与计数器时钟源共同决定。

例如,如果系统时钟频率为12MHz,选择计数器时钟源SysClk/12,要产生频率为100Hz的脉冲,需要5ms实现一次电平翻转,由于每隔1μs时间CH和CL组成的16位计数器计数值加一,因此每次进入中断服务程序后,需要将比较寄存器CCAPnL和CCAPnH构成的16位数加上5000。同软件定时器一样,在写入新数据时,必须先写入低字节数据CCAPnL,后写入高字节数据CCAPnH。

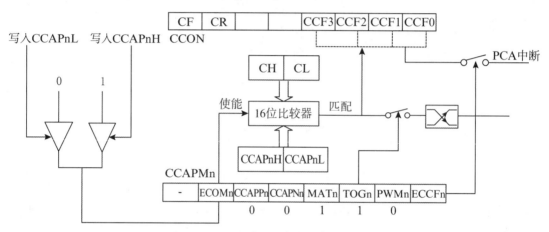

图5-3-5 PCA模块之高速脉冲输出模式

在工业生产中,经常需要控制步进电机或伺服电机等设备,对这些设备进行转速控制时通常需要为其提供脉冲信号,脉冲数量对应电机转过的角度,脉冲频率对应电机的转速。通过高速脉冲输出信号,可以很容易地实现对这些设备的控制。

5.PCA模块的PWM模式

STC8系列单片机的四个PCA模块也可以实现PWM输出,用于灯光调光、电机控制和D/A转换等应用场合。通过PCA_PWMn(n=0,1,2,3中的EBSn[1:0]设置,可以使PCA模块工作于6位、7位、8位和10位PWM模式。

当EBSn[1:0]设置为00时,PCA模块n工作于8位PWM模式;当EBSn[1:0]设置为01时,PCA模块n工作于7位PWM模式;当EBSn[1:0]设置为10时,PCA模块n工作于6位PWM模式;当EBSn[1:0]设置为11时,PCA模块n工作于10位PWM模式。

下面以10位PWM模式为例说明PCA模块的PWM模式工作原理,其他模式基本工作原理类似,感兴趣的读者可以参考相关的数据手册,本书不再一一赘述。

10位PWM模式的工作原理如图5-3-6所示,其核心是一个11位的比较器。当寄存器CCAPMn中ECOMn位和PWMn位同时为1时,11位比较器使能,PCA模块工作于PWM模式。PCA_PWM寄存器的EPCnL位、XXCCAPnL[1:0]位和寄存器CCAPnL[7:0]共同组成一个11位数据A;计数器的CH[1:0]和CL[7:0],再加上一位最高位0,构成11位数据B。当B<A时,CCPn

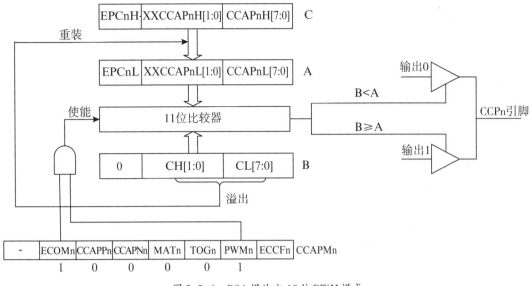

图5-3-6　PCA模块之10位PWM模式

引脚输出低电平;反之,CCPn引脚输出高电平。考虑到CH和CL组成的10位计数值在时钟作用下不断进行周期性变化(即数据B在0x000~0x3FF之间不断周期性变化),输出PWM信号的周期也就是10位计数器的溢出时间,其频率

$$f = \frac{f_{PCA}}{1024} \qquad (5-3-1)$$

其中,f_{PCA}是PCA时钟源的频率。当A设置为0时,CCPn引脚输出总是为1,占空比100%;当A设置为0x400时,总是有B<A,CCPn引脚输出总是为0,占空比0%;当0<A<0x400时,占空比计算公式

$$D = (1 - \frac{A}{1024}) \times 100\% \qquad (5-3-2)$$

只要适当设置数据A的数值,就可以控制输出信号的占空比。

当需要改变输出信号占空比时,不是直接改变A所对应的EPCnL位、XXCCAPnL[1:0]位和寄存器CCAPnL[7:0],而是改变PCA_PWM寄存器的EPCnLH位、XXCCAPnH[1:0]位和寄存器CCAPnH[7:0]所组成的数据C。数据C可以看作是数据A的影子寄存器,当数据B变为3FF后溢出时,数据C被重装入数据A,这样就可以无干扰地更新PWM占空比。

当PCA定时器/计数器的时钟源来自于系统时钟及其分频,根据式(5-3-1),PWM频率受系统时钟频率限制,只能取有限的几个频率,特别是当系统时钟频率较高而要求的PWM信号频率较低时,有限的分频系数往往不能满足PWM频率要求,这时可以采用定时器T0的溢出信号作为PCA的时钟源,PWM频率可以在相当大的一个范围内设定,其不足之处就是同时占用了T0资源和PCA资源,本节后面的实例一就给出了这样一个例子。

6.PCA中断

在前面所述的PCA定时器/计数器及输入捕获模式、软件定时器模式和高速脉冲输出模式都会产生PCA中断。PCA定时器/计数器和四个PCA模块共用一个中断,中断编号为7

号,中断向量地址为0x003B。PCA中断逻辑如图5-3-7所示,其中,CF为PCA定时器/计数器溢出中断标志,CCFn为第n个PCA模块的中断请求标志。所有的标志都不能自动清除,当标志置位后,可以在中断服务程序中清除相关标志。另外,在中断服务程序中可以检查这些标志位,以确定到底是谁引起了中断。

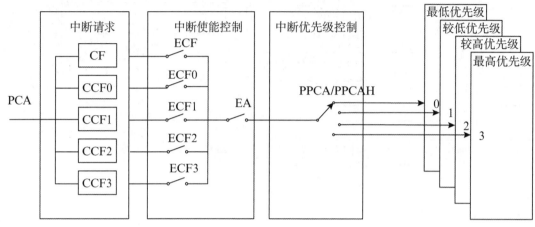

图5-3-7 PCA中断控制逻辑

每个PCA中断都可以单独进行使能控制。其中ECF控制PCA定时器/计数器的溢出中断使能,ECFn控制第n个PCA模块的中断使能。

中断优先级的选择通过寄存器IP和IPH中的PPCA位实现和PPCAH位实现,可以设定四种中断优先级,缺省条件下是最低优先级。

5.3.2 相关寄存器一览

PCA相关的寄存器包括三大类:①PCA定时器/计数器相关的寄存器,主要包括PCA控制寄存器CCON、PCA模式寄存器CMOD、PCA计数器CH和CL;②PCA模块相关的寄存器,主要包括PCA模块n模式控制寄存器CCAPMn、PCA模块n捕获比较寄存器CCAPnL和CCAPnH、PCA模块n的PWM模式寄存器;③与其他外设共用的PCA中断相关的中断使能寄存器IE、中断优先级寄存器IP和IPH。相关寄存器及各位定义分别见表5-3-1、5-3-2和5-3-3,具体位的说明请参考芯片数据手册。

注意: STC不同系列不同芯片的相同外设其寄存器内容存在差别,请参考具体芯片的用户手册。

表5-3-1 PCA定时器/计数器相关的寄存器

名称	符号	地址	位描述								复位值
			B7	B6	B5	B4	B3	B2	B1	B0	
PCA控制寄存器	CCON	D8H	CF	CR	–	–	CCF3	CCF2	CCF1	CCF0	00xx,0000
PCA模式寄存器	CMOD	D9H	CIDL	–	–	–	CPS[2:0]			ECF	0xxx,0000
PCA计数器低字节	CL	E9H									0000,0000
PCA计数器高字节	CH	F9H									0000,0000

表 5-3-2　PCA 模块相关的寄存器

名称	符号	地址	位描述								复位值
			B7	B6	B5	B4	B3	B2	B1	B0	
PCA 模块 0 模式控制寄存器	CCAPM0	DAH	–	ECOM0	CCAPP0	CCAPNO	MAT0	TOG0	PWM0	ECCF0	x000, 0000
PCA 模块 1 模式控制寄存器	CCAPM1	DBH	–	ECOM1	CCAPP1	CCAPN1	MAT1	TOG1	PWM1	ECCF1	x000, 0000
PCA 模块 2 模式控制寄存器	CCAPM2	DCH	–	ECOM2	CCAPP2	CCAPN2	MAT2	TOG2	PWM2	ECCF2	x000, 0000
PCA 模块 3 模式控制寄存器	CCAPM3	DDH	–	ECOM3	CCAPP3	CCAPN3	MAT3	TOG3	PWM3	ECCF3	x000, 0000
PCA 模块 0 低字节	CCAP0L	EAH									0000, 0000
PCA 模块 1 低字节	CCAP1L	EBH									0000, 0000
PCA 模块 2 低字节	CCAP2L	ECH									0000, 0000
PCA 模块 3 低字节	CCAP3L	FD 55H									0000, 0000
PCA 模块 0 低字节	CCAP0H	FAH									0000, 0000
PCA 模块 1 低字节	CCAP1H	FBH									0000, 0000
PCA 模块 2 低字节	CCAP2H	FCH									0000, 0000
PCA 模块 3 低字节	CCAP3H	FD 56H									0000, 0000
PCA0 的 PWM 模式寄存器	PCA_ PWM0	F2H	EBS0[1:0]		XCCAP0H[1:0]		XCCAP0L[1:0]		EPC0H	EPC0L	0000, 0000
PCA1 的 PWM 模式寄存器	PCA_ PWM1	F3H	EBS1[1:0]		XCCAP1H[1:0]		XCCAP1L[1:0]		EPC1H	EPC1L	0000, 0000
PCA2 的 PWM 模式寄存器	PCA_ PWM2	F4H	EBS2[1:0]		XCCAP2H[1:0]		XCCAP2L[1:0]		EPC2H	EPC2L	0000, 0000
PCA3 的 PWM 模式寄存器	PCA_ PWM3	FD 57H	EBS3[1:0]		XCCAP3H[1:0]		XCCAP3L[1:0]		EPC3H	EPC3L	0000, 0000

表5-3-3　与PCA中断相关的寄存器

名称	符号	地址	位描述								复位值
			B7	B6	B5	B4	B3	B2	B1	B0	
中断允许寄存器	IE	A8H	EA								0000,0000
中断优先级寄存器	IP		PPCA								0000,0000
高中断优先级寄存器	IPH		PPCAH								0000,0000

5.3.3　编程实例

与PCA相关的外设引脚有五个：ECI、CCP0、CCP1、CCP2和CCP3。缺省情况下，这五个引脚分别与P1.2、P1.7、P1.6、P1.5和P1.4复用。通过设置外设端口切换寄存器P_SW1的CCP_S [1:0]位，可以将功能引脚切换至其他端口。外设端口切换选择如表5-3-4所示。

如果使用ECI引脚或CCP的输入捕获功能，应该将GPIO端口设置为准双向/弱上拉模式或高阻输入模式。如果使用CCP脉冲输出模式或PWM模式，应该将GPIO端口设置为准双向/弱上拉模式或推挽输出模式。如果设置为开漏输出模式，一般应该在输出口外加上拉电阻或驱动连接高电平的负载。

表5-3-4　PCA功能引脚端口切换

CCP_S[1:0]	ECI	CCP0	CCP1	CCP2	CCP3
00	P1.2	P1.7	P1.6	P1.5	P1.4
01	P2.2	P2.3	P2.4	P2.5	P2.6
10	P7.4	P7.0	P7.1	P7.2	P7.3
11	P3.5	P3.3	P3.2	P3.1	P3.0

实例一：舵机转向控制（PCA PWM输出）

舵机是一种可以控制旋转角度的转动机构，类似于车辆行进中的方向盘。舵机在那些需要角度不断变化的控制系统中应用非常广泛，在遥控汽车模型、飞机模型、舰船模型和小型机器人中都经常可以看见舵机的身影。

一个舵机的内部结构如图5-3-8所示，主要由直流电动机、控制电路板、位置反馈电位器和变速齿轮组组成。控制电路根据输入线接收到的舵机转角信号，驱动直流电动机旋转，经过变速齿轮组减速后，驱动舵盘旋转。位置反馈电位器不断测量旋转角度并反馈至控制电路板，使舵机最终停留在希望的旋转角度上。

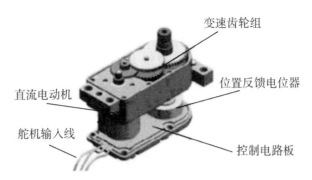

图 5-3-8　舵机内部结构

舵机的输入线共有三条:电源线、地线和控制线。电源线和地线为舵机旋转提供能量,控制线接收舵机转角信号。舵机的控制一般需要一个 50~300Hz 的脉冲信号,用该脉冲的高电平宽度来控制舵机转角,宽度范围一般从 0.5ms 到 2.5ms,转角和脉冲宽度呈线性关系。以总旋转度数为 180 度的舵机为例,当脉冲宽度为 0.5ms 时,旋转角度为 0 度;当脉冲宽度为 2.5ms 时,旋转角度为 180 度;如果希望旋转 90 度,则需要输入的脉冲宽度为 1.5ms。

设计要求:某机器人手臂系统由四个舵机构成四个旋转关节,根据单片机串行口接收到的数据实现对舵机旋转角度的控制,每个舵机最大旋转角度为 180 度。单片机系统时钟频率为 11.0592MHz,要求舵机控制信号频率为 200Hz 左右。单片机串口每次接收的数据为 4 字节,对应于四个舵机的旋转角度。

设计分析:PCA 四个通道可以构成四路 PWM 输出。由于采用相同的定时器,四个通道的频率相同,可以通过修改每个模块的捕获比较寄存器的数据对输出占空比进行设置,从而控制四个舵机的角度,满足控制要求。

舵机控制信号 200Hz 左右,其周期约为 5ms,舵机控制信号高电平宽度为 0.5~2.5ms,对应的占空比为 10%~50%。如果取系统时钟或分频信号作为 PCA 的时钟源,要求 PWM 信号频率 200Hz,设分频系数为 n,对于 10 位 PWM 信号,根据式(5-3-1),有

$$f = \frac{f_{PCA}}{1024} = \frac{f_{sys}}{n \times 1024} \tag{5-3-3}$$

可以求得分频系数

$$n = \frac{f_{PCA}}{1024} = \frac{f_{sys}}{f \times 1024} = \frac{11059200}{200 \times 1024} = 54 \tag{5-3-4}$$

不能够满足频率要求。因此在选择 PCA 定时器/计数器时钟源时,最合适的方式是使用定时器 T0 的溢出信号。

设置定时器 T0 工作方式 0,系统时钟不分频方式,根据式(4-3-1)和式(5-3-1),不难得到定时器 T0 的重装载初值为

$$\begin{aligned} N &= 65536 - \frac{f_{sys}}{f \times 1024} \\ &= 65536 - \frac{11059200}{200 \times 1024} = 65482 = 0xFFCA \end{aligned} \tag{5-3-5}$$

此时,系统输出频率

$$f = \frac{11059200}{(65536 - 65482) \times 1024} = 200\,(\mathrm{Hz}) \qquad (5\text{-}3\text{-}6)$$

系统主程序接收上位机传输的数据并转换为相应的占空比,调用相应函数设置占空比。系统主程序代码如例程5-3-1所示。

例程5-3-1(main.c):

```
#include "STC8.h"
#include "stdint.h"
#include "UART.h"
#include "PCA.h"
void main()
{
    uint8_t RecvData[10];
    uint8_t Read_Length;
    EA=0;
    Timer0_Init();
    UART_Init();
    PCA_PWM_Init();
    EA=1;
    while(1)
    {
        if(Read_Length=UART_Read(RecvData))  //接收到数据
        {
            if(Read_Length==4)
            {
                PCA_PWM0_SetDuty(RecvData[0]);
                PCA_PWM1_SetDuty(RecvData[1]);
                PCA_PWM2_SetDuty(RecvData[2]);
                PCA_PWM3_SetDuty(RecvData[3]);
            }
        }
    }
}
```

定时器T0初始化程序Timer0_Init()设置定时器初值为0xFFCA,其溢出频率为系统时钟的54分频,因此,PCA计数器时钟频率为204800Hz。PCA初始化程序PCA_PWM_Init()采用10位PWM方式,得到200Hz的系统输出频率。Timer0_Init()和PCA_PWM_Init()程序代码如例程5-3-2所示。

例程5-3-2(PCA_PWM.c):

```c
#include "STC8.h"
#include "stdint.h"
void Timer0Init(uint16_t us)
{
    uint16_t SetVal;
    SetVal = 0-us;          //定时器计数频率为1MHz
    AUXR |= 0x80;           //定时器时钟1T模式
    TMOD &= 0xf0;           //定时器选择方式0
    TL0 = 0xCA;             //初值低8位
    TH0 = 0xFF;             //初值高8位
    TR0 = 1;                //启动定时器0
}
void PCA_PWM_Init(void)
{
    P1M0=0xFF; P1M1=0x0F;   //设置CCP对应的P1.4~P1.7为推挽输出
    CCON=0x00;              //PCA定时器关闭
    CMOD =0x04;             //PCA时钟T0
    CL=0;CH=0;
    CCAPM0 = 0x42;          //PCA模块0为PWM工作模式,无中断
    CCAPM1 = 0x42;          //PCA模块1为PWM工作模式,无中断
    CCAPM2 = 0x42;          //PCA模块2为PWM工作模式,无中断
    CCAPM3 = 0x42;          //PCA模块3为PWM工作模式,无中断
    PCA_PWM0 = 0xc3;        //PCA模块0输出10位PWM,EPC0H=EPC0L=1
    CCAP0L = 0x00;  CCAP0H = 0x00;   //初始占空比为零
    PCA_PWM1 = 0xc3;        //PCA模块1输出10位PWM,EPC1H=EPC1L=1
    CCAP1L = 0x00;  CCAP1H = 0x00;   //初始占空比为零
    PCA_PWM2 = 0xc3;        //PCA模块2输出10位PWM,EPC2H=EPC2L=1
    CCAP2L = 0x00;  CCAP2H = 0x00;   //初始占空比为零
    PCA_PWM3 = 0xc3;        //PCA模块3输出10位PWM,EPC3H=EPC3L=1
    CCAP3L = 0x00;  CCAP3H = 0x00;   //初始占空比为零
    CR = 1;                 //启动PCA计时器
```

```
}
void PCA_PWM0_SetDuty(uint16_t Duty)
{
    uint16_t PWMSetVal;
    if(Duty==0)
    {
        PCA_PWM0 |= 0x02;           //EPC0H=1,输出低电平
    }
    else
    {
        PWMSetVal = 1024-1024*Duty/100;
        CCAP0H = PWMSetVal;        // 低8位
        PCA_PWM0 = (PCA_PWM0 & 0xCD) | (( PWMSetVal>>8)<<4);   //最高两位
    }
}
```

例程5-3-2中也给出了PCA通道0占空比输出控制程序的代码PCA_PWM0_SetDuty()。占空比的值通过PCA_PWM寄存器的EPCnH位、XXCCAPnH[1:0]位和寄存器CCAPnH共同设置。其他三个通道的PWM占空比控制函数PCA_PWM1_SetDuty()、PCA_PWM2_SetDuty()和PCA_PWM3_SetDuty()代码可以类比PCA_PWM0_SetDuty()函数,这里不再赘述。

上位机通过串口向单片机发送相关的数据,就可以控制机器人手臂各关节舵机的旋转,从而控制机械手臂的运动。

实例二:脉冲信号周期(或频率)的测量

脉冲信号是在工程应用中比较常见的信号,很多传感器的输出本身就是脉冲信号,如广泛用于测量位移、速度和转角等的光电编码器,还有很多模拟量传感器在转换为数字量后,为了传输和单片机读取方便,也是以脉冲的形式输出结果。有一些执行设备的控制信号,也是需要脉冲输入信号。因此,对于脉冲参数的测量,特别是脉冲周期或脉冲宽度的测量,在计算机测控系统中具有重要的意义。

另外,如果要测量正弦信号的频率或周期,往往通过过零比较器将正弦信号转换为脉冲信号,测量到的脉冲信号的频率或周期也就是正弦信号的频率或周期。

本书4.3节中已经介绍了通过计数器来测量脉冲信号频率的方法。该方法适用于被测信号频率较高的情况。当被测信号频率较高时,在单位时间内,输入计数器的个数较多,这时因为被测脉冲和单片机测量时间闸门不同步导致多计或少计一个脉冲引起的相对误差可以忽略不计。但是,如果被测信号频率较低,这时在确定的时间内可能只有几个脉冲进入计数器,这时多计一个脉冲或少计一个脉冲都会引起比较大的相对误差。

在被测信号频率较低的情况下,更为准确的方法是测量信号的周期,根据测量的周期可以进一步计算信号的频率。PCA的输入捕获模式可以很方便地实现周期的测量。这时进入计数器的是系统时钟,而将输入信号作为捕获信号。当输入信号上跳变(或下跳变)时,将当前捕获到的数据和上一次相同跳变下捕获到的数据进行比较,其差值大小就反映了脉冲周期的大小。被测信号频率较低,两次捕获之间的系统脉冲计数较大,这时多计一个脉冲或少计一个脉冲都不会对周期的测量带来明显的误差。

设计要求:被测信号为0~5V的脉冲信号,其频率为1~1000Hz。设计单片机程序测量信号频率,并通过数码管显示,显示数据单位为Hz,数据更新时间不大于2s,测量精度不小于1%,单片机系统时钟频率为12MHz。

设计分析:被测脉冲信号频率为1~1000Hz。如果直接以脉冲计数方式测量,在2s时间内对被测脉冲数目进行计数,当频率为1Hz左右时,考虑到计时时间的起点与被测信号的跳变点不完全同步,在2s时间内可能得到的计数值为1~3个,这样测得的频率会在1~3Hz来回跳变,其测量精度远远达不到设计要求。因此,采用直接计数来测量信号频率在这种情况下是不合适的,只能将频率测量问题转换为周期测量问题,周期测量好后,通过取倒数就可以求出相应的频率。

假设使用PCA通道0用于脉冲周期测量,设置捕获方式为下跳沿捕获。当CCP0引脚检测到下跳沿后,PCA计数器CH和CL的值被装入捕获比较寄存器CCAP0H和CCAP0L。将本次捕获的数值与上次捕获的数值相减,根据PCA定时器时钟频率就可以计算脉冲周期。如果使用系统时钟频率的12分频作为PCA定时器时钟,则周期测量可以精确到1μs。对于1000Hz的脉冲,其理论测量精度可以达到0.1%,远远高于测量要求。

在用PCA的输入捕获功能进行转速测量时,必须考虑定时器计数器溢出的问题。当定时器溢出时,记录从上次捕获开始溢出的次数,如果溢出次数为 m,当前计数值为CurCapData,上一次计数值为LastCapData,并且PCA设置采用前述设置,则脉冲信号的周期

$$T = 65536 \times m + \text{CurCapData} - \text{LastCapData}(\mu s)$$

信号频率

$$f = \frac{1}{T} = \frac{1000000}{(65536 \times m + \text{CurCapData} - \text{LastCapData})}(\text{Hz})$$

中断服务及频率测量程序参考代码如例程5-3-3所示。

例程5-3-3(PCA_Capture.c):

```c
#include "STC8.h"
#include "stdint.h"
float    Freq;
uint32_t Count=0;              //一周期脉冲计数
void  PCA_Isr() interrupt  7
{
```

```
        static  uint16_t  m=0;              //PCA溢出次数
        static  uint16_t  LastCapData=0;             //上次捕获数据
        uint16_t  CurCapData;                //当前捕获数据
        if (CF)
        {
            CF=0;                            //清除CF标志
            m++;                             //溢出次数加1
        }
        if(CCF0)
        {
            CCF0 = 0;                        //清除中断标志
            CurCapData = (CCAP0H<<8)+CCAP0L;          //读取当前捕获数据
            Count = 65536*m+CurCapData−LastCapData;      //计算周期对应脉冲计数
            m=0;                             //捕获次数清零
            LastCapData=CurCapData;          //保存当前捕获数据至下次捕获
        }
    }
    float  PCA_Capture_GetFreq(void)
    {
        float  Freq;
        if(Count==0)                         //计算信号频率
        {
            Freq=9999;                       //频率为最大值
        }
        else
        {
            Freq=1000000.0/Count;
        }
        return  Freq;
    }
    void  PCA_Capture_Init(void)
    {
        CCON=0x00;          //PCA定时器关闭
        CMOD =0x01;         //PCA时钟系统时钟/12,允许PCA计数器溢出中断
        CL=0;
```

```
        CH=0;
        CCAPM0 = 0x11;              //PCA模块0下降沿捕获器模式
        CCAP0L=0;                   //设置初始比较值
        CCAP0H=0;
        CR = 1;                     //启动PCA计时器
        Freq = 0.0;
    }
```

例程 5-3-3 还提供了两个函数 PCA_Capture_Init 和函数 PCA_Capture_GetFreq。这两个函数都提供给主程序调用,PCA_Capture_Init 函数完成对 PCA 定时器及捕获比较模块的初始化,PCA_Capture_GetFreq 将根据捕获值计算的周期求取并返回信号频率数据。

由于要求采用数码管定时显示,系统主程序需要调用 4.3.3 节实例二中的数码管显示程序和周期性任务。数码管显示程序不需要修改,可以直接用于本例中。周期性任务程序中,由于显示数据更新时间为 2s,因此,需要将定时器服务程序修改为

```
    void tm0_isr() interrupt 1
    {
        TaskHighFreq();
        if(Count++>=400-1)          //将原先的200修改为400,实现2s的执行频率
        {
            Count=0;
            TaskLowFreq();
        }
    }
```

由于低频任务是定时器中断服务程序调用的,不宜处理较复杂的任务,因此,在低频任务中只设置一个处理标志 IsTimeReach 即可,主要处理放在主程序中进行。

```
    uint8_t IsTimeReach=0;
    void TaskLowFreq(void)          //低频任务,设置处理标志
    {
        IsTimeReach=1;
    }
```

在主程序中检测到处理标志 IsTimeReach 为 1 时,处理相关信息并将 IsTimeReach 重新设为 0。为了在频率较低时显示准确,在主程序处理数据时采用了小数点移位的方式。当频

率大于或等于 1000 时,显示四位整数;当频率大于等于 100 小于 1000 时,显示 3 位整数和 1 位小数;当频率大于等于 10 小于 100 时,显示两位整数和两位小数;当频率小于 10 时,显示 1 位整数和三位小数。主程序如例程 5-3-4 所示。

例程 5-3-4:(main.c)

```c
#include <STC8.h>
extern uint8_t IsTimeReach;
void GetBitNum(uint8_t *NumBit, uint16_t Value)
{
    uint16_t TempValue;
    if(Value>=10000)Value=9999;          //最高四位
    NumBit[3]= Value/1000;
    TempValue=Value%1000;
    NumBit[2]=TempValue/100;
    TempValue=TempValue%100;
    NumBit[1]=TempValue/10;
    NumBit[0]=TempValue%10;
}
void main()
{
    float Freq;
    uint16_t Temp;
    uint8_t NumBit[4];                   //存放各位要显示的数据
    Timer0Init(5000);                    //定时 5ms
    PCA_Capture_Init();
    P2M0=0xFF; P2M1=0x00;
    P3M0=0xFF; P3M1=0x00;                 //设置为推挽输出
    EA=1;
    while(1)
    {
        if(IsTimeReach)                  //定时 2s 时间到
        {
            IsTimeReach=0;
            Freq=PCA_Capture_GetFreq();  //获取信号频率
            if(Freq>=1000)               //频率大于 1000,显示格式 xxxx
            {
```

```
                Temp=(int16_t)Freq;
                GetBitNum(NumBit, Temp);
            }
            else  if(Freq>=100)
            {       // 频率大于等于100小于1000,显示格式xxx.x
                Temp=(int16_t)(Freq*10);
                GetBitNum(NumBit, Temp);
                Led7Seg_WriteNum(NumBit);
                Led7Seg_SetDot(1);
            }
            else  if(Freq>=10)
            {       // 频率大于10小于100,显示格式xx.xx
                Temp=(int16_t)(Freq*100);
                GetBitNum(NumBit, Temp);
                Led7Seg_WriteNum(NumBit);
                Led7Seg_SetDot(2);
            }
            else // 频率小于10,显示格式x.xxx
            {
                Temp=(int16_t)(Freq*1000);
                GetBitNum(NumBit, Temp);
                Led7Seg_WriteNum(NumBit);
                Led7Seg_SetDot(3);
            }
        }
    }
}
```

在例程5-3-4中,调用了一个函数Led7Seg_SetDot(),该函数在设定的某个位上显示小数点,其实现位于程序Led7Seg.c中。其基本实现代码如下:

```
void  Led7Seg_SetDot(uint8_t  DotAdd)
{
    DisplayBuf[DotAdd]|=0x80;           //显示小数点
}
```

思考问题：如何用PCA实现占空比的测量？

5.4　串行外设接口SPI

传统单片机通过三总线结构进行并行扩展，但是随着电子技术的发展，越来越多单片机外设扩展采用串行接口。除了在前面介绍的UART之外，串行外设接口(Serial Peripheral Interface，简称SPI)以其结构简单、速度快等特点在外设芯片扩展中得到普遍应用。SPI是Motorola首先在其MC68HCXX系列处理器上使用的，现在广泛应用于CPU与EEPROM、FLASH、实时时钟和AD转换器等外设之间的数据交换。

≫ 5.4.1　SPI总线协议简介

SPI总线是一种4线式同步串行通信总线，如图5-4-1所示。它以主从方式工作，通常由一个主设备(Master)和一个或多个从设备(Slave)组成，主设备一次选择一个从设备进行通信，从而完成数据的交换。当SPI进行单向传输时，也可以只通过三根线传输。SPI使用的4根连接线分别是MISO、MOSI、SCLK、SS：

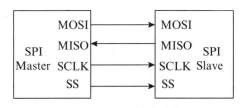

图 5-4-1　SPI总线结构

(1)MISO(Master Input Slave Output)，主设备数据输入，从设备数据输出，用于从设备到主设备的数据传输。各位数据传输的顺序是高位在先，低位在后。

(2)MOSI(Master Output Slave Input)，主设备数据输出，从设备数据输入，用于主设备到从设备的数据传输。各位数据传输的顺序是高位在先，低位在后。

(3)SCLK(Serial Clock)，串行时钟信号，由主设备产生，用于主设备和从设备之间传输同步。当主设备启动一次数据传输时，自动产生8个SCLK时钟周期信号给从设备，在SCLK的每个跳变处(上升沿或下降沿)移出或移入一位数据。一次数据传输可以传输一个字节的数据。

(4)SS(Slaver Select)，从设备片选信号，由主设备控制。只有片选信号为预先规定的使能信号时(一般为低电平信号)，主设备对此从设备的操作才有效。这就使在同一条总线上连接多个SPI设备成为可能。如果总线中存在多个SPI设备，所有设备的MOSI、MISO和SCLK共线，主设备可以使用片选信号SS选择一个从设备进行通信，结构图如图5-4-2所示。当某个SS变低后，相应的从设备芯片被选择，主设备和被选中的设备进行一对一数据传输，其他未被选中的从设备的MISO引脚应该变为高阻状态。SS在有的文档中被称为片选线CS(Chip Select)。

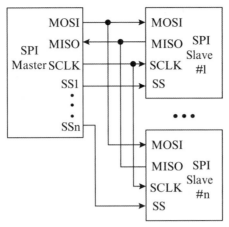

图 5-4-2　SPI总线结构(一对多)

在某些SPI接口器件中,数据输入输出线不是定义为MOSI和MISO,而是定义为串行数据输入SDI(Serial Data Input)和串行数据输出SDO(Serial Data Output)。需要注意的是,无论是SDI和SDO都是对器件本身来说的,并没有规定是主设备器件还是从设备器件。因此在进行硬件连接时需要交叉连接,将主设备的SDI连接到从设备的SDO,从设备的SDI连接到主设备的SDO。

与UART需要事先规定传输速率不同,SPI数据传输速率实际上是由主设备发出的SCLK信号线决定的。如果SCLK速率提高,数据传输速率就提高,如果SCLK速率降低,传输速率就降低,甚至在传输过程中可以暂停,只要停止SCLK的跳变就可以。另外,SPI总线传输时,由于数据输入和数据输出线独立,所以允许同时完成数据的输入和输出,实现全双工的数据交换。初学者要注意的一个基本概念是:主设备不一定是发送方,从设备不一定是接收方,但是时钟脉冲一定是主设备发出的。

SPI总线传输的工作原理如图5-4-3所示(为简单起见,图中并没有标出SS信号)。SPI的核心是移位寄存器,主设备和从设备各有一个8位的移位寄存器,通过MOSI和MISO连在一起,共同构成了一个16位的循环移位寄存器。SCLK是主设备和从设备移位寄存器共有的移位时钟脉冲信号,在每个时钟脉冲,将一位数据通过MOSI从主设备传输到从设备,同时也有一位数据经过MISO从从设备传输到主设备。当8位数据传输完成后,主设备移位寄存

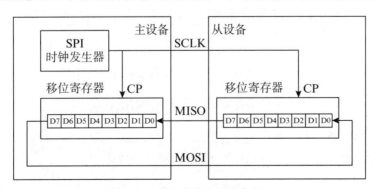

图 5-4-3　SPI总线传输工作原理

器和从设备移位寄存器之间的数据产生交换。如果 MISO 不连,这时候从设备相对于主设备就是一个输出设备,数据只从主设备传输到从设备;如果 MOSI 不连,这时从设备相对于主设备就是一个输入设备,数据只从从设备传输到主设备。

理清 SPI 总线数据线和时钟线之间的时序是实现 SPI 成功传输的关键。由于 SPI 大部分用于 CPU 和外设之间的数据传输,不同外设传输时对上述信号要求的时序也不相同,这就导致了 SPI 总线时钟极性(CPOL)和时钟相位(CPHA)的差别。所谓 SPI 时钟极性,是指时钟信号在空闲状态时为高电平还是低电平。如果 CPOL=0,时钟信号的空闲状态为低电平;如果 CPOL=1,时钟信号的空闲状态为高电平。所谓时钟相位,指的是在时钟的第一个跳变沿还是第二个跳变沿采样。如果 CPHA=0,在串行同步时钟的第一个跳变沿(上升或下降)数据被采样;如果 CPHA=1,在串行同步时钟的第二个跳变沿(上升或下降)数据被采样。因此,SPI 时钟极性和相位有四种组合:CPOL=1,CPHA=1;CPOL=0,CPHA=1;CPOL=1,CPHA=0;CPOL=0,CPHA=0。

SPI 协议规定,发送方在进行数据输出的时钟边沿和接收方进行数据检测的时钟边沿是不同的,这保证了在进行数据检测时,数据线上的数据处于最稳定的状态。当 CPOL=0 时,发送方在时钟脉冲上升沿输出数据,接收方在时钟脉冲下跳沿将数据状态移入移位寄存器;当 CPOL=1 时,发送方在时钟脉冲下跳沿输出数据,接收方在时钟脉冲上升沿将数据状态移入移位寄存器。当 CPHA=1 时,在每个脉冲的时钟前沿数据改变,在时钟后沿对数据采样;当 CPHA=0 时,在时钟脉冲前沿对数据进行采样,在时钟脉冲后沿数据改变,首位改变产生在 SS 信号下跳变时。SPI 时钟和相位四种组合下的时钟和数据时序如图 5-4-4 所示。

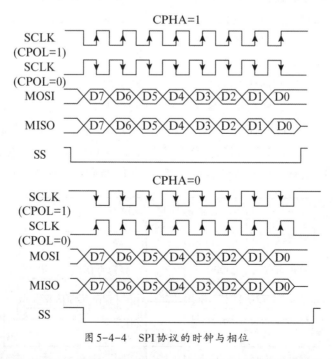

图 5-4-4 SPI 协议的时钟与相位

SPI 主设备一般是单片机,其时钟极性和相位是往往是可以选择的;SPI 从设备一般是外设,其时钟和相位基本上是确定的。因此,在配置SPI主设备时,一定要注意满足从设备数据输入输出的时序要求,否则可能会产生设备不能正常收发数据的问题。

5.4.2 STC8系列单片机的SPI模块

STC8系列单片机的SPI是一种全双工同步通信总线,有两种操作模式:主模式和从模式,在主模式中支持高达3Mbps的速率。

STC8系列单片机SPI模块的内部结构如图5-4-5所示。SPI的核心是一个8位移位寄存器和数据缓冲器SPDAT,SPI数据输入和输出通过对SPDAT寄存器读写实现。当选择SPI工作在主模式时,移位寄存器的时钟来自内部时钟信号的分频,通过SCLK输出至从设备;当选择SPI工作在从模式下时,移位寄存器的时钟来自外部主机的SCLK信号。主模式下SPI总线时钟的分频系数选择通过设置SPCTL寄存器的SPR1和SPR0实现,可以设置为系统时钟的4分频、8分频、16分频和32分频。需要注意的是,由于SPI主模式最高支持的传输速率为3Mbps,当系统时钟频率较高时,应该选择合适的分频系数,以满足频率小于3MHz的要求。例如,如果系统时钟为32Mhz,则可以选择SPR[1..0]为10(16分频,传输速率2Mbps)或SPR[1..0]为=11(32分频,传输速率1Mbps)。

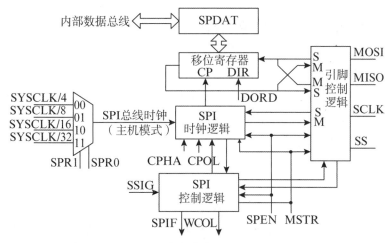

图 5-4-5 STC8系列单片机SPI模块内部结构

要使用SPI功能,必须将SPCTL寄存器中SPEN位置1。SPEN的缺省值为零,此时对应的输入输出口为普通的GPIO口。SPI主模式和从模式的选择相对来讲稍微复杂,可以通过软件设置,也可以通过硬件设置。如果SPCTL寄存器中的SSIG位设置为1,可以通过设置SPCTL寄存器中的MSTR位决定器件为主设备或从设备:当MSTR=1时,器件为主设备模式;当MSTR=0时,器件为从设备模式。如果SPCTL寄存器中的SSIG位设置为0,通过SS引脚的高低电平确定主设备模式或从设备模式:当SS引脚为低电平时,器件设置为从设备模式;当SS引脚为高电平且MSTR=1时,器件设置为主设备模式。

如果器件设置为从设备,当CPHA=0时,SS信号的下降沿就开始启动数据传输,在之后的第一个时钟脉冲前沿进行数据采样,SSIG必须为0(即不能忽略SS脚)。在每次串行字节开始发送前 SS 脚必须拉低,并且在串行字节发送完后须重新设置为高电平。SS 管脚为低电平时不能对 SPDAT 寄存器执行写操作,否则将导致一个写冲突错误。当 CPHA＝1 时,SSIG 可以置 1(即可以忽略 SS 引脚)。如果 SSIG＝0,SS 引脚可在连续传输之间保持低有效(即一直固定为低电平)。这种方式适用于固定单主单从的系统。

在 SPI 中,传输总是由主机启动的。主机对 SPI 数据寄存器 SPDAT 的写操作将启动 SPI 时钟发生器和数据的传输。在数据写入 SPDAT 之后的半个到一个 SPI 位时间后,数据将出现在 MOSI 引脚。写入主机 SPDAT 寄存器的数据从 MOSI 引脚移出,并发送到从机的 MOSI 引脚。同时从机 SPDAT 寄存器的数据也将从 MISO 引脚移出,发送到主机的 MISO 引脚。传输完一个字节后,SPI 时钟发生器停止,传输完成标志(SPIF)置位,如果 SPI 中断使能则会产生一个 SPI 中断。主机和从机 CPU 的两个移位寄存器可以看作是一个 16 位循环移位寄存器。当数据从主机移位传送到从机的同时,从机数据也以相反的方向移入主机。这意味着在一个移位周期中,主机和从机的数据相互交换。

SPI 在发送时为单缓冲,在接收时为双缓冲。在前一次发送尚未完成之前,不能将新的数据写入移位寄存器。当发送过程中对数据寄存器 SPDAT 进行写操作时,WCOL 位将被置 1 以指示发生数据写冲突错误。在这种情况下,当前发送的数据继续发送,而新写入的数据将丢失。当对主机或从机进行写冲突检测时,主机发生写冲突的情况是很罕见的,因为主机拥有数据传输的完全控制权。但从机有可能发生写冲突,因为当主机启动传输时,从机无法进行控制。WCOL 可通过软件向其写入"1"清零。与之类似,传输完成标志 SPIF 也是通过软件向其写入"1"清零(注意不是写入"0"!)。

接收数据时,接收到的数据传送到一个并行读数据缓冲区,这样将释放移位寄存器以进行下一个数据的接收。但必须在下个字符完全移入之前从数据寄存器中读出接收到的数据,否则,前一个接收数据将丢失。

5.4.3 相关寄存器一览

STC8 系列 MCU 中,与 SPI 相关的寄存器如表 5-4-1 所示。需要指出的是,不同芯片其寄存器符号、地址和位描述也有所差别,请参考相关芯片的数据手册。

表 5-4-1 SPI 相关寄存器一览表

名称	符号	地址	位描述								复位值
			B7	B6	B5	B4	B3	B2	B1	B0	
SPI 状态寄存器	SP-STAT	CDH	SPIF	WCOL	–	–	–	–	–	–	00xx, xxxx
SPI 控制寄存器	SPCTL	CEH	SSIG	SPEN	DORD	MSTR	CPOL	CPHA	SPR[1:0]		0000, 0100
SPI 数据寄存器	SP-DAT	CFH									0000, 0000

名称	符号	地址	位描述								复位值
			B7	B6	B5	B4	B3	B2	B1	B0	
中断允许寄存器	IE	A8H	EA								0000, 0000
中断允许寄存器 2	IE2	AFH							ESPI		0000, 0000
中断优先级寄存器 2	IP2	B5H		PI2C					PSPI		0000, 0000
中断优先级控制寄存器 2 高	IP2H	B6H		PI2CH					PSPIH		0000, 0000

>>> ### 5.4.4　编程实例

与 SPI 相关的外设引脚有四个:SS、MOSI、MISO 和 SCLK。缺省情况下,这四个引脚分别与 P1.2、P1.3、P1.4 和 P1.5 复用。通过设置外设端口切换寄存器 P_SW1 的 SPI_S[1:0] 位,可以将功能引脚切换至其他端口。外设端口切换选择如表 5-4-2 所示。

表 5-4-2　SPI 功能引脚端口切换

SPI_S[1:0]	SS	MOSI	MISO	SCLK
00	P1.2	P1.3	P1.4	P1.5
01	P2.2	P2.3	P2.4	P2.5
10	P7.4	P7.5	P7.6	P7.7
11	P3.5	P3.4	P3.3	P3.2

STC8 系列芯片既可以作为 SPI 主设备使用,也可以作为 SPI 从设备使用,大部分情况下,单片机是作为主设备使用的。作为主设备,可能从从设备读取数据,也可能向从设备写入数据。一般来说,在从 SPI 从设备读取数据时,同时需要向从设备写入数据,以产生 SCLK 信号驱动从设备数据输出。

另外,在软件设计上,一般采用分层设计的思想。首先完成与 SPI 相关的操作,如 SPI 初始化、SPI 数据读、SPI 数据写等,然后完成与具体设备相关的操作,这样层次分明,软件可重用性较好。

在 SPI 读写中,可以使用中断方式,也可以采用查询方式。由于 SPI 的通信速率取决于 SCLK 的频率,如果 SPI 时钟频率选择较高,采用查询方式也是一个较好的选择。

另外,在对 SPI 设备进行读写时,有时候也采用模拟 SPI 总线,即用普通 GPIO 口根据 SPI 总线的时序要求输入和输出。这增加了系统设计的灵活性,但是代码复杂度增加或 CPU 占用增加。因为本节主要介绍的是硬件 SPI,对模拟 SPI 就不加以展开了,感兴趣的读者可以自行加以研究。

SPI实例——数字电位器的控制

电位器(Potentiometer)是可变电阻器的一种,在电子产品中如音量调节、功率控制等方面都有广泛应用。电位器是具有中间抽头的可变电阻器。电阻体有两个固定端和一个可动触点,可动触点可以在电阻体上移动。通过改变可动触点的位置,就改变了动触点与任一个固定端之间的电阻值,从而改变了从动触点输出电压与电流的大小。

根据应用不同,电位器形状大小也各不相同,一些常见的电位器如图5-4-6所示。

图5-4-6 常见的电位器

前面所述的电位器都是通过机械手柄或旋钮来手动调节,以改变触头位置的。在许多场合中,需要对某些变量进行自动调节,要实现对这些电位器的调节,需要借助电机等执行机构实现,这大大增加了系统的复杂性。

数字电位器是一种代替传统机械电位器的新型数字模拟混合集成电路。它采用数字输入控制来调节电阻阻值,与机械电位器相比,具有使用灵活、调节精度高、无触点、低噪声、抗干扰、体积小、寿命长等优点,可以在许多领域取代机械电位器。

常见的数字电位器的内部简化电路如图5-4-7所示,将 n 个阻值相同的电阻串联,每只电阻的两端都经过一个由MOS管构成的模拟开关连接在一起,作为数字电位器的中间抽头。在数字信号的控制下,每次只能有一个模拟开关闭合,从而将串联电阻的某个节点连接到中间抽头。可以看出,数字电位器的电阻值不是连续变化的,无法实现电阻的连续调整。

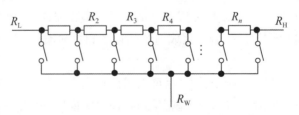

图5-4-7 数字电位器简化电路图

MCP41010是Microchip公司生产的一种集成数字电位器,它的最大电阻为 $10k\Omega$,数字电位器的滑动端共有256个离散的抽头,通过一个8位数据寄存器,直接控制抽头选择。MCP41010芯片通过SPI接口控制数据寄存器,从而改变抽头的位置。

MCP41010的SPI数据传输采用双字节方式,首字节为命令字节,次字节为数据字节。对MCP41010芯片来说,有意义的命令实际上只有一个:0x11(写入数据命令),命令后面跟一个字节的数据(0x00~0xFF),表示抽头位置。MCP41010的写数据时序如图5-4-8所示。

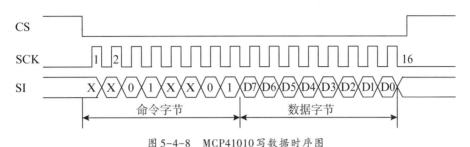

图 5-4-8　MCP41010写数据时序图

片选信号CS就是从设备选择信号SS,SCK是时钟信号,SI为输入信号,即MOSI信号。MCP41010规定在空闲时时钟为低电平,在上升沿将数据锁存。可以看出,MCP41010的时序符合CPOL=0且CPHA=0的条件,在系统初始化时应该选择这种模式。当CS为低电平时,MCP41010才在SCK的上升沿将数据锁入。当CS由低变高时,如果脉冲计数为16个,根据输入命令,执行相应的操作。如果CS由低变高时,计数脉冲不是16的整数倍,则命令不被执行。

设计要求:电路图如图5-4-9所示,电位器高低两端分别接+5V和地,从RW输出电压。要求根据上位机发出的命令调节数字电位器的输出电压。上位机发出命令格式字符串形式"x.xV",x.x的范围是0.0~5.0V。

图 5-4-9　单片机控制数字电位器电路

设计分析:根据设计要求,STC8是主设备,数字电位器MCP41010为从设备。主设备对从设备只要实现数据写入的功能即可,每次写入两个字节数据,其中第一字节作为命令字节,第二字节为要写入的数据。

写入数字电位器的数据要根据上位机要求的电压计算。根据图5-4-9,满刻度电压为5V,如果上位机要求电压为V_o,则要写入的数据

$$D_n = \frac{V_o}{5} \times 255 = 51 \times V_o \qquad\qquad (5\text{-}4\text{-}1)$$

主程序在做好初始化工作后,读取 UART 指令,并根据式(5-4-1)计算要写入从设备的数据并写入从设备即可,参考代码如下。

例程 5-4-1:(main.c)

```
#include "STC8.h"
#include "UART.h"
#include "MCP41.h"
#include "SPI.h"
void  main()
{
    uint8_t Read_Length;
    uint8_t RecvData[10];
    uint8_t Value;            //转换后的数字量
    uint16_t Voltage10;     //要求的电压值*10
    EA=0;
    UART_Init();         //UART初始化
    MCP41_Init();         //MCP41010初始化
    EA=1;
    while(1)
    {
        if((Read_Length=UART_Read(RecvData))==3)  //接收到数据
        {
            Voltage10=(RecvData[0]-'0')*10+(RecvData[2]-'0');  //电压*10
            Value=(uint8_t)(Voltage10*51/10);               //计算数字量
            MCP41_SetValue(Value);               //写入 MCP41010
        }
    }
}
```

程序中根据电压精度为一位小数的要求,采用了将电压值放大 10 倍处理,最后再缩小 10 倍,避免了浮点数运算,这在 51 系列单片机中是一种常见的处理方法。

在主程序中调用了数字电位器初始化函数 MCP41_Init 和数字电位器数据写入程序 MCP41_SetValue,这两个函数在 MCP41.c 中实现。

例程 5-4-2：(MCP41.c)

```c
#include "STC8.h"
#include "MCP41.h"
#include "SPI.h"
void MCP41_Init(void)
{
    SPI_Master_Init(0,0);              //SPI主设备初始化
}
void MCP41_SetValue(uint8_t Value)
{
    uint8_t Cmd_Dat[2];
    Cmd_Dat[0]=0x11;                   //命令
    Cmd_Dat[1]=Value;                  //数据
    SPI_Master_Write(Cmd_Dat,2);       //SPI主设备写从设备
}
```

MCP41.c 中调用的 SPI 的初始化 SPI_Master_Init 与写从设备操作 SPI_Master_Write 在程序 SPI.c 中实现。代码分层实现后，其他 SPI 设备也可以复用相同的 SPI 代码，提高了程序的可移植性。SPI.c 相关代码如例程 5-4-3 所示。

例程 5-4-3：(SPI.c)

```c
#include "STC8.h"
#include "SPI.h"
sbit SPI_CS=P1^2;

/*Mode:0
        1   CPOL=0,CPHA=0
        2   CPOL=1,CPHA=0
        3   CPOL=1,CPHA=1

    Clk: 0   系统时钟4分频
         1   系统时钟8分频
         2   系统时钟16分频
         3   系统时钟32分频
*/
```

```
void SPI_Master_Init(uint8_t Mode, uint8_t Clk)
{
    SPCTL = (Mode<<2)|SSIG|SPEN|MSTR|Clk; //01010000使能SPI主机模式
    SPSTAT = SPIF|WCOL;          //写入1,清中断标志
    SPI_CS=1;
}
uint8_t SPI_Master_Write(uint8_t *buf, uint8_t len)
{
    uint8_t i;
    SPSTAT = 0xc0;
    SPI_CS=0;
    for(i=0;i<len;i++)
    {
        SPDAT=buf[i];
        while (SPSTAT&SPIF==0);    //等待写入完成
        SPSTAT = 0xc0; //写入1,清中断标志
    }
    SPI_CS=1;
    return len;
}
```

在SPI初始化函数中,参数Mode指定了SPI的时钟极性和相位选择。当Mode为0时,选择CPOL=0,CPHA=0;当Mode为1时,选择CPOL=0,CPHA=1;当Mode为2时,选择CPOL=1,CPHA=0;当Mode为3时,选择CPOL=1,CPHA=1。参数Clk指定了SPI总线时钟选择。当Clk为0时,选择为系统时钟4分频;当Clk为1时,选择为系统时钟8分频;当Clk为2时,选择为系统时钟16分频;当Clk为3时,选择为系统时钟32分频。

思考问题:如果需要输出一个正弦波,请问程序该如何写?

5.5 I²C总线

除了SPI总线之外,I²C总线也是一种常用的外部扩展总线。I²C总线的全称是Inter-Integrated Circuit(集成电路间总线),是由Philips公司开发的一种简单的双向二线制同步串行总线。它只需要两根线即可在连接于总线上的器件之间传送信息。许多外围设备与CPU之间通过I²C总线交换数据。

⋙ 5.5.1　I²C 总线简介

I²C 总线是一种两线制半双工同步串行总线,其基本结构如图 5-5-1 所示,其中 SCL 为串行时钟线,SDA 为串行数据线。所有的 I²C 总线设备都并联连接,总线需要通过外部上拉电阻 R_p 连接到电源。I²C 总线上的设备一般都是 OC(集电极开路)输出或 OD(漏极开路)输出,如果任何一个设备输出为低电平时,总线为低电平,当所有设备输出都为高电平时,输出为高电平。因此,对 I²C 总线设备来说,输出低电平的优先级要高于高电平的优先级,输出低电平可以看作是占用总线,输出高电平可以看作是释放总线。在总线空闲时,所有设备都释放总线,在上拉电阻作用下,SCL 和 SDA 保持高电平状态;当总线上进行数据传输时,总线上的设备会按照协议规定的时序拉低总线或释放总线,从而实现确定的数据传输。

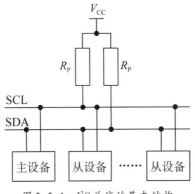

图 5-5-1　I²C 总线的基本结构

在 I²C 总线上,存在一个主设备(一般是 MCU)和一个或多个从设备(一般是外设)。主设备用于启动和结束总线数据传送、产生传输需要的时钟、确定要传输的从设备地址和数据传输方向。虽然 I²C 总线支持多主协议,但是为了防止总线冲突和仲裁带来的不确定性,一般采用固定的一个主设备的结构。I²C 总线上每一个设备都会对应一个唯一的地址,有的设备地址是通过将芯片引脚拉高或置低设置,有的设备地址是器件内部已经确定,通过查芯片数据手册可以获得,有的设备地址是两者共同确定。以串行 EEPROM 芯片 AT24LC01 为例,七位地址为 1010xxx,其中 1010 为芯片数据手册规定好的地址,低三位地址 xxx 由芯片引脚 A2-A0 连接确定。

I²C 总线规定,数据传输时按照字节传输,即每次传输 8 位,采用大端传输方式,即高位先传,低位后传。在 I²C 总线中,除了传输数据外,主设备要访问从设备之前,必须指定从设备地址。一般来说,从设备是 7 位地址,协议规定再给地址添加一个最低位用来表示接下来数据传输的方向,0 表示主设备向从设备写数据,1 表示主设备从从设备读数据。

如果主设备要发送数据给从设备,则主设备首先寻址从设备,并指定数据传输方向是从主设备发送到从设备,然后主动发送数据至从设备,最后由主设备终止数据传送;如果主设备要接收从设备的数据,首先由主设备寻址从设备,并指定传输方向为从设备向主设备传送,然后主设备接收从设备发送的数据,最后由主设备终止接收过程。

I^2C 总线可挂接的设备数量受总线的最大电容 400pF 限制,如果所挂接的是相同型号的器件,则还受器件地址位的限制。I^2C 总线数据传输速率在标准模式下可达 100kbit/s,快速模式下可达 400kbit/s,高速模式下可达 3.4Mbit/s。

5.5.2 I^2C 总线时序

1. I^2C 总线起始和停止条件

I^2C 协议规定,总线上数据的传输必须以一个起始信号作为开始条件,以一个结束信号作为传输的停止条件。起始和结束信号总是由主设备产生,从设备不可以主动发起通信,主设备发出询问的命令,然后等待从设备的应答。

总线在空闲状态时,SCL 和 SDA 都保持着高电平。当 SCL 为高电平而 SDA 发生由高到低的跳变,表示产生一个起始条件。在起始条件产生后,总线进入忙状态。

当 SCL 为高时,SDA 由低到高的跳变,表示产生一个停止条件。在停止条件产生后,本次数据传输的设备将释放总线,总线再次处于空闲状态。

在数据传输过程中,SDA 信号的变化总是发生在 SCL 为低电平时。当 SCL 为高电平时,SDA 必须保持电平不变。

起始和停止条件的时序如图 5-5-2 所示。

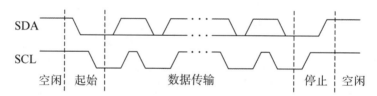

图 5-5-2　起始和结束条件的时序

2. 数据传输时序

I^2C 总线数据传输是以 8 位字节为单位传送的。发送设备在每个 SCL 时钟脉冲从 SDA 发送一位数据,按数据位从高位到低位的顺序传输。当一个字节数据发送完成后,在第 9 个时钟脉冲期间发送设备释放数据线,由接收设备反馈应答信号。当接收设备反馈的应答信号为低电平时,规定为应答位(ACK),表示接收器已经成功地接收了该字节;当接收设备反馈的应答信号为高电平时,规定为非应答位(NACK),一般表示接收设备接收该字节没有成功。ACK 的要求是:接收设备在第 9 个时钟脉冲之前的低电平期间将 SDA 线拉低,并且确保在该时钟的高电平期间维持稳定的低电平。数据传输和应答时序如图 5-5-3 所示。

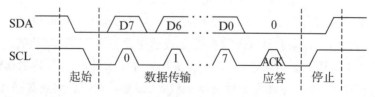

图 5-5-3　数据传输和应答时序

当然,并不是所有的字节传输都必须有一个应答位。如果接收设备为主设备,在接收到最后一个字节后,会发送一个NACK信号,通知发送设备结束数据发送,并释放SDA线,以便主设备发送一个停止信号P。数据传输和非应答时序如图5-5-4所示。

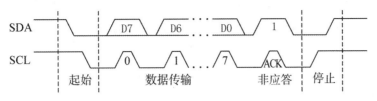

图 5-5-4　数据传输和非应答时序

3.I²C 总线操作

对I²C总线的操作实际就是主从设备之间的读写操作。一个I²C总线接口的外部设备可以是一个输入设备,此时主设备CPU需要从外部设备读入数据;也可以是一个输出设备,此时主设备CPU向外部设备写入数据。

主设备对从设备的操作大致可以分为以下三种情况:

(1)主设备向从设备写数据

主设备向从设备写数据的过程如图5-5-5所示。主设备首先发出起始条件,然后向总线发出从设备地址(7位地址+方向位0),从设备收到地址后,拉低SDA,返回应答信号。然后主设备依次向从设备发送数据,从设备向主设备返回应答(ACK)信号。如果接收设备没有向主设备返回ACK信号,则说明接收设备可能没收到数据或者无法解析接收的信息,此时需要由主设备决定如何处理。当主设备完成所有数据发送时,发出停止条件,结束一次数据传输过程。

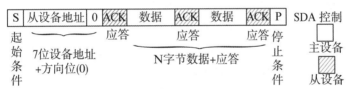

图 5-5-5　主设备向从设备写数据

(2)主设备从从设备读数据

主设备从从设备读数据的过程如图5-5-6所示。同样也是由主设备首先发出起始条件,然后向总线发出从设备地址(7位地址+方向位1),从设备收到地址后,拉低SDA,返回应答信号。然后在每个时钟周期,从设备向主设备发出数据,主设备在接收完一个字节数据后完成应答。在最后一个字节数据接收完成后,主设备产生非应答(NAK)信号,通知从设备释放SDA总线。最后,主设备发出停止条件,结束一次数据传输过程。

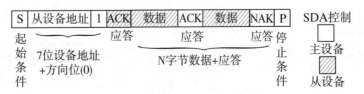

图 5-5-6　主设备从从设备读数据

（3）重启起始条件

在主设备控制总线完成一次数据传输后,如果想继续占用总线再进行一次数据传输,就需要利用重启起始条件传输。这种操作在 I^2C 数据传输时是经常遇到的,往往用在需要切换数据传输方向的情况。下面以 I^2C 接口的串行 E^2PROM 芯片 AT24LC01 为例进行说明。因为 AT24LC01 是 E^2PROM,在对 AT24LC01 芯片进行读写时,除了要指定芯片设备地址之外,还需要指定要访问的存储单元的地址,注意这个地址不是芯片设备地址,芯片设备地址是 1010xxx。执行过程如下:

①主设备首先进行的操作与写操作相同,主设备首先发出起始条件,然后向总线发出从设备地址（7位地址+方向位0）,从设备收到地址后,拉低 SDA,返回应答信号。

②主设备对从设备写入要访问的存储单元地址（对 AT24LC01 来说是一个字节,对于一些容量大的芯片来说,需要更多字节）,从设备对主设备的写入进行应答。

③主设备重启起始条件,然后再次发出从设备地址,此时设备地址后面的方向位可能是 0 或 1。如果方向位为 0,说明要对 E^2PROM 的存储单元执行写操作,即向 E^2PROM 存入数据;如果方向位为 1,说明要对 E^2PROM 的存储单元执行读操作,即从 E^2PROM 读出数据。从设备接收到地址后,返回应答信号。

④如果步骤③方向位为 0,主设备发出要对存储单元写入的数据,从设备对主设备发出应答。对 AT24LC01 来说,存储单元地址自动加一,这时可以继续向多个存储单元写入数据,每写入一个字节,从设备都返回一个应答信号。如果步骤③方向位为 1,从设备向主设备发送存储单元中保存的数据,主设备发出应答。主设备可以依次从从设备读取多个字节的数据,并发出应答信号。

⑤如果步骤③方向位为 0,主设备在收到最后一个字节的应答信号后,发出停止条件,释放总线;如果步骤③方向位为 1,主设备在接收最后一个字节数据后发出非应答信号,通知从设备释放 SDA 总线,然后主设备发出停止条件。

重启起始条件数据传输过程如图 5-5-7 所示。(a)所示为重启起始条件后对从设备写入数据,(b)所示为重启起始条件后从从设备读取数据。可以说,第一次启动起始条件是告诉从设备要访问的地址,第二次启动起始条件是读写实际的内容。

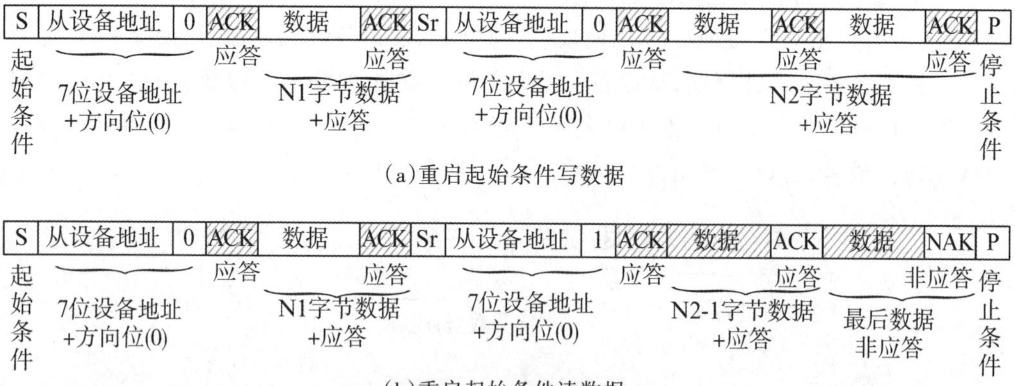

| S 起始条件 | 从设备地址 7位设备地址 +方向位(0) | 0 | ACK 应答 | 数据 N1字节数据 +应答 | ACK 应答 | Sr | 从设备地址 7位设备地址 +方向位(0) | 0 | ACK 应答 | 数据 N2字节数据 +应答 | ACK 应答 | 数据 | ACK 应答 | P 停止条件 |

（a）重启起始条件写数据

| S 起始条件 | 从设备地址 7位设备地址 +方向位(0) | 0 | ACK 应答 | 数据 N1字节数据 +应答 | ACK 应答 | Sr | 从设备地址 7位设备地址 +方向位(0) | 1 | ACK 应答 | 数据 N2-1字节数据 +应答 | ACK 应答 | 数据 最后数据 非应答 | NAK 非应答 | P 停止条件 |

（b）重启起始条件读数据

图 5-5-7　重启起始条件数据传输

214

5.5.3　STC8 系列单片机的 I²C 总线

STC8 系列的单片机内部集成了一个 I²C 串行总线控制器。对于 SCL 和 SDA 的端口分配,STC8 系列的单片机提供了切换模式,可将 SCL 和 SDA 切换到不同的 I/O 口上,以方便用户将一组 I²C 总线当做多组进行分时复用。

与标准 I²C 协议相比较,STC8 系列单片机内部 I²C 总线忽略了如下两种机制:

(1)发送起始信号(START)后不进行仲裁;

(2)时钟信号(SCL)停留在低电平时不进行超时检测。

STC8 系列的 I²C 总线提供了两种操作模式:主设备模式(SCL 为输出口,发送同步时钟信号)和从设备模式(SCL 为输入口,接收同步时钟信号)。在 STC 提供的官方文档中并没有对 I²C 总线的内部结构进行介绍,仅仅提供了对主设备模式和从设备模式的使用方法做了说明。

1.主设备模式

在使用 I²C 功能时,必须将 I²C 配置寄存器 I2CCFG 中的 ENI2C 位置 1,以允许 I²C 功能。在置位 ENI2C 位时,如果同时将 MSSL 位置 1,STC8 将工作于主设备模式。在主设备模式下,需要设置 I²C 总线速度,同样也是通过 I²C 配置寄存器中 MSSPEED[6:1]位来指定等待时钟数实现,可以等待 0~127 个时钟周期,以匹配从设备需要的数据传输速度。

在主设备模式下,可以通过各种命令控制总线操作,这些命令通过写入 I²C 主设备控制寄存器 I2CMSCR 中的 MSCMD[3:0]位发出,主要的命令包括:

(1)0000:待机,无动作。

(2)0001:起始命令,主设备发送起始条件。如果当前 I²C 控制器处于空闲状态,即 MSBUSY(I²C 主设备状态寄存器 I2CMSST 的 Bit7 位)为 0 时,写此命令会使控制器进入忙状态,硬件自动将 MSBUSY 状态位置 1,并开始发送起始条件;如果当前 I²C 控制器处于忙状态,则直接触发发送起始条件。

(3)0010:发送数据命令,主设备向从设备发送数据。写入此命令后,I²C 总线控制器会在 SCL 管脚上产生 8 个时钟,并将 I2CTXD 寄存器里面数据按位送到 SDA 管脚上(先发送高位数据)。

(4)0011:接收 ACK 命令,在向从设备发送数据后执行。写入此命令后,I²C 总线控制器会在 SCL 管脚上产生 1 个时钟,并将从 SDA 端口上读取的数据保存到 MSACK(I²C 主设备状态寄存器 I2CMSST 的 Bit1 位)。

(5)0100:接收数据命令,从从设备读取一个字节数据。写入此命令后,I²C 总线控制器会在 SCL 管脚上产生 8 个时钟,并将从 SDA 端口上读取的数据依次左移到 I2CRXD 寄存器(先接收高位数据)。

(6)0101:发送 ACK 命令,向从设备返回应答信号。写入此命令后,I²C 总线控制器会在 SCL 管脚上产生 1 个时钟,并将 I2CMSST 寄存器的 MSACKO(Bit0)中的数据发送到 SDA 端口。

（7）0110：停止命令，主设备发出停止条件。发送完成后，硬件自动将 MSBUSY 状态位清零。

在一些 STC8 系列单片机中，还提供了一些扩展指令，实现一些相当于指令组合的功能，为程序设计提供了更多方便。包括：

（1）1001：起始命令+发送数据命令+接收 ACK 命令。此命令为命令 0001、命令 0010、命令 0011 三个命令的组合，写入此命令后控制器会依次执行这三个命令。

（2）1010：发送数据命令+接收 ACK 命令。此命令为命令 0010、命令 0011 两个命令的组合，写入此命令后控制器会依次执行这两个命令。

（3）1011：接收数据命令+发送 ACK 命令。此命令为命令 0100、命令 0101 两个命令的组合，下此命令后控制器会依次执行这两个命令，唯一不同的是，此命令发送的应答信号固定为 0，不受 MSACKO 位的影响。

（4）1100：接收数据命令+发送 NAK 命令。此命令同样为命令 0100、命令 0101 两个命令的组合，下此命令后控制器会依次执行这两个命令，唯一不同的是，此命令发送的应答信号固定为 1，不受 MSACKO 位的影响。

如果使能了主设备辅助控制寄存器 I2CMSAUX 中的 WDTA 位（Bit0），当 MCU 执行完成对 I2CTXD 数据寄存器的写操作后，I²C 控制器会自动触发"1010"命令，即自动发送数据并接收 ACK 信号。

当主设备命令发出的命令执行完成后，硬件将 I²C 主设备状态寄存器 I2CMSST 中的 MSIF 位（Bit6）置 1。如果 I²C 主设备控制寄存器 I2CMSCR 中的 EMSI（Bit7）为 1，则会使能 I²C 中断。使能 I²C 中断后，一旦主设备发出的命令被执行完后，就会产生 I²C 中断，向 CPU 发出中断请求，响应中断后 MSIF 位必须用软件清零。

2.从设备模式

在置位 ENI2C 位时，如果同时将 MSSL 位清零，STC8 将工作于从设备模式。与主设备模式相比，从设备模式控制相对简单，只有接收到主设备的起始条件和地址匹配才能进入工作状态，因此，从设备是被动的。如果从设备任务比较简单，可以采用查询方式进行编程，但是更推荐使用中断方式对从设备编程。

从设备中断允许控制通过设置 I²C 从设备控制寄存器 I2CSLCR 相应位实现，当这些位置 1 时，当相应条件满足时，会产生中断，并将对应在 I²C 从设备状态寄存器 I2CSLST 中相应的中断标志位置 1。在中断服务程序中，必须用软件将这些对应的中断标志位清零。这些位包括：

（1）ESTAI（Bit6），起始条件中断允许位。如果将此位置 1，当检测到主设备发出起始条件后，会产生中断，并将 I2CSLST 中 STAIF（Bit6）置 1。

（2）ERXI（Bit5），接收中断允许位。如果将此位置 1，当接收到一个字节数据会产生中断，并将 I2CSLST 中 RXIF（Bit5）置 1，同时硬件自动根据 I2CSLST 中的 SLACKO 位（Bit0）将 SDA 清零后置 1 以向主设备返回 ACK 信号。

（3）ETXI（Bit4），发送中断允许位。如果将此位置 1，当完成发送一个字节数据后并接收到 ACK，在第 9 个时钟的下降沿后会产生中断，并将 I2CSLST 中 TXIF（Bit4）位置 1，接收到的 ACK 信号保存在 I2CSLST 中的 SLACKI 位（Bit1）中。

（4）ESTOI（Bit3），停止条件中断允许位。如果将此位置 1，当检测到主设备发出停止条件后，会产生中断，并将 I2CSLST 中 STOIF（Bit3）位置 1。

当 I²C 控制器处于从设备模式时，在空闲状态下，接收到主设备发送起始条件后，控制器会继续检测之后的设备地址数据，若设备地址与当前 I2CSLADR 寄存器中所设置的从设备地址相匹配时，控制器便进入到忙碌状态，并将 I2CSLST 中的 SLBUSY 位（Bit7）置 1，忙碌状态会一直维持到成功接收到主设备发送停止条件，再次恢复到空闲状态。

》》 5.5.4　相关寄存器一览

STC8 系列 MCU 中，与 I²C 相关的寄存器如表 5-5-1 所示。需要指出的是，不同芯片其寄存器符号、地址和位描述也有所差别，请参考相关芯片的数据手册。

表 5-5-1　I²C 相关寄存器一览表

名称	符号	地址	位描述								复位值
			B7	B6	B5	B4	B3	B2	B1	B0	
I²C 配置寄存器	I2CCFG	FE80H	ENI2C	MSSL	MSSPEED[6:1]						0000,0000
I²C 主设备控制寄存器	I2CMSCR	FE81H	EMSI	–	–	–	MSCMD[3:0]				0xxx,0000
I²C 主设备状态寄存器	I2CMSST	FE82H	MSBUSY	MSIF	–	–	–	–	MSACKI	MSACKO	00xx,xx00
I²C 从设备控制寄存器	I2CSLCR	FE83H	–	ESTAI	ERXI	ETXI	ESTOI	–		SLRST	x000,0xx0
I²C 从设备状态寄存器	I2CSLST	FE84H	SLBUSY	STAIF	RXIF	TXIF	STOIF	TXING	SLACKI	SLACKO	0000,0000
I²C 从设备地址寄存器	I2CSLADR	FE85H	SLADR[6:0]							MA	0000,0000
I²C 数据发送寄存器	I2CTXD	FE86H									0000,0000
I²C 数据接收寄存器	I2CRXD	FE87H									0000,0000

续表

名称	符号	地址	位描述								复位值
			B7	B6	B5	B4	B3	B2	B1	B0	
I²C主设备辅助控制寄存器	I2CMSAUX	FE88H	–	–	–	–	–	–	–	WDTA	xxxx, xxx0
中断优先级寄存器2	IP2	B5H		PI2C							0000, 0000
中断优先级控制寄存器2高	IP2H	B6H		PI2CH							0000, 0000

另外需要注意的是,与I²C相关的寄存器的地址范围是在外部RAM区域的高地址处,要访问这些寄存器,需要先将寄存器P_SW2(地址0xBA)的B7位置1。当访问完成后,再将寄存器P_SW2的B7位清零。

表 5-5-2　I²C功能引脚端口切换

I2C_S[1:0]	SCL	SDA
00	P1.5	P1.4
01	P2.5	P2.4
10	P7.7	P7.6
11	P3.2	P3.3

》 5.5.5　I²C总线编程

与I²C相关的外设引脚有两个:SCL和SDA,缺省情况下,这两个引脚分别与P1.5和P1.4复用。通过设置外设端口切换寄存器P_SW2的I2C_S[1:0]位,可以将功能引脚切换至其他端口。外设端口切换选择如表5-5-2所示。

在使用I²C总线时,一般需要在总线上外接上拉电阻,并将相应的端口设置为开漏输出。

STC8系列芯片既可以作为I²C主设备使用,也可以作为I²C从设备使用,大部分情况下,单片机是作为主设备使用的。作为主设备,需要根据从设备的要求来对主设备进行配置和编程。

I²C总线编程也由两种方式:软件模拟I²C和硬件I²C。所谓软件模拟I²C,是指用GPIO的操作来完成I²C的时序要求。软件模拟I²C不需要使用专用的外设引脚,可以使用任意GPIO口,但是编程较为复杂,读者可以从一些编程网站上搜索到大量的软件模拟I²C程序。本节主要探讨如何使用单片机内部的硬件I²C模块进行编程,并不涉及模拟I²C的编程问题。

1.设计要求

设计要求：设计一如图 5-5-8 所示 I²C 双机通信系统，该系统由主设备单片机 MCU1 和从设备单片机 MCU2 构成。从设备是一个数据采集设备，设备地址 0x20，内部含有 8 个存储单元，存储 8 路 AD 转换信息，每个存储单元信息包含 2 字节，存储单元地址范围 0~7；主设备通过 I²C 总线读取从设备的信息，并通过 UART 传输到上位机 PC。主设备在读取从设备数据时，先读取高字节数据，再读取低字节数据。为了简单起见，图中没有详细画出 UART 电路图的连接，读者可以参考第 4 章中的相关电路。

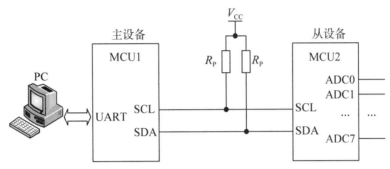

图 5-5-8　I²C 双机通信系统

根据设计要求，需要对主设备和从设备分别设计。

2.从设备程序设计

从设备需要进行 AD 转换，由于 AD 转换 0~7 通道占用了 P1.0~P1.7，与 I2C 总线默认引脚冲突，需要将 I²C 总线映射到其他端口，可以将 SDA 和 SCL 分别映射到 P2.4 和 P2.5 口。

从设备除了拥有设备地址外，还必须拥有一个通道地址，以便主设备读取指定通道的 AD 转换结果。由于从设备是通信的被动响应方，在编程时最好采用中断方式。如果 AD 转换也采用中断方式读取数据，那么主程序将会非常简单，除了做必要的外初始化只需要一个死循环即可，如例程 5-5-1 所示。

例程 5-5-1(main.c)：

```c
#include "STC8.h"
#include "ADC.h"
#include "IIC.h"
void  main()
{
    EA=0;
    ADC_Init();              //ADC初始化
    IIC_Slave_Init(0x20);    //I2C从设备初始化,地址0x20
    EA=1;
    while(1)
```

```
    {

    }

}
```

程序中分别调用了 ADC 初始化程序 ADC_Init 和 I²C 从设备初始化程序 IIC_Slave_Init,并指定了从设备地址 0x20。关于 AD 转换,在 5.1 节中已经做了比较详细的阐述,本节中仅对例程做简要说明,程序源代码如例程 5-5-2 所示。

例程 5-5-2(ADC.c):

```
include  "STC8.h"
#include  "stdint.h"
#include  "ADC.h"
uint8_t CurCh;              //当前转换通道(取值范围 0-7)
uint16_t AD_Result[8]; //AD 转换结果
uint16_t ADi_Result,AD_Resul;
uint16_t pV15,AD15_Result;
void  ADC_Init(void)
{
    P1M0 = 0x00;
    P1M1 = 0xff;                    //端口设置为高阻输入模式
    pV15=*((uint16_t idata *)0xEF); //取存放参考电压值地址的数据
    ADCCFG = ADC_RESFMT;       //左对齐输入,系统时钟 32 分频
    ADC_CONTR = ADC_POWER; //ADC 模块使能
    EADC =1;                    //A/D 转换中断允许位
    CurCh=0;
    ADC_CONTR = CurCh | ADC_START | ADC_POWER;       //启动通道 0
}
void ADC_ISR() interrupt 5         //添加内部参考电压 ADC 转换
{
    ADC_CONTR &= ~ADC_FLAG; //清除中断完成标志
    if(CurCh == 8)AD15_Result = (ADC_RES<<8)| ADC_RESL;   //读取 ADC 结果
    else
        ADi_Result = (ADC_RES<<8)| ADC_RESL;             //读取 ADC 结果

    if((CurCh+1)==8)
```

```
    {
        CurCh=CurCh+1;
        ADC_CONTR = ADC_POWER|ADC_START|0x0f;      //启动通道 15 AD 转换
    }
    else
    {
        if(CurCh==8)CurCh=7;
        AD_Result[CurCh] = (uint16_t)((uint32_t)pV15*
                              ADi_Result/AD15_Result);
        CurCh=(CurCh+1)&0x07;               //切换至下一通道
        ADC_CONTR = CurCh | ADC_START | ADC_POWER;  //启动 AD 转换
    }
}
uint16_t ADC_Read(uint8_t Ch)
{
    return AD_Result[Ch];
}
```

在 ADC 初始化程序 ADC_Init 中设置 ADC 转换端口、转换速率和转换格式,并启动 ADC 转换。ADC 中断服务程序中读取 AD 转换结果,并切换至下一通道进行 AD 转换。ADC_Read 程序返回 AD 转换结果,供其他程序调用。

I^2C 从设备信息处理在例程 5-5-3 中给出。在程序中维护了三个全局变量:Channel、AddrType 和 DataType。

Channel 用于保存当前读取和上传的 AD 转换通道,该通道号由主设备指定,通过向从设备写入可以设定。

AddrType 指明了当前主设备写入的是设备地址还是通道号。如果 AddrType 为 0,表示写入的是设备地址;如果 AddrType 为 1,表示写入的是通道号。根据 I^2C 总线协议,起始条件后第一个写入的地址就是设备地址,后面写入的才是通道号。

DataType 指明了当前从设备向主设备传输的是高字节数据还是低字节数据。如果 DataType 为 0,表示当前传输的是高字节数据,在下次 SCL 脉冲之前将低字节数据送入 I2CTXD 寄存器;反之,如果 DataType 为 1,表示当前传输的是低字节数据,在下次 SCL 脉冲之前将通道号自动加一,准备传输下一通道的低字节数据。如果从设备接收到的是 NAK,则输出数据 0xFF,准备释放 I^2C 总线。

例程5-5-3(IIC.c)：

```c
#include "IIC.h"
#include "stdint.h"
#include "ADC.h"
uint8_t Channel;     //通道号,如果连续读取通道号持续增加,到7后变0
bit AddrType;        //接收数据类型:0--设备地址;1--通道号
bit DataType;        //发送数据类型:0--高字节;1--低字节
void IIC_Slave_Init(uint8_t DevAddr)
{
    P_SW2 = EAXFR | 1<<4;      //I2C切换至P2.4/2.5,访问扩展SFR
    I2CCFG = 0x80;            //使能I2C,设置为从设备模式
    I2CSLADR = DevAddr<<1;    //设置从设备地址
    I2CSLST = 0x00;           //清除从设备状态寄存器
    I2CSLCR = 0x78;           //使能从设备中断
    P_SW2 &= ~0x80;
}
void I2C_Slave_Isr() interrupt 24
{
    P_SW2 |= EAXFR ;          //
    if (I2CSLST & STAIF)
    {
        I2CSLST &= ~STAIF;    //清除起始条件中断标志
        AddrType = 0;         //下一个接收的数据是设备地址
    }
    else if (I2CSLST & RXIF)
    {
        I2CSLST &= ~RXIF;     //清除接收中断标志
        if (AddrType == 0)
            AddrType = 1;     //下一个接收通道号
        else
        {
            Channel = I2CRXD;     //写入通道号
            I2CTXD = (ADC_Read(Channel)& 0x0F00)>>8;   //发送高字节数据
            DataType = 0;         //指明发送高字节数据
        }
```

```
    }
    else if (I2CSLST & TXIF)
    {
        I2CSLST &= ~TXIF;      //清除发送中断标志
        if (I2CSLST & 0x02)
        {
            I2CTXD = 0xff;      //接收到 NAK,则停止发送数据
        }
        else
        {   //接收到主设备 ACK
            if(DataType==0)
            {   //高字节数据传输完成
                I2CTXD = ADC_Read(Channel);     //准备发送低字节数据
                DataType = 1;
            }
            else
            {   //低字节数据传输完成
                Channel = (Channel+1)&7;        //转向下一通道
                I2CTXD = (ADC_Read(Channel)& 0x0F00)>>8;   //高字节数据
                DataType = 0;
            }
        }
    }
    else if (I2CSLST & STOIF)
    {
        I2CSLST &= ~STOIF;                      //清除停止条件
    }
    P_SW2 &= ~EAXFR;
}
```

I²C 从设备初始化程序 IIC_Slave_Init 主要完成 I²C 端口重映射、从设备模式设置、地址设置和中断设置等工作,并使能 I²C 模块。中断服务程序进行各种中断处理和状态转换设置,完成一个从设备对主设备的所有响应。

3.主设备程序设计

在本例中主设备一方面要实现与上位 PC 机的通信,一方面又通过 I²C 总线获取从设备

的数据,充当了一个数据中转站的作用。主设备主程序(例程 5-5-4)实现了从上位机接收数据并处理过程,程序不难理解。如果程序从上位机接收的数据是字符'0'~'7',则主程序调用函数 DAQ_IIC_Read_Ch 读取单个通道数据,并回传至上位机;如果程序从上位机接收的数据是字符'a',则主程序调用函数 DAQ_IIC_Read 读取 8 个通道数据,并回传至上位机。

因为程序调用了 sprint 函数和 strlen 函数,因此在源程序中必须包含 stdio.h 和 string.h。关于 UART_Read 和 UART_Write 函数的实现,请参见 4.4 节中的介绍。

例程 5-5-4(main.c):

```c
#include "UART.h"
#include "DAQ_IIC.h"
#include "stdio.h"
#include "string.h"
void main()
{
    Uint16_t ReadLength, Ch;
    uint16_t idata DAQ_Data[8];
    uint8_t idata UartBuf[20];
    EA=0;
    UART_Init();    //UART初始化
    DAQ_IIC_Init(); //IIC初始化
    EA=1;
    while(1)
    {
        if((ReadLength=UART_Read(UartBuf))==1) //接收到数据
        {
            if(UartBuf[0]>='0' && UartBuf[0]<='7')
            {                //上位机发送通道号,返回通道数据
                Ch=UartBuf[0]-'0';   //将 ASCII 字符转换位通道号
                DAQ_Data[Ch]=DAQ_IIC_Read_Ch(Ch);  //传输单个通道数据
                sprintf(UartBuf, "CH:%d  Data:%d\n",Ch,DAQ_Data[Ch]);
                UART_Write(UartBuf,strlen(UartBuf)); //返回通道号及数据
            }
            else  if(UartBuf[0]=='a')
            {                //上位机发送'a',返回所有通道数据
                DAQ_IIC_Read(DAQ_Data);
                for(Ch=0;Ch<8;Ch++)
```

```
            {          //返回所有通道号及通道数据
                sprintf(UartBuf,"CH:%d  Data:%d\n",Ch,DAQ_Data[Ch]);
                UART_Write(UartBuf,strlen(UartBuf));
            }
        }
    }
}
```

为了提高程序的可维护性和可移植性,在开发 I²C 设备程序读写时最好采用分层的思想。将整个设备驱动程序分为两层:协议层和功能层。这两个层次的名字是笔者自己取的,只是为了说明方便,并不是标准的叫法。

协议层实现底层的 I²C 主设备通信协议,与最终的功能(在这里是数据采集)没有任何关系。如果要实现对其他芯片的操作,只要其符合 I²C 通信协议,该程序可以不加修改地移植过去。

例程 5-5-5 是协议层的实现源代码。该例程中实现了一系列函数,包括对控制器的初始化、发送起始条件和停止条件、发送数据、接收 ACK、接收数据、发送 ACK 和 NAK 等。这些函数提供给功能层调用。

主设备是 I²C 总线通信的发起者,何时通过 I²C 总线读取数据是由自身决定的,因此一般不需要采用中断方式,但是 MCU 可以查询读取 I²C 中断标志位以确定 I²C 命令执行是否完成。

例程 5-5-5(IIC_Master.c):

```
#include "IIC_Master.h"
#include "stdint.h"
void IIC_Master_Init(void)
{
    P_SW2 = EAXFR ;         //访问扩展SFR
    I2CCFG = ENI2C|MSSL;    //使能I2C,设置为主设备模式
    I2CMSST = 0x00;         //清除主设备状态寄存器
    P_SW2 &= ~0x80;
}
void IIC_Master_Wait()
{
    while(!(I2CMSST & MSIF)); //等待命令完成
```

```
    I2CMSST &= ~MSIF;    //清除命令完成标志
}
void IIC_Master_Start()       //发送起始条件
{
    P_SW2 |= EAXFR;       //特殊寄存器功能允许位
    I2CMSCR = 0x01;       //发送起始命令
    IIC_Master_Wait();
}
void IIC_Master_SendData(char dat)    //发送数据
{
    I2CTXD = dat;         //写数据到数据缓冲区
    I2CMSCR = 0x02;       //发送命令
    IIC_Master_Wait();
}
void IIC_Master_RecvACK()    //等待从设备 ACK
{
    I2CMSCR = 0x03;       //发送读 ACK 命令
    IIC_Master_Wait();
}
char IIC_Master_RecvData()    //接收数据
{
    I2CMSCR = 0x04;       //发送 RECV 命令
    IIC_Master_Wait();
    return I2CRXD;
}
void IIC_Master_SendACK()    //向从设备发送ACK
{
    I2CMSST = 0x00;       //设置 ACK 信号
    I2CMSCR = 0x05;       //发送 ACK 命令
    IIC_Master_Wait();
}
void IIC_Master_SendNAK()    //向从设备发送NAK
{
    I2CMSST = 0x01;       //设置 NAK 信号
    I2CMSCR = 0x05;       //发送 ACK 命令
```

```
        IIC_Master_Wait();
}
void  IIC_Master_Stop()        //发送停止条件
{
        I2CMSCR = 0x06;        //发送停止命令
        IIC_Master_Wait();
        P_SW2  &=  ~0x80;
}
```

有了协议层的实现,功能层实现就比较简单了,只要按照从设备要求的读写顺序依次调用协议层函数就可以了。程序实现如例程5-5-6所示。

例程5-5-6:

```
#include "IIC_Master.h"
#include "DAQ_IIC.h"
#define DEV_ADDR 0x20
void  DAQ_IIC_Init(void)
{
    IIC_Master_Init();
}
uint16_t DAQ_IIC_Read_Ch(uint8_t Ch)
{
    uint8_t TempDataL;
    uint8_t TempDataH;
    uint16_t Result;
    IIC_Master_Start();                        //起始条件
    IIC_Master_SendData(DEV_ADDR<<1);          //写入设备地址+W
    IIC_Master_RecvACK();                      //等待确认
    IIC_Master_SendData(Ch);                   //写入通道号
    IIC_Master_RecvACK();                      //等待确认
    IIC_Master_Start();                        //重复起始条件
    IIC_Master_SendData((DEV_ADDR<<1)|0x01);   //写入设备地址+R
    IIC_Master_RecvACK();                      //等待确认
    TempDataH=IIC_Master_RecvData();           //读取高字节数据
    IIC_Master_SendACK();                      //发送确认
```

```
        TempDataL=IIC_Master_RecvData();              //读取低字节数据
        IIC_Master_SendNAK();                         //发送非确认
        Result=(((uint16_t)TempDataH)>>8)+TempDataL;  //返回结果
        return Result;
    }
    void DAQ_IIC_Read(uint16_t *Buf)
    {
        uint8_t Ch;
        uint8_t TempDataL;
        uint8_t TempDataH;
        IIC_Master_Start();                           //起始条件
        IIC_Master_SendData(DEV_ADDR<<1);             //写入设备地址+W
        IIC_Master_RecvACK();                         //等待确认
        IIC_Master_SendData(0);                       //写入通道号
        IIC_Master_RecvACK();                         //等待确认
        IIC_Master_Start();                           //重复起始条件
        IIC_Master_SendData((DEV_ADDR<<1)|0x01);      //写入设备地址+R
        IIC_Master_RecvACK();                         //等待确认
        for(Ch=0;Ch<7;Ch++)
        {
            TempDataH=IIC_Master_RecvData();          //读取高字节数据
            IIC_Master_SendACK();                     //发送确认
            TempDataL=IIC_Master_RecvData();          //读取低字节数据
            IIC_Master_SendACK();                     //发送确认
            Buf[Ch]=(((uint16_t)TempDataH)>>8)+TempDataL; //返回结果
        }
        TempDataH=IIC_Master_RecvData();              //读取高字节数据
        IIC_Master_SendACK();                         //发送确认
        TempDataL=IIC_Master_RecvData();              //读取低字节数据
        IIC_Master_SendNAK();                         //发送非确认
        Buf[7]=(((uint16_t)TempDataH)>>8)+TempDataL;  //返回结果
    }
```

例程实现了三个函数：DAQ设备（主设备）初始化函数 DAQ_IIC_Init、DAQ 通道读取函数 DAQ_IIC_Read_Ch 和所有 DAQ 通道读取函数 DAQ_IIC_Read。注意：DAQ_IIC_Read 函数并不是对 DAQ_IIC_Read_Ch 函数的重复调用。因为在前面的从设备实现中实现了在连续读取时通道号码自动加1的功能,因此,在实现全部通道数据读写时,当设置好通道,重新发出起始条件后并指定从设备读地址后,只要连续不断读取数据,就能将8路数据全部读出。在最后一次读取时,要向从设备返回 NAK 信号。

5.6　直接存储器访问 DMA

CPU 和外部设备之间本质上的关系就是进行数据交换。因为 CPU 和外部设备运行速度不同,CPU 需要通过查询或中断方式获知外部设备的状态,以在合适的时机进行数据传输。查询方式占用 CPU 时间对外部设备进行查询,一般只适用于外部设备准备时间确定且很快就绪的情况;中断方式不需要 CPU 查询外部设备状态,当外部设备就绪后直接通知 CPU 进行数据传输,大大提高了 CPU 的利用效率。但是,当 CPU 和外部设备之间需要频繁和大量数据传输时,采用中断方式数据传输会频繁产生中断,也会给 CPU 带来大量负荷。在这种情况下,采用直接存储器访问(Direct Memory Access,以下简称 DMA)进行数据传输是一种更好的选择。

DMA 是所有现代 CPU 或 MCU 的重要特色。当外设需要传输大量数据时,采用 DMA 可以在内存和外设之间建立直接联系,有效地缓冲高速内存和低速外设之间的速度差异,实现内存与外设之间自动数据交换,而不需要 CPU 一次次产生中断。除了用于内存和外设交换数据之外,DMA 还可以用于内存与内存之间的数据交换。

5.6.1　DMA 工作原理

DMA 的基本工作原理如图 5-6-1 所示。内存和外设之间(实际上是不同的地址空间之间)的数据传输通过 DMA 控制器实现,在数据传输过程中不需要 CPU 干预。DMA 有点类似于我们身体的非条件反射,非条件反射是直接在刺激和响应之间建立的,不需要大脑的干预。

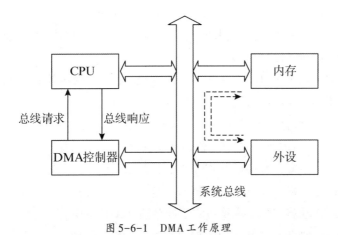

图 5-6-1　DMA 工作原理

DMA 传送操作分五个阶段:准备阶段、DMA 请求、DMA 响应、DMA 传输和传输结束阶段。

（1）准备阶段。在准备阶段中，CPU通过指令向DMA控制器发送必要的传送参数，如数据传输方向、外设地址、内存地址、传输数目和传输格式等信息，为DMA传输做好准备。

（2）DMA请求。外设准备好一次数据传送后，DMA控制器判断其优先级及屏蔽信息，向CPU的总线仲裁逻辑发出总线请求，要求主机释放系统总线。

（3）DMA响应。CPU响应DMA请求，执行完当前总线周期即可释放总线控制权，把总线控制权让给DMA控制器。通过DMA控制器通知源、目的端口准备传送数据。当数据从内存向外设输出时，源端口是内存地址，目的端口是相应外设的数据寄存器；当数据从外设向内存输入时，源端口是外设的数据寄存器，目的端口是内存地址。

（4）DMA传输。DMA控制器获得总线控制权后，CPU即刻挂起或只执行内部操作，由DMA控制器输出读写命令，在存储器和外设之间直接进行数据传送，在传送过程中不需要CPU的参与。

（5）传输结束。当完成规定的成批数据传送后，DMA控制器即释放总线控制权，并向CPU提出中断请求，通知CPU处理接收到的数据或准备下一次要发送的数据。

可以看出，DMA与中断有以下显著不同：

（1）中断方式通过程序实现数据传输，将数据首先读入CPU，然后存入内存。DMA方式直接靠硬件来实现数据传输，不经过CPU转手，传输速度可以更快。

（2）CPU对中断的响应是在执行完一条指令之后，而对DMA的响应则可以在指令执行过程中的任何两个存储周期之间，请求响应快。

（3）中断方式需要进行程序切换，要进行CPU现场的保护和恢复操作。DMA仅挪用了一个存储周期，不改变CPU现场，因此额外花销小。

（4）中断除了可用于数据传输外，还可以用于处理各种事件，使用比较灵活。DMA只能用于数据传输，特别是在批量数据传输中，DMA技术具有独到的优势。

5.6.2 STC8A8K64D4单片机的DMA

STC最新的STC8A8K64D4单片机提供了对DMA的支持，支持DMA传输的外设包括：SPI数据接收和发送、串行口数据接收和发送、ADC采样数据接收、LCD驱动数据发送。此外，还支持存储器到存储器的数据复制。

STC8A8K64D4单片机的DMA没有统一的管理，而是根据传输设备和传输方向分别进行管理，通过不同的寄存器进行设置，可以将DMA分为：

·M2M_DMA：XRAM存储器到XRAM存储器的数据读写；

·ADC_DMA：自动扫描使能的ADC通道并将转换的ADC数据自动存储到XRAM中

·SPI_DMA：自动将XRAM中的数据和SPI外设之间进行数据交换

·UR1T_DMA：自动将XRAM中的数据通过串口1发送出去；

·UR1R_DMA：自动将串口1接收到的数据存储到XRAM中；

·UR2T_DMA：自动将XRAM中的数据通过串口2发送出去；

·UR2R_DMA：自动将串口2接收到的数据存储到XRAM中；

· UR3T_DMA：自动将 XRAM 中的数据通过串口3发送出去；

· UR3R_DMA：自动将串口3接收到的数据存储到 XRAM 中；

· UR4T_DMA：自动将 XRAM 中的数据通过串口4发送出去；

· UR4R_DMA：自动将串口4接收到的数据存储到 XRAM 中；

· LCM_DMA：自动将 XRAM 中的数据和 LCM 设备之间进行数据交换。

需要注意的是，STC8A8K64D4 单片机 DMA 传输是在 XRAM 和外设之间或者 XRAM 之间进行传输的，在定义数组时需要声明变量存储类型为 xdata。另外，每次 DMA 数据传输的最大数据量为256字节。

STC8A8K64D4 单片机每种 DMA 都可设置4级访问优先级，硬件自动进行 XRAM 总线的访问仲裁，不会影响 CPU 的 XRAM 访问。相同优先级下，不同 DMA 对 XRAM 的访问顺序如下：SPI_DMA、UR1R_DMA、UR1T_DMA、UR2R_DMA、UR2T_DMA、UR3R_DMA、UR3T_DMA、UR4R_DMA、UR4T_DMA、LCM_DMA、M2M_DMA、ADC_DMA。

每种 DMA 控制都包含基本的配置寄存器、控制寄存器、状态寄存器、传输字节数寄存器、完成字节数寄存器、接收（或发送）高地址寄存器和接收（或发送）低地址寄存器，还可能有特定于传输设备的寄存器。

以 ADC_DMA 为例，其寄存器包括：ADC_DMA 配置寄存器（DMA_ADC_CFG）、ADC_DMA 控制寄存器（DMA_ADC_CR）、ADC_DMA 状态寄存器（DMA_ADC_STA）、ADC 接收高地址寄存器（DMA_ADC_RXAH）和 ADC 接收低地址寄存器（DMA_ADC_RXAL），还包括 ADC_DMA 配置寄存器2（DMA_ADC_CFG2）和 ADC 通道使能寄存器（DMA_ADC_CHSW0 和 DMA_ADC_CHSW1）。ADC_DMA 配置寄存器2中的转换次数 CVTIMESEL[3:0] 和通道选择寄存器共同决定了 DMA 传输接收的字节数，因此 ADC_DMA 控制不需要传输字节数寄存器。ADC_DMA 相关的寄存器如表5-6-1所示，其他外设相关的 DMA 寄存器请参看数据手册，本书不一一列出。

表5-6-1　ADC_DMA相关寄存器一览表

名称	符号	地址	位描述								复位值
			B7	B6	B5	B4	B3	B2	B1	B0	
ADC_DMA配置寄存器	DMA_ADC_CFG	FA10H	ADCIE	–	–	–	ADCIP[1:0]		ADCPTY[1:0]		0xxx,0000
ADC_DMA控制寄存器	DMA_ADC_CR	FA11H	ENADC	TRIG	–	–	–	–	–	–	00xx,xxxx
ADC_DMA状态寄存器	DMA_ADC_STA	FA12H	–	–	–	–	–	–	–	ADCIF	xxxx,xxx0
ADC_DMA接收高地址	DMA_ADC_RXAH	FA17H									0000,0000
ADC_DMA接收低地址	DMA_ADC_RXAL	FA18H									0000,0000

续表

名称	符号	地址	位描述								复位值
			B7	B6	B5	B4	B3	B2	B1	B0	
ADC_DMA 配置寄存器 2	DMA_ADC_CFG2	FA19H	–	–	–	–	CVTIMESEL[3:0]				xxxx, 0000
ADC_DMA 通道使能	DMA_ADC_CHSW0	FA1AH	CH15	CH14	CH13	CH12	CH11	CH10	CH9	CH8	1000, 0000
ADC_DMA 通道使能	DMA_ADC_CHSW0	FA1AH	CH7	CH6	CH5	CH4	CH3	CH2	CH1	CH0	0000, 0001

表中寄存器主要位描述说明如下：

（1）ADCIE：ADC_DMA 中断使能控制位。当 ADCIE=1 时，允许 ADC_DMA 中断；当 ADCIE=0 时，禁止 ADC_DMA 中断。

（2）ADCIP[1:0]：ADC_DMA 中断优先级，共分为 4 级。当 ADCIP[1:0]取值为 00 时，为最低优先级；当 ADCIP[1:0]取值为 11 时，为最高优先级。关于中断优先级，请参考 4.2.2 节中所述之内容。

（3）ADCPTY[1:0]：ADC_DMA 数据总线访问优先级，共分为 4 级。当 ADCPTY[1:0]取值为 00 时，为最低优先级；当 ADCPTY[1:0]取值为 11 时，为最高优先级。

（4）ENADC：ADC_DMA 使能控制位。当 ENADC=1 时，允许 ADC_DMA 功能；当 ENADC=0 时，禁止 ADC_DMA 中断。

（5）TRIG：ADC_DMA 操作触发控制位。当对其写入 1 时，开始 ADC_DMA 操作，对其写入 0 无效。

（6）ADCIF：ADC_DMA 中断标志位。当 ADC_DMA 完成扫描所有使能的 ADC 通道后，硬件自动将 ADCIF 置 1。若使能 ADC_DMA 中断，则进入中断服务程序。ADCIF 标志位需软件清零。

（7）CVTIMESEL[3:0]：ADC 转换次数。进行 ADC_DMA 操作时，对每个 ADC 通道进行 ADC 转换的次数。当设置值为 0~7 时，对每个通道进行 1 次 ADC 转换；当设置值为 8 到 15 时，每个通道进行 ADC 转换的次数为 2 的（CVTIMESEL[3:0]–7）次方。

（8）CH15~CH0：ADC_DMA 操作时，自动扫描的 ADC 通道，通道扫描总是从编号小的通道开始。

其他外部设备的操作与 ADC_DMA 类似，如果需要可以参考数据手册中的说明。

≫ 5.6.3　编程实例

DMA 大多应用在需要进行批量数据传输的场合。如果需要利用 DMA 进行数据传输，除了需要进行 DMA 设置之外，相关的外设也需要进行设置。例如，如果需要进行 ADC_DMA 操作，必须在 ADC 相关寄存器中对转换速率和对齐方式等进行设置。

DMA 传输一般用于 XRAM 内存和外设之间的数据传输，因此，在使用 C 语言编程时，必须声明一个存储类型为 xdata 的数组。就 ADC_DMA 来说,如果转换的通道数为 m,每通道转换次数为 n,则需要定义的数组大小为 m×n×2(每个数据占两个字节)。由于 STC8 单片机 DMA 最大传输字节数为 256,在进行设计时要考虑这个限制。

DMA 编程实例——基波幅值的测量

从数学上我们知道,一个频率为 f 的任意周期信号可以分解为一系列频率为 kf($k = 1,2,3,......$)的正弦信号(或称为正弦分量)之和。其中,频率为 f 的正弦分量称为基波,频率为 kf($k > 1$)的正弦分量称为 k 次谐波。在很多情况下,需要了解信号中所含有不同频率正弦分量分布情况,称为频谱分析。信号的频谱分析对于了解信号的特性具有重要的意义。

设计要求:电路如图 5-6-2 所示。输入信号为峰峰值在 0~5V 范围内的方波、三角波或正弦波信号,信号频率为 10kHZ,要求测量信号的基波分量幅值,并将其显示在数码管上。

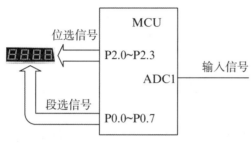

图 5-6-2　DMA 编程实例电路

设计分析:

通常采用快速傅里叶变换(Fast Fourier Transformation,简称 FFT)对信号进行频谱分析。对于只要求计算基波分量的情况,可以通过积分处理直接进行。

根据数学知识,对于周期为 T_1 的周期信号 $f(t)$,其基波分量的角频率为 $\omega_1 = \dfrac{2\pi}{T_1}$,幅值 c_1 计算公式如下:

$$a_1 = \frac{2}{T_1} \int_0^{T_1} f(t) \cos\omega_1 t \mathrm{d}t \tag{5-6-1}$$

$$b_1 = \frac{2}{T_1} \int_0^{T_1} f(t) \sin\omega_1 t \mathrm{d}t \tag{5-6-2}$$

$$c_1 = \sqrt{a_1^2 + b_1^2} \tag{5-6-3}$$

计算机在处理积分运算时,需要将其转换为求和运算,设每周期采样点数为 N,采样周期为 T,则式(5-6-1)和式(5-6-2)可以转换为

$$a_1 = \frac{2}{N} \sum_{k=0}^{N-1} f(kT) \cos k\omega_1 T \tag{5-6-4}$$

$$b_1 = \frac{2}{N} \sum_{k=0}^{N-1} f(kT) \sin k\omega_1 T \tag{5-6-5}$$

为了节省 RAM 和计算时间,$\cos k\omega_1 T$ 和 $\sin k\omega_1 T$ 可以预先计算生成表格存储在程序存储空间中,只要取其与采样数据进行乘法和加法运算即可完成对基波幅值的提取。

输入信号峰峰值范围符合ADC转换器输入要求,其频率为10kHz,要实现对信号基波频率的正确提取,最好采用采样频率为基波的整数倍,不妨取采样频率为基波频率的20倍,即采样频率200kHz,每周期采样20个点。

ADC转换数据可以通过ADC_DMA读取,避免了CPU频繁进行对采样数据的读取。当DMA传输完成时会产生DMA中断,可以在中断服务程序中对数据进行处理,提取基波数据。

主程序实现对基波数据读取和显示,参考代码如例程5-6-1所示。

例程5-6-1(main.c):

```c
#include "STC8.h"
#include "Led7Seg.h"
#include "stdint.h"
#include "Timer.h"
#include "ADC.h"
#include "ADC_DMA.h"
void TaskHighFreq(void)        //高频任务,刷新数码管显示
{
    Led7Seg_Flush();
}
void TaskLowFreq(void)        //低频任务,设置标志
{
}
void main()
{
    uint8_t NumBit[4];        //存放各位要显示的数据
    float VoltageFund;        //基波电压
    uint16_t TempData;
    EA=0;                     //关总中断
    Timer0Init(5000);         //设置系统心跳时间5ms,低频任务时间1s
    ADC_Init();               //ADC初始化
    ADC_DMA_Init();
    EA=1;                     //开总中断
    while(1)
    {
        VoltageFund=GetFundVoltage();
        TempData=VoltageFund*1000;
```

```
        NumBit[3]=TempData/1000;
        TempData%=1000;
        NumBit[2]=TempData/100;
        TempData%=100;
        NumBit[1]=TempData/10;
        NumBit[0]=TempData%10;
        TempData%=100;
        Led7Seg_WriteNum(NumBit);    //送数码管显示
    }
}
```

主程序对系统做了初始化,并且调用 GetFundVoltage() 读取中断服务程序计算的基波数据,并将数据以 mV 为单位进行显示。

要实现 200kHz 的采样频率,可以通过对 ADC 时序控制寄存器 ADCTIM、ADC 配置寄存器 ADCCONF 中的 SPEED[3:0] 和系统时钟设置实现。如果取系统时钟频率为 12MHz,ADCCONF 中的 SPEED[3:0] 设置为 0,模拟电路建立时间 CSSETUP+1 设置为 2,采样时间 SMPDUTY+1 设置为 13,保持时间 CSHOLD+1 设置为 3,则转换速率

$$f_{ADC} = \frac{12000000}{2 \times (0 + 1) \times [(1 + 1) + (12 + 1) + (2 + 1) + 12]} = 200000$$

在 ADC_DMA.c 文件中实现了程序的主要功能。ADC_DMA_Init() 对 ADC_DMA 进行初始化。初始化程序对采样通道、转换次数、ADC_DMA 中断和接收地址进行了设置,并触发了 DMA 传输。中断服务程序首先清除中断标志,然后对采集的前 20 个数据(一个周期)数据进行基波幅值的计算,并将计算结果保存到全局变量 FundVoltage 中,最后启动下一次 DMA 传输。

例程 5-6-2(ADC_DMA.c):

```
#include <STC8A8K64D4.h>
#include "stdint.h"
#include "math.h"
float  FundVoltage=0;
uint16_t xdata SampleData[50];
void  ADC_DMA_Init(void)
{
    P_SW2 = 0x80;            //访问地址位于 xdata 区域的寄存器
    DMA_ADC_CFG = (1<<7);
```

```
        DMA_ADC_CR = (1<<7) |(1<<6);
        DMA_ADC_CFG2 = 0x0C;          //32次转换
        DMA_ADC_CHSW0=0;
        DMA_ADC_CHSW1=(1<<1);          //选择通道1进行AD转换
        DMA_ADC_RXA = SampleData;
        P_SW2 = 0x00;                  //访问地址位于xdata区域的寄存器
}
float code SinTab[]={ 0.0000, 0.3090, 0.5878, 0.8090, 0.9511, 1.0000,
        0.9511,0.8090,0.5878, 0.3090, 0.0000,−0.3090,−0.5878,−0.8090,
        −0.9511,−1.0000,−0.9511,−0.8090,−0.5878,−0.3090};
float code CosTab[]={ 1.0000, 0.9511, 0.8090, 0.5878, 0.3090, 0.0000,
        −0.3090,−0.5878,−0.80907,−0.9511,−1.0000,−0.9511,−0.8090,
        −0.5878, −0.3090, 0.0000, 0.3090, 0.5878, 0.8090, 0.9511};
void ADC_DMA_Interrupt(void) interrupt 13
{
        uint8_t i;
        float SumSin,SumCos;
        DMA_ADC_STA &= 0x01;
        SumSin=0;SumCos=0;
        for(i=0;i<20;i++)
        {
            SumSin+=SampleData[i]*SinTab[i];
            SumCos+=SampleData[i]*CosTab[i];
        }
        FundVoltage=sqrt(SumSin*SumSin+SumCos*SumCos)/8192;
        DMA_ADC_CR |= (1<<6);
}
float GetFundVoltage(void)
{
        return FundVoltage;
}
```

需要特别说明的是,根据数据手册,ADC_DMA中断号为48,而C51最多支持的中断号为31,直接使用中断号48在Keil中编译是通不过的。解决的方法是借用保留的13号中断向量,将中断号设置为13。利用汇编语言程序,将48号中断向量地址直接跳转至13号中断向

量地址,因此需要添加一个汇编语言文件ISR.asm,其中含有如下代码:

```
CSEG AT 0183H ;ADCDMA_VECTOR
JMP ADCDMA_ISR
ADCDMA_ISR:
JMP 006BH
END
```

当产生ADC_DMA中断时,硬件系统自动从0183H地址读取中断服务程序入口,该入口处只有一条跳转指令,跳转到006BH地址,而006BH正好就是13号中断的入口地址。因此,经过两步跳转指令,成功地调用了相应的中断服务程序。当然,也不一定要用13号中断,如果其他中断没被使用,也可以用类似的方法借用。在STC8系列单片机中,其他中断号超过31的中断都可以使用这种方法处理。

延伸思考:为了简便起见,本例程使用了浮点运算,其计算时间较长。如果希望对数据进行快速处理,可以考虑利用STC8内部的硬件16位乘除法器。如果是这样,该如何处理呢?

5.7　综合设计二:直流电机的转速反馈控制

5.7.1　反馈控制系统的基本概念

5.2节已经讨论了直流电动机的控制问题。我们已经知道,通过控制PWM占空比可以控制电机的转速。当占空比增加时,电机转速增加;当占空比减小时,电机转速降低。这种控制电机的方法称为开环控制。但是,电机的实际转速受许多因素影响,例如电机所带的负载可能会发生变化,电机的供电电源也可能发生变化。在这些变化条件下,相同的PWM占空比输入可能会产生不同的转速,如图5-7-1所示。

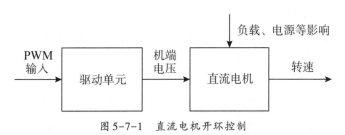

图5-7-1　直流电机开环控制

如果希望电机转速能够尽可能克服这些外界因素变化的影响,往往需要采取反馈控制。所谓反馈控制,就是根据系统输出变化情况来进行控制,即通过比较系统输出与期望输出之间的偏差,并根据偏差做出决策,来减小甚至消除偏差,以获得预期的系统性能。具体来说,如果要控制电机转速,就必须知道当前实际转速是多少,离期望转速有多远。如果实际转速低于期望转速,不管造成转速过低的原因是什么,很明显应该增加PWM占空比输出,以提高机端电压,增加电机的转速。如果有个人在观察着电机的转速,根据以上的策略对PWM占空比进行调整,可以想象,在由各种原因引起电机转速变化的情况下,依然可以将电机转速调整到我们期望的转速附近。

直流电机速度反馈控制实际上就是将上面的调节过程自动完成,其结构如图5-7-2所示。将期望转速与测量到的电机实际转速进行比较,得到转速偏差信号,控制器根据这个偏差信号做出决策,改变PWM占空比,进一步改变机端电压,从而向着减少偏差的方向改变电机转速,以抵消由于各种因素引起的电机转速变化。

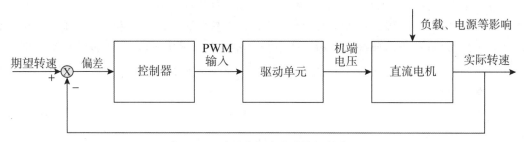

图5-7-2 直流电机速度反馈控制系统

如何根据偏差大小改变PWM占空比呢?一种很容易理解的方法就是将增加的PWM占空比正比于偏差大小。偏差为正,表示实际转速低于期望转速,占空比应该增加,偏差越大,占空比增加越多;偏差为负,表示实际转速高于期望转速,占空比应该减小,负偏差越大,占空比减小越多;如果偏差为零,表示实际转速等于期望转速,占空比应该保持不变。这种将控制信号输出(占空比的改变)与偏差信号成比例的控制策略称为比例控制(proportional control,简称P控制)。比例控制是一种最简单的也是最基本的控制策略。其控制表达式可以写为

$$u(t) = K_p e(t) \tag{5-7-1}$$

式中:$u(t)$称为控制量,在这里是PWM占空比的改变量;$e(t)$称为偏差量,在这里是期望转速和实际转速之差;K_p称为比例系数,实际上可以看作是调节的力度。当K_p较小时,调节力度较小,系统响应速度较慢;当K_p太大时,调节力度太大,可能导致系统输出来回振荡。设想一个极端情况,当看见转速降低了,立即增加占空比输出到极限,转速可能会增加得很大,这时候又需要大幅降低占空比输出,从而导致转速急剧降低,周而复始,电机转速将会很难稳定在一个平衡点上。因此,在设计控制系统中,需要根据实际情况调整比例系数K_p。

假如系统初始转速为期望转速,在某个时刻负载突然增加导致转速降低,经过比例控制作用后逐渐达到一个新的平衡点,这个新的平衡点的转速是不是原先的期望转速呢?事实上,单单靠比例控制是无法使实际转速达到期望转速的。由于负载已经增大,当达到平衡态时,要维持转速平衡,必须使机端电压增加,即PWM输入占空比增加,而根据比例控制的公式,增加的占空比正比于转速偏差大小,因此达到平衡时,转速偏差一定存在。比例系数K_p越大,偏差越小。

能不能做到平衡时偏差为零,实际转速等于期望转速呢? 这在理论上是可以做到的,在比例控制的基础上引入积分控制即可以实现。积分控制的输出与偏差的积分成正比,如果偏差一直存在,在积分作用下,控制量就持续不断改变,一直到偏差等于零为止。还是以电机控制为例,如果实际转速一直低于期望转速,那么偏差的积分就会不断累积,使得占空比慢慢提升,使实际转速不断接近于期望转速。一般来说,不会单独使用积分控制,而是和比例控制结合,形成所谓的比例积分控制(proportional-integral control,简称PI控制)。PI控制表达式

$$u(t) = K_P \left[e(t) + \frac{1}{T_I} \int_0^t e(\tau) \, d\tau \right] \tag{5-7-2}$$

可以看出,与比例控制相比,PI控制输出增加了一项与偏差积分成正比的输出。其中,T_I称为积分时间。当T_I越小,积分作用的影响越强,消除稳态偏差能力越强,但是可能导致控制不稳定;反之,积分作用较弱,消除稳态误差的能力较弱,但是稳定性较好。一般来说,积分作用不宜太强,以保持足够的系统稳定性。

对PI控制器来说,其比例系数K_P和积分时间T_I决定了控制器的特性。虽然可以从理论上可以确定这些参数,但是一般需要在实际中按照经验对这些参数进行调节,以达到最优的控制性能。

》 5.7.2　PI控制器设计

式(5-7-2)中的PI运算不能直接用于数字计算机,因此必须进行离散化,将其转换为计算机程序可以实现的形式。式中的比例部分只是将偏差信号乘以一个系数,这是没有问题的,关键是积分部分的处理。当决策周期T足够小时,积分运算可以近似为求和运算:

$$\int_0^t e(\tau) \, d\tau \approx \sum_{i=0}^k e(i) T$$

因此,式(5-7-2)可以离散化为

$$u(k) = K_P e(k) + K_P \frac{T}{T_I} \sum_{i=0}^k e(i) = K_P e(k) + K_I \sum_{i=0}^k e(i) \tag{5-7-3}$$

式中,$u(k)$为k时刻控制量输出,$e(i)$为i时刻偏差大小,K_P为比例系数,K_I称为积分系数。

事实上,式(5-7-3)也不能直接用于控制器设计,因为有两点:①式中的求和公式需要从开始时偏差计算到当前时刻,随着时刻增加,计算量也不断增加;②随着时间增加,存储偏差用的存储器也会不断增加,一般计算机都无法承受这样的情况。为了解决这个问题,可以将式(5-7-3)变换为递推形式。由(5-7-3),得

$$u(k-1) = K_P e(k-1) + K_I \sum_{i=0}^{k-1} e(i) \tag{5-7-4}$$

用(5-7-3)减去(5-7-4),并

$$\begin{aligned} \Delta u(k) &= u(k) - u(k-1) \\ &= K_P [e(k) - e(k-1)] + K_I e(k) \end{aligned} \tag{5-7-5}$$

整理,可以得到k时刻控制量输出

$$u(k) = u(k-1) + K_P[e(k) - e(k-1)] + K_I e(k) \qquad (5\text{-}7\text{-}6)$$

式(5-7-5)或式(5-7-6)有时又称为增量式 PI 算式。在式(5-7-6)中,要计算 k 时刻控制量输出 $u(k)$,只需要知道当前时刻偏差 $e(k)$、上一时刻偏差 $e(k-1)$ 和上一时刻控制量输出 $u(k-1)$ 即可,运算也非常简单。

假如已经确定比例系数 $K_P = 10$,积分系数 $K_I = 0.1$,控制量 $u(k)$ 为 PWM 占空比,其范围为 0~100%,一个简单的 PI 控制程序如例程 5-7-1 所示。

例程 5-7-1:简单的 PI 控制程序

```
#define KP 10.0
#define KI 0.1
float PI_Control(uint16_t SpeedRef, uint16_t Speed)
{
    static uint16_t Ek1=0;              //上一时刻偏差
    static float uk1=0;                 //上一时刻控制量输出
    uint16_t Ek;                        //当前时刻偏差

    float uk;                           //当前时刻控制量输出
    Ek = SpeedRef − Speed;
    uk = uk1 + KP * (Ek − Ek1) + KI * Ek;   //计算控制量输出
    if(uk < 0) uk = 0.0;                //控制量输出限幅
    if(uk > 1) uk = 1.0;
    uk1 = uk; Ek1 = Ek;                 //保存控制量和偏差量
    return(uk);

}
```

在上面的例程中,期望转速 SpeedRef 和实际转速均采用 16 位无符号整型数,控制量 PWM 输出占空比采用了 0~1 之间的浮点数。上一时刻的控制量输出和偏差量需要保存,因此声明为静态变量。

》 5.7.3 设计要求

被控电机是如图 5-7-3 所示的直流减速电机,减速比为 1:48,该电机在工作电压为 6V 时空载电流大约 200mA,空载转速大约为 200 转/分。该电机也是第 6 章的自主循迹智能车的驱动轮电机,可以在网上买到,建议读者购买时购买一个套件,售价非常便宜。主要设计要求如下:

图 5-7-3 直流减速电机

(1)实现对直流减速电机的实时速度检测与显示。

(2)对直流减速电机的速度闭环控制。要求达到稳态时实际转速在设定转速附近。

（3）可以实现电机转速方向控制。

（4）能够通过PC机观察转速变化情况，显示转速变化曲线。

（5）转速调节要求快速稳定。在负载改变情况下能够尽可能快恢复期望转速运行，稳态转速与期望转速的误差不超过3%。

（6）转速控制范围0~200rpm，可以通过上位机设定，也可以通过按键设定。

5.7.4 设计思路分析

1.总体设计分析

从设计要求可以看出，其核心是实现电机转速的测量和控制。测量是控制的基础，如果测量不够好，控制效果也不会好。关于电机转速的控制，前面已经做过比较详尽的描述。对转速的测量是首要解决的问题。

设计要求对电机转速进行显示，显示方法可以采用LED数码管、液晶屏或OLED屏等不同显示方式。还要有按键控制模块，能够改变期望转速的大小。

根据设计要求，还需要与PC机进行通信，实现期望转速设定和转速曲线显示。

根据转速控制精度要求，可以选择采用PI控制。从误差的角度看，采用P控制原则上也可以达到要求，只是可能会使得比例系数太大，不能同时满足稳定的要求。

整个系统硬件结构可以如图5-7-4所示。MCU是整个系统的控制核心，通过测速单元测量电机转速，进行PI控制运算，运算结果为PWM输出信号，经过驱动单元控制电机的机端电压，从而控制电机转速。根据设计要求，在硬件系统设计中还需要提供按键、显示和通信模块。按键、显示和通信电路及其编程已经在前面章节中学习过和多次应用过，本书不再重复，重点讨论一下与闭环控制相关的部分。

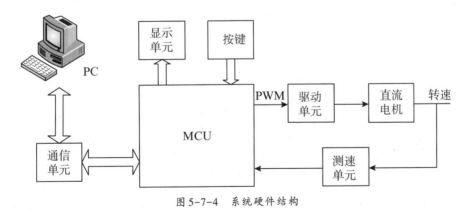

图 5-7-4 系统硬件结构

2.电机转速测量

从传感器类型来看，常用的转速测量传感器有：磁电式传感器、光电式传感器和霍尔传感器等。

磁电式转速传感器又称为磁阻式转速传感器，其工作原理如图5-7-5所示。在转轴上固定一带有铁磁质齿轮的圆盘，当圆盘转动时，由于磁路磁阻改变，磁铁产生的磁场会产生变化。根据法拉第电磁感应定律,变化的磁场会在线圈中产生交变的电压。不难可知,交变电压的频率与转速成正比,测量交变电压的频率就可以知道电机转速。磁电式转速传感器不需要供电,安装使用方便,在高速情况下输出信号强,抗干扰性能好。其缺点是测量很低转速时信号较弱,精度会降低。

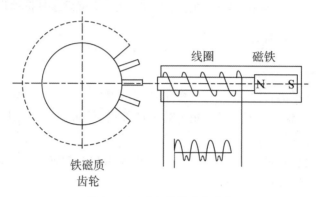

图 5-7-5 磁电式转速传感器

光电式转速传感器将转速的变化变换成光通量的变化,再经过光电元件转换成电量的变化,根据其工作方式可分为反射式和直射型两类。

反射式光电转速传感器的工作原理如图 5-7-6 所示。在与转轴固定的圆盘上均匀贴有金属箔或其他反射材料构成的反光带,与未贴反光带的部分间隔,形成等间隔均匀分布的反射面。光源发射的光线经过透镜成为均匀的平行光,照射到半透明膜片上,部分光线透过膜片,部分光线被反射,经过投受光孔照射到圆盘上。当转轴旋转时,从圆盘上反射的光由于经过或不经过反光带会有明显的强弱变化,经过光敏检测电路,可以将其转换为脉冲信号。当反光带间隔数均匀时,脉冲信号的频率便与转速成正比。

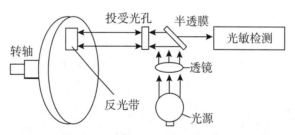

图 5-7-6 反射式光电转速传感器

图 5-7-7 所示为直射式光电转速计示意图,带有孔的圆盘与被测转轴联动,发光源和光电检测器分别位于圆盘两侧。当孔转动到光源和光电检测器之间时,光电检测器输出高电平信号;当两孔之间不透光的部分转动到光源和光电检测器之间时,光电检测器输出低电平信号。可以看出,当转速比较快时,脉冲输出比较快;当转速比较慢时,脉冲输出比较慢,光电检测器输出脉冲的频率就反映了转速的大小。

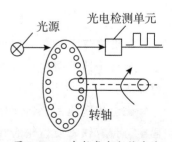

图 5-7-7 直射式光电转速计

光电式转速传感器具有非接触、高精度、高分辨率、高可靠性和响应快等优点,在转速检测和控制中得到了广泛应用。

霍尔式转速传感器是利用霍尔效应的原理制成的。所谓霍尔效应,是指固体材料中的载流子在外加磁场中运动时,因为受到洛仑兹力的作用而使轨迹发生偏移,并在材料两侧产生电荷积累,形成垂直于电流方向的电场,最终使载流子受到的洛仑兹力与电场力相平衡,从而在两侧建立起一个稳定的电势差,即霍尔电压。当外加磁场不断发生变化时,形成的霍尔电压也会不断变化。在与电机转轴固定的圆盘上有不同极性的磁极,当转轴转动时,磁场强度和极性会产生周期性变化,从而在靠近转轴的霍尔传感器上产生交变电压,交变电压的频率也就反映了转轴的转速。事实上,在一些电机上,电机的转子本身就是磁极,这时候使用霍尔传感器具有独到的优势。

可以看出,以上无论是哪种转速传感器,最终都是将转速测量问题转变为对信号频率测量问题。对单片机来说,频率测量是一个相对较为简单的问题,我们在4.3.3和5.3.3中分别使用了计数器和PCA测量信号频率。在购买图5-7-3所示电机时,可以同时购买如图5-7-8所示的光电检测

图5-7-8　光电码盘(左)及光电检测模块(右)

模块,该模块采用直射式光电检测结构,通入5V电压后,当电机转动时,直接在信号输出端得到脉冲信号,单片机对其频率进行测量即可实现对电机转速测量。

3.电机驱动电路

单片机输入输出口的功率输出相当有限,因此在控制电机运动时必须有驱动电路。在5.2.1节"直流电机与PWM控制"中,我们已经学习了利用晶体三极管或MOS管等开关器件来驱动直流电机。

随着电力电子技术的发展,集成驱动芯片越来越多应用于电机控制中。集成电机驱动芯片内集成了小功率的MOSFET及其保护电路,具有体积小,外围电路简单的特点,能够适用于功率要求不高的直流电机的驱动。

对于功率只有几瓦的微型电机驱动,可以采用L9110实现。L9110是为控制和驱动电机设计的两通道推挽式功率放大专用集成电路器件,电路内部集成了采用MOS管设计的H桥驱动电路,因此,只需要简单的外围电路和少量的外围器件,即可搭建一个小功率的电机驱动。L9110可以工作在2~12V工作电压下,连续工作电流可达800mA。

L9110应用电路如图5-7-9所示。当输入端IA为高,IB为低时,输出OA为高,OB为低,电机正转;当输入端IA为低,IB为高时,输出OA为低,OB为高,电机反转;当IA和IB同时为低时,电机刹车,电机旋转机械能迅速转变为热能消耗到电路中;当IA和IB同时为高时,OA和OB输出为高阻(相当于断开)电机滑行,电机旋转机械能慢慢消耗转变为热能。如果需要电机正转调速,可以将IA固定输入高电平,IB输入PWM波形;如果需要电机反转调速,可以将IB固定输入高电平,IA输入PWM波形,通过改变占空比来改变电机转速。L9110的驱动板可以从网上买到。如果需要更大的输出功率,也可以使用L293等驱动芯片或驱动板。

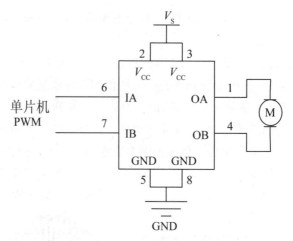

图 5-7-9　L9110 应用电路图

4.软件设计思路

本系统的核心是一个控制问题,对控制问题来说,其控制周期是至关紧要的,在控制周期内需要完成数据采集和控制量输出计算。一个比较可靠的方式是将控制决策过程放到定时中断服务程序中,在定时器中完成转速数据采集和PI运算的功能。这个决策周期是ms级的。如果采用本书前面的软件架构,可以将转速数据的读取及PID运算置于TaskHighFreq()函数中,要注意程序的执行时间。如果定时中断占用时间过长,可能会影响其他中断的处理。

另外一种思路是将PID运算置于主程序中,定时器中断只是给出一个时间到的标志,主程序收到这个标志后进行数据采集和PID运算。这种处理方式占用很少中断时间,但是要注意其他任务的处理。如果其他任务处理过长,可能会导致PID控制周期波动,影响实际的控制效果。

当要处理的任务比较多时,在程序设计时要尽量避免延时等待,多采用中断方式完成需要的外设读写。本设计要求至少有按键、显示、通信和控制四个任务,这四个任务的基础代码,本书中已经做了许多阐述,如何安排这四个任务,需要读者去仔细思考。

思考与练习

1.用单片机对外界信号进行测量和控制时,为何要进行 A/D、D/A 转换？ A/D 转换器的主要技术指标有哪些？

2.什么是 PWM？简述 PWM 控制电机转速的工作原理。

3.直流电机调速和步进电机调速在控制上有什么区别？

4.SPI 通信中,时钟极性和时钟相位共有几种组合？说明其不同的时序。

5.采用 I^2C 总线器件有何优点？ I^2C 总线器件地址与子地址的含义是什么？

6.在一对 I^2C 总线上可否挂接多个 I^2C 总线器件？为什么？

7.什么是 DMA？为什么要用到 DMA？

第6章　电磁导引自主循迹智能车设计

全国大学生智能汽车竞赛是以智能汽车为研究对象的创意性科技竞赛,是面向全国大学生的探索性工程实践活动,是教育部倡导的大学生科技竞赛之一,中国高等教育学会将其列为所有学科中19个含金量最高的大学生学科竞赛之一。到2021年为止,已经举办了16届比赛。

智能汽车竞赛以"立足培养,重在参与,鼓励探索,追求卓越"为指导思想,旨在促进高等学校素质教育,培养大学生的综合知识运用能力、基本工程实践能力和创新意识。该竞赛以设计制作在指定赛道上能自主稳定行驶且具有优越性能的智能模型汽车这类复杂工程问题为任务,竞赛过程包括理论研究、电路设计、车模机械结构设计制作、智能控制算法设计与实现、整车调试、现场比赛等环节,要求学生组成团队,协同工作,初步体会一个工程性的研究开发项目从设计到实现的全过程。

智能汽车竞赛涵盖了自动控制技术、模式识别技术、传感器采集与实时处理技术、电子电路技术、计算机技术、智能控制算法和高性能控制器等多学科专业知识,要求学生能够通过团队协作,提出、分析、设计、开发并研究智能汽车的机械结构、电子线路、运动控制和开发与调试工具等问题。智能汽车竞赛能够激发大学生从事工程技术开发和科学研究探索的兴趣和潜能,倡导理论联系实际、求真务实的学风和团队协作的人文精神,为优秀人才的脱颖而出创造条件。

本章以智能汽车竞赛中电磁导引车辆为例,介绍了软件硬件设计的一些基本方法。在本章介绍的基础上,读者可以一步步完成一个电磁导引自主循迹智能车的设计和制作过程。当然,本书介绍的智能车设计仅仅是最简单的设计,要在智能车竞赛中取得好的成绩,无论是软件、硬件还是车辆机械调整,都要达到最佳的状态。

6.1　电磁导引自主循迹智能车简介

自动导引车辆(Automated Guided Vehicle,简称AGV)是自动化工厂中的重要组成部分,在不同生产部门之间完成灵活的物资输送工作。实现AGV导航的方法有电磁导航、磁点导航、视觉导航、激光导航、二维码导航等不同的方式。电磁导航是应用非常广泛的AGV导航方法,智能汽车竞赛中的电磁组就是以电磁导航AGV为原型设立的。自从第5届智能汽车竞赛引入电磁组比赛以来,电磁导引技术一直与摄像头导引技术并驾齐驱,在历届智能车竞赛中都有相关的赛题出现。

电磁导引自主循迹智能车如图6-1-1所示。所谓电磁导引,是指在地面上铺设一圈导引线,导引线中通入交变电磁信号,车辆上设计和安装检测电磁信号的电路,根据电磁信号的强弱变化得知车辆是否偏移导引线,从而做出决策指引车辆沿着导引线行进。

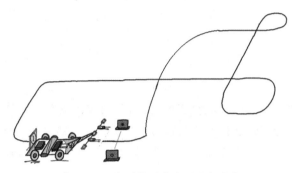

图 6-1-1 电磁导引自主循迹智能车

电磁导引方案简单,成本低廉,不受光线干扰,可靠性较高,但是与摄像头相比,其信号不直观,信息量较少,对于一些复杂赛道元素存在着难以处理和误判的问题。

》 6.1.1 自主循迹小车

本书主要着眼点于设计智能车的控制系统,并不着眼于车的机械结构,因此可以选用任何一种小车车模的控制分为两部分:速度控制和转向控制。车模结构不同,速度和转向控制方式也不同。常见的自主循迹小车有三种结构:①有独立的转向控制机构,如舵机,用一个驱动电机来控制小车速度。②无独立转向机构,利用两个驱动电机的差速来控制转向,一般为三轮车或两轮车。③既有独立的转向控制机构,又有两个可以差速控制的驱动电机。在智能车比赛中,这三种车模都可以看到。本书以第二种三轮车模为例,阐述控制系统的设计与实现,其他结构的车模控制也具有相应的控制方法。

三轮车模的运动学模型如图6-1-2所示。前轮为万向轮,没有动力,可以向任何方向转动;两个后轮为驱动轮,由直流电机驱动,左右轮之间轮距为L。因为车体可以看作是一个刚体,任何一点的运动都代表了车体的运动,不妨取两轮连线的中点来进行研究。如果在某个瞬时,左轮速度为v_L,右轮速度为v_R,则车体的运行速度为左右轮速度的平均值,即

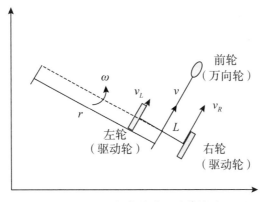

图 6-1-2 三轮车模的运动学模型

$$v = \frac{1}{2}\left(v_L + v_R\right) \qquad (6\text{-}1\text{-}1)$$

如果左轮转速 v_L 和右轮转速 v_R 之间有转速差,则车体在位置移动时,还有转动存在。可以证明,车体转动角速度 ω 和转动半径 r 计算公式为

$$\begin{cases} \omega = \dfrac{v_L - v_R}{L} \\ r = \dfrac{(v_L + v_R)L}{v_L - v_R} \end{cases} \qquad (6\text{-}1\text{-}2)$$

式中,L 为左右轮距。考虑几种特殊情况:当 $v_L = v_R > 0$ 时,车体向正前方前进;当 $v_L = v_R < 0$ 时,车体向正后方后退;当 $v_L = -v_R > 0$ 时,车体原地右转;当 $v_L = -v_R < 0$ 时,车体原地左转。一般情况下,车体既有位置移动,又有方向转动。要控制车体运行速度,则控制两个轮子的平均转速;要控制车体的转向,需要控制两个轮子的转速之差。

6.1.2 电磁导引信号及其检测

根据智能汽车竞赛组委会发布的信息,电磁导引信号为 $(20\pm1)\text{kHz}$ 的周期信号,不一定为正弦波。信号发生电路如图 6-1-3 所示,对于初学者来说,此电路显得复杂了些,也没有必要深入了解其工作原理。只需要知道,输出信号应该是有效值为 100mA,频率为 20kHz 的方波信号,但是考虑到负载电路是一条较长的导线,受其电阻、电感和电容的影响,实际信号会有相当大的畸变。由于我们检测的只是 20kHz 的基波信号,并且用到的只是信号的相对大小,畸变的影响可以不予考虑。

根据麦克斯韦电磁场理论,电流的流动会在周围产生磁场,交变电流会在周围产生交变的磁场。智能汽车竞赛使用路径导航的交流电流频率为 20kHz,产生的电磁波属于甚低频电磁波,其波长为 15km,由于赛道导引线和小车尺寸远远小于电磁波的波长,可以不考虑电磁波的效应,将导引线周围变化的磁场近似看成缓慢变化的磁场,按照分析稳恒磁场的方法获取导引线周围的磁场分布。

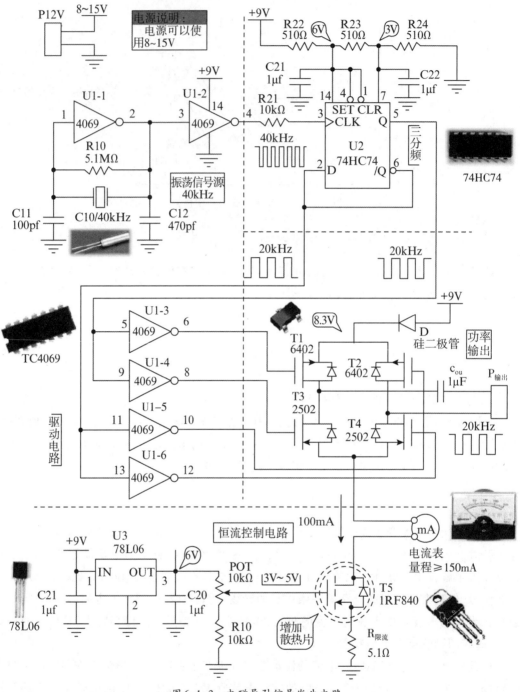

图 6-1-3 电磁导引信号发生电路

根据比奥-萨法尔定律,在与无限长导引线距离为r的点,磁感应强度

$$B = \frac{\mu_0 I}{4\pi r} \qquad (6\text{-}1\text{-}3)$$

其中，μ_0称为真空磁导率，I为导引线电流。磁感应强度B大小与导引线电流大小成正比，与该点到导引线的距离成反比。与导引线距离越近，磁感应强度越强；与导引线距离越远，磁感应强度越弱。因此，通过检测某点磁感应强度的大小，可以测量该点与导引线的距离。

检测磁场的方法比较多，有电磁感应法、磁通门法、霍尔效应法、磁阻效应法、磁共振法等。这些方法各有其所长，本书介绍最简单的电磁感应法。

如果在导线周围放置一电感线圈，根据法拉第电磁感应定律，交变的磁场在电感线圈中将会产生感应电动势

$$\varepsilon_s = n\frac{\mathrm{d}\Phi}{\mathrm{d}t} = nS\frac{\mathrm{d}B}{\mathrm{d}t} = \frac{nS\mu_0}{4\pi r}\frac{\mathrm{d}I}{\mathrm{d}t} \tag{6-1-4}$$

式（6-1-4）中，n为线圈匝数，S为电感线圈横截面面积。

考虑电流信号中20kHz的基波信号，不妨设基波电流表达式为

$$I = I_m \sin(2\pi ft + \phi_0) \tag{6-1-5}$$

代入式（6-1-4），得到感应电动势

$$\varepsilon_s = \frac{nS\mu_0 fI_m}{2r}\cos(2\pi ft + \phi_0) = \varepsilon_m \cos(2\pi ft + \phi_0) \tag{6-1-6}$$

从上式可以看出，电感线圈中产生的交变电动势频率与交变电流频率一致，为20kHz，幅值大小与电感和导线之间的距离成反比，换句话说，如果能测量到感应电动势幅值的大小，就相当于测量到了电感与导线之间的距离。

要测量感应电动势幅值的大小，可以采用LC谐振电路，对电感线圈上的感应信号进行选频和放大，选频后的正弦信号经过进一步放大后再经过整流和滤波，变为直流信号，直流信号的大小与感应电动势大小成正比，单片机测量此直流信号的大小就可以得到感应电动势大小。下面介绍两种简单实用的测量电路。

1. 基于分立元件的测量电路

2010年竞赛秘书处给出了一种基于分立元件的电磁导引信号检测的参考设计方案，如图6-1-4所示。工字型电感L_1和电容C_1构成LC谐振电路，实现信号选频和放大功能。谐振电路输出的电压信号是一个低于100mV的正弦波，需要用三极管T_1组成的共射放大电路对其进行进一步放大。放大后的信号经过倍压整流和检波电路（D_1、D_2、R_3和C_4），最后得到一个直流信号，信号大小和在电感中产生的感应电动势的幅值成正比。为了保证检测精度和放大电路的放大倍数，三极管T_1应该选择截止频率大于100MHz，电流放大倍数大于200的三极管，倍压整流二极管应该采用正向压降比较低的锗二极管或肖特基二极管。

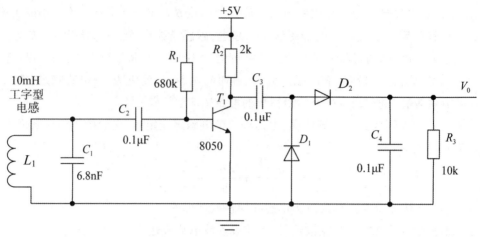

图6-1-4 基于三极管的电磁信号检测电路

为了保证三极管放大电路的动态范围,应该调整基极偏置电阻R_1,将三极管集电极电压调整至电路工作电压的一半(2.5V)左右。集电极电流

$$I_c = \frac{V_{CC} - V_c}{R_2} = \frac{5 - 2.5}{2} = 1.25(mA) \qquad (6-1-7)$$

基极偏置电阻

$$R_1 = \frac{V_{CC} - V_{BE}}{I_B} = \frac{V_{CC} - V_{BE}}{I_c/\beta} = \frac{5 - 0.7}{1.25/200} = 688(k\Omega) \qquad (6-1-8)$$

选取$R_1 = 680k\Omega$,可以满足放大要求。

2. 基于集成运放的测量电路

上面的三极管放大检波电路简单实用,但是也存在着如下问题:

(1)信号的灵敏度相对较低。单级三极管放大电路放大倍数有限,如果要进一步提高放大倍数,需要多级放大电路,其静态工作点调整就比较复杂。

(2)电路的放大倍数依赖于晶体管的电流放大倍数和基极输入阻抗,受元器件参数的分散性影响,电路放大倍数稳定性较差。

(3)检波二极管有正向导通电压,对非常弱的电磁信号无法进行检波,这也降低了测量的精度范围。

为了解决以上问题,可以使用集成运算放大器来实现对电磁信号幅值的测量。测量电路图如图6-1-5所示。

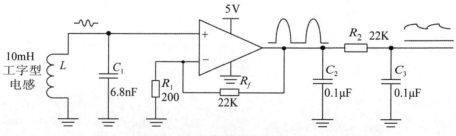

图6-1-5 使用集成运算放大器的电磁信号检测电路

10mH工字型电感L和6.8nF电容C_1同样构成谐振电路,对感应的电磁信号进行选频和放大。选频和放大后的20kHz的正弦信号被后面的运算放大器构成的同相放大电路进行进一步放大。如果运算放大器采用双电源供电,放大后的信号将是一个完整的正弦波。本电路采用了单电源供电,信号的负半周将会被削波,只留下正半周波形,形成了一个半波整流电路。这个放大后的半波整流信号经过R_2、C_2、C_3构成的Ⅱ型低通滤波电路,最终得到一个直流信号。直流信号大小与电磁感应产生的电动势大小成正比,从而实现了对电磁信号的测量。

在电路中,为了实现最大的信号动态范围,需要注意以下两点:

同相放大器的放大倍数。如果放大倍数太小,会导致放大后的信号太小,造成测量不准确,特别是在远离导引线时,信号基本上不可测出;如果放大倍数太大,信号会因5V电源限制而出现削波,此时放大器的输出会变成方波,最终整流结果随距离变化基本不变,这种情况在靠近导引线时特别明显。在进行硬件调试时要根据信号的大小决定放大倍数的大小,将放大倍数调整到在导引线正上方时,信号刚好不失真。放大倍数的大小可以通过改变反馈电阻R_f实现。

运算放大器的选择。普通运算放大器的最大输出要低于电源1~2V,称为饱和区,在供电电压只有5V的情况下,会大大降低信号的输出动态范围。因此,在选择运算放大器时,应该选择满幅度输出的运算放大器,称为轨对轨(Rail-to-Rail)运放。另外,信号频率为20kHz,放大后信号的最大幅值为5V,这对运算放大器的快速性也提出了要求。如果运算放大电路选择放大倍数为100倍,则增益带宽积至少为

$$GWP = 20(kHz) \times 100 = 2(MHz) \tag{6-1-9}$$

压摆率至少为

$$SR = 2\pi f V_P = 2 \times 3.14 \times 2000 \times 5 = 0.628(V/\mu s) \tag{6-1-10}$$

满足这样条件的轨对轨运算放大器还是很多的,如德州仪器公司生产的TLC2272,增益带宽积2.18MHz,压摆率3.6V/μs,满足设计要求。

采用运算放大器作为放大电路,电路的放大倍数由电阻决定,放大倍数稳定,另外,运算放大器输入阻抗较高,不会影响到谐振回路的品质因数,使得输入信号的选择能力较强,因而,采用运算放大器来进行信号放大具有独到的优势。

6.2 自主循迹智能车控制系统硬件设计

对于6.1节所述的小车,考虑采用STC8系列单片机实现自主循迹和控制。一个完整的智能车控制包含速度控制和转向控制两部分。为简单起见,本章速度控制采用开环控制,转向控制采用闭环控制。当然,如果采用闭环速度控制,小车运行将会更加完美,但是软硬件结构也更加复杂。速度闭环控制的实现请参阅5.7节"综合设计二:直流电机的转速反馈控制"。

≫ 6.2.1 转向闭环控制系统

电磁导引自主循迹小车的基本控制结构如图6-2-1所示。理想情况下，要求小车沿着电磁导引线方向行进，导引线方向就是小车控制的期望方向。如果小车实际运行方向偏离导引线方向，这时需要测量出这个方向偏差，并且要根据方向偏差大小对小车运行方向和小车运行速度进行控制。

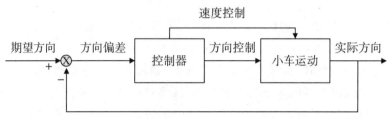

图6-2-1 电磁导引自主循迹小车控制基本结构

根据6.1.1节所述，速度控制和方向控制可以通过分别控制两个车轮的电机转速大小实现，两个车轮的平均速度决定了小车运行速度，两个车轮的转速差决定了小车的转向。在上述控制系统中，实现了对转向的闭环控制。速度控制直接采用开环控制，并没有对实际转速进行测量和反馈。这虽然会降低控制性能，但是简化了控制系统的设计，在要求不高的情况下可以完成小车的循迹功能。

整个控制系统的硬件结构如图6-2-2所示。系统采用STC8A8K64D4 MCU为控制器，进行控制决策，完成小车的循迹控制。通过芯片内部ADC检测电磁信号完成对方向偏差的测量，通过输出PWM信号控制左右两轮的电机完成速度和方向控制。为了控制和操作方便，在系统中还增加了按键和显示组件。使用UART与上位机通信，有利于对小车控制进行调试。

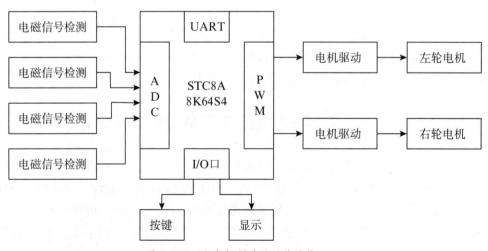

图6-2-2 小车控制系统硬件结构

6.2.2 小车方向偏差测量机理

如果小车方向偏离引导线,小车需要能够检测并做出正确的决策以控制小车回到引导线上。6.1.2中电磁导引信号检测电路(以下简称传感器)只能给出电感到导引线的距离信息,单个传感器无法探知方向信息,必须采用多个传感器。能够检测方向偏差的传感器排布方案很多,最简单的方法是使用两个水平放置的传感器。使用多个不同摆放形式的传感器,能够检测出一些特殊的位置特征,对于实现小车在复杂赛道上进行自动循迹具有重要的意义。本书仅讨论利用两个水平摆放传感器进行偏差检测的简单方法,更复杂的方法读者可以在实践中进行研究。

假设在车体的正前方对称放置两个电感,电感线圈中心线平行于地面,且高度为h,电感之间距离为L,两个电感中心距导引线正上方距离为x(若中心在导引线正上方左边,取$x>0$;反之,取$x<0$),如图6-2-3所示。在运行时,理想情况下应该保持$x=0$,此时车体沿导引线方向前进。如果$x>0$,意味着车体左偏;反之,意味着车体右偏。

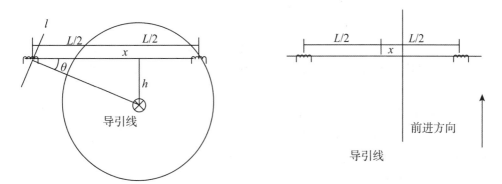

图6-2-3 双电感在导引线上方的位置示意图(左:正视图 右:上视图)

根据比奥-萨法尔定律,左侧电感处磁感应强度大小

$$B = \frac{\mu_0 I}{4\pi r} = \frac{\mu_0 I}{4\pi \sqrt{h^2 + (x + L/2)^2}} \tag{6-2-1}$$

方向沿如图所示切线1方向,其在垂直方向分量平行于电感线圈的横截面,不会产生感应电动势,只考虑水平方向的分量

$$B_x = B\sin\theta = \frac{\mu_0 I h}{4\pi[h^2 + (x + L/2)^2]} \tag{6-2-2}$$

根据式(6-1-6),产生的感应电动势的大小与水平方向的磁感应强度成正比,即

$$U_L = k\frac{h}{[h^2 + (x + L/2)^2]} \tag{6-2-3}$$

式中,k为系数,取决于电感大小、导线电流大小及频率。如果电感相同,可以认为k是一个常数。

同理,也可以得到右侧电感中产生的感应电动势

$$U_R = k \frac{h}{[\, h^2 + (\, x - L/2\,)^2\,]} \qquad (6\text{-}2\text{-}5)$$

下面介绍两种常用的检测偏差方法。

1.利用两电感感应电动势之差检测

左右两线圈感应电动势之差

$$\Delta U_X = U_L - U_R = k \frac{h}{h^2 + (\, x + L/2\,)^2} - k \frac{h}{h^2 + (\, x - L/2\,)^2}$$

$$= -2k \frac{hLx}{[\, h^2 + (\, x - L/2\,)^2\,][\, h^2 + (\, x + L/2\,)^2\,]} \qquad (6\text{-}2\text{-}6)$$

可以看出:①ΔU_X 的正负与 x 的正负相反,根据 ΔU_X 的正负可以正确地推知 x 的正负;②当 x 较小时,分母上的 x 项可以忽略,$\Delta U_X \propto x$,电压差随着 x 的增加而增加,可以用两个电压之差检测在 X 方向偏离中心线的位置;③x 很大时,分母上 x 项增大,引起 ΔU_X 相对降低,降低检测灵敏度,甚至会导致错误的检测结论。

可以证明,利用左右电压之差进行检测,在 $|x| \leqslant \sqrt{(\, L/2\,)^2 + h^2}$ 范围内,偏移中心线的大小偏差和电压差成单调关系,可以有效地做出决策。因此,将传感器高度适当加高,能够增大检测范围,但是降低了信号的灵敏度。适当加大两个电感之间距离 L,也能够加大有效检测范围。

2.利用归一化两电压差计算(俗称"差比和")

差比和方法是普遍采用的方法,利用两侧电感感应电动势之差除以它们的和,以此值作为偏差量进行决策。采用差比和消除电流变化等因素的影响,具有比较好的效果。另外,差比和是一个无量纲的相对量,控制器参数整定较为方便。

归一化后的电压差

$$\Delta U'_x = \frac{U_L - U_R}{U_L + U_R} = -\frac{2xL}{h^2 + x^2 + L^2} \qquad (6\text{-}2\text{-}7)$$

同样,我们也可以看出,当 x 较小时,$\Delta U'_x \propto x$,可以用 $\Delta U'_x$ 来检测偏移量 x。当 x 增大后,检测有效性同样也会降低。可以证明采用差比和检测范围比单纯利用电压差检测略小,但是考虑的差比和带来的数值上的可靠性,采用这种方法还是更值得推荐。

6.3　系统控制软件设计

软件是系统工作的灵魂。单片机系统中,虽然硬件设计非常重要,但是软件设计对于系统的功能和性能实现也是起着相当重要的作用。在本系统中,核心的工作是完成小车偏差信号的检测,作出控制决策,并发出合适的 PWM 信号控制左右轮电机的旋转。为了更好实现控制调整工作,软件设计还包含完成按键、显示和数据通信程序设计。关于按键、显示和数据通信程序的设计,读者可以参阅第 4 章和第 5 章中的相关内容,本章仅仅着眼于控制部分的软件设计。

6.3.1　系统主程序设计

对一个单片机来讲,系统主程序主要包含两部分:初始化部分和主循环。一个典型的系统主程序框图如图6-3-1所示。

初始化部分完成各种硬件和软件系统的初始化。硬件初始化包括定时器初始化、ADC初始化、PWM初始化、UART初始化等,并开启全局中断。定时器初始化主要设定系统控制周期,一般设置控制周期为20ms左右;ADC初始化完成ADC通道设置、ADC时钟设置、数据对齐设置等工作,由于ADC转换速度较快,可以采用查询方式完成ADC转换;PWM初始化完成PWM时钟设置、PWM频率设置、初始占空比设置和PWM输出使能等工作,对于电机控制,一般设置PWM频率为10kHz左右;如果小车要完成与上位机通信,还需要进行UART初始化,完成波特率、停止位、校验位等通信协议的设置。软件初始化主要设置各种全局变量的初值,保持系统运行环境的一致性。硬件初始化的相关内容请参阅前面各章中的介绍。

主循环部分检查各种事件标志,如果需要对某个事件进行响应,则执行相应的响应程序。在主循环中,需要定时完成数据采集、控制运算和控制输出,这是系统最核心的响应内容,因此对定时中断的响应是主循环中最重要的程序。为了简明起见,图6-3-1中的主循环中没有画出对其他事件例如通信信号等的响应。

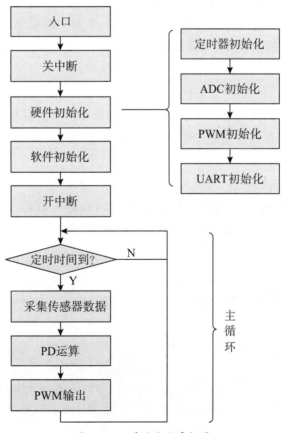

图6-3-1　系统主程序框图

⟫ 6.3.2 转向控制算法

在 5.7 节"综合设计二：直流电机速度反馈控制"中我们已经接触了比例控制（P 控制）和比例积分控制（PI 控制）。P 控制和 PI 控制都是 PID 控制的特例。所谓 PID 控制，是比例（Proportional）积分（Integral）微分（Differential）控制的缩写。顾名思义，PID 控制算法是结合比例、积分和微分三种环节于一体的控制算法，它是连续系统中技术最为成熟、应用最为广泛的一种控制算法。PID 控制的实质就是根据输入值与给定值的偏差，按照比例、积分、微分的函数关系进行运算，运算结果用以控制输出。

比例反映了控制系统的偏差信号（测量值与给定值之差），偏差一旦产生，立即产生控制作用以减小偏差。比例控制器的输出值与输入值（偏差）成正比，能迅速对偏差反映，从而减小偏差。

积分环节的主要作用是使系统测量值最终达到给定值。但积分作用太强会使系统振荡，造成系统的不稳定。

微分环节能对偏差的变化趋势产生反应，并能在此偏差变得太大之前，在系统中提前引入一个修正量，从而减小调整时间，具有预判性。

在转弯处，往往 ADC 采集的电磁信号会大幅度变化，使得电磁信号的 ADC 采集值与预期给定值的偏差及其变化非常大。在这种情形下，PI 控制无法做出快速的调整，而 PD 控制不仅能据偏差作出及时调节反应（即比例控制作用），还可以根据偏差的变化提前给出较大的控制作用（即微分控制作用），使得系统能快速反应。

PD 控制的计算公式：

$$u(k) = K_P e(k) + K_D [e(k) - e(k-1)] \qquad (6-3-1)$$

式中，$u(k)$ 为当前时刻控制量输出；$e(k)$ 为当前时刻测量的方向偏差，可以使用两路 ADC 的测量信号输入之差，也可以使用差比和计算，如 6.2.2 节所述；$e(k-1)$ 为上一采样时刻测量的方向偏差；K_P 为比例系数；K_D 为微分系数。

$u(k)$ 的输出为方向控制量，可以认为与左右轮转速之差成正比，如果设定转速对应的 PWM 输出为 u_0，则左右轮 PWM 输出分别为 $u_0 + u(k)$ 和 $u_0 - u(k)$。当然，考虑到各个环节的方向规定，这两个输出也可能使用其相反数。

参考 PD 控制程序如下：

```
float PD_Control( float left, float right)      //左右传感器测量值
{
    static float last_error=0;                  //上一时刻偏差
    float error;                                //当前时刻偏差
    uint8_t ul,ur                               //左右轮 PWM 占空比
    error[0]= (left-right)/(left+right);        //差比和计算方向偏差
    uk = Kp*error+ Kd*(error–last_error);//PD 公式
```

```
ul = u0 − uk; ur = u0 + uk;
if(ul>=100) ul=100;                //输出限幅
if(ul<=0) ul=0;
if(ur>=100) ur=100;
if(ur<=0) ur=0;
PWM_SetDuty(PWM0, ul);            //左轮PWM输出
PWM_SetDuty(PWM1, ur);            //右轮PWM输出
last_error=error;                //保存当前偏差
}
```

在上面的程序中,参数 K_p 和 K_d 为程序中的全局变量,小车速度对应的PWM输出u0也是在全局变量中指定,没有在函数中声明。函数中声明了变量 last_error用于保存当前时刻偏差至下一采样时刻,故声明为static。

6.4　调试经验与技巧

当硬件和软件设计完成后,需要经过系统调试才能得到一个功能齐全、性能优异的自主循迹智能车。智能车快速稳定运行离不开逻辑严谨的程序和合理的参数。通过调试可以使程序更加完善,运行稳定性更高,速度更快。

实践出真知,在智能车调试过程中要注重实践,仔细观察和调整参数,反复试错,直到得到最优的结果。在调试过程中,适当利用一些调试工具,不但有助于加快调试过程,而且能够加深对系统的理解。

1.善于利用按键与显示

在实际智能车比赛时,遇到的赛道可能和原先训练时的赛道有较大差别,需要修改参数以适应赛道的变化。智能车比赛时间非常紧张,通过修改程序来修改参数非常不方便,效率低下。在这种情况下,建立一套简易的人机交互系统至关重要。

在人机交互系统中,可以通过按键结合显示来对参数进行修改。这些参数可能是PID调节系数,也可能是设定的期望速度或者其他参数。最好是建立一种简易的菜单处理程序实现参数的调整和保存。如果要保存参数,就要涉及 FLASH 和 EEPROM 的操作了,本书中并没有对此展开,感兴趣的读者可以尝试参考数据手册加以了解和掌握。

2.善于观察数据

自主循迹智能车的数据可以分成三类:传感器数据、输出值和中间变量。

传感器数据是指通过传感器所获取到的原始数据,主要是观察传感器是否能正常工作,将小车放在导线中间时,看看左右两个电感的采样值是不是差不多。如果传感器得到的数据值正常,电机疯转就得观察输出值和中间变量是否正确。

输出值指的是通过PID计算出来的值,用来控制电机或者舵机的值。中间变量一般是指传感器原始数据计算成输出值中间的某些变量值。如果观察到所有数据都挺正常,但是小车还不能正常运行,一般要仔细看看数据类型是否正确,再看看数据是不是溢出了。

3.善于使用上位机

数码管和OLED显示只能显示出一些瞬时的值,但是小车是一个系统,调试时需要观察一些变量的动态变化过程,这时就要用到上位机了。

上位机的概念来自计算机集散控制系统。在计算机集散控制系统中,根据在系统中的作用不同,计算机分为不同的级别。与现场设备发生直接关系,实现基本数据采集和控制的计算机是下位机;用来控制下位机,给下位机下达命令的计算机是上位机。若集散控制系统较大,计算机的级别可能不止两级,还可能有级别更高的上位机执行管理和控制功能。一般智能车比赛中,上位机功能就是来观察数据,通过观察设定值和实际值的曲线,看看系统的跟随性能如何,再决定如何调参数。

图6-4-1是一款在智能车比赛中常用的上位机调试界面,可以显示串口接收到的数据和变化曲线,也可以向下位机发送命令。小车中的数据可以通过蓝牙传到电脑上位机中,通过曲线来观察一些数据的变化,对调试非常有帮助,一定要好好地使用上位机。一些问题靠人为主观臆断是解决不了的,一定要用科学的评估方法去思考和判断。

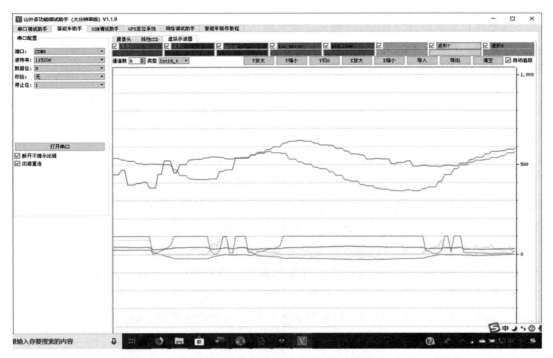

图 6-4-1 山外多功能上位机调试界面

附录　本书用到的头文件及其源代码——

1.STC8.H

这是几乎所有程序都要包含的头文件,其定义了STC8系列单片机内部所有的特殊功能寄存器及其位定义。该文件可以通过STC_ISP程序自动生成,也可以在按照3.3.1节将Keil软件添加STC芯片支持后,在Keil安装目录下的\C51\INC\STC文件夹中找到。限于篇幅所限,本书就不列出其源代码了。

2.stdint.h

这也是几乎所有程序都要包含的头文件,为常见的整型数定义了别名。之所以这样做,是为了将来程序移植的方便,特别是在以ARM为代表的32位单片机中广泛使用了这些别名。

```
#ifndef STDINT_H_
#define STDINT_H_
typedef unsigned char uint8_t;
typedef signed char int8_t;
typedef unsigned int uint16_t;
typedef signed int int16_t;
typedef unsigned long uint32_t;
typedef signed long int32_t;
#endif
```

3.Timer.h

Timer.h文件定义了定时器0和定时器1的初始化函数的原型。定时器0定义了以us为单位的溢出时间(当系统时钟12MHz,定时器时钟为系统时钟的12分频)。Timer.h文件还定义了简单任务管理的高频周期性任务和低频周期性任务,其实现代码请参考4.3.3例程二。该头文件和对应的源文件在后续许多例子中有使用。

```
#ifndef TIMER_H_
#define TIMER_H_
void TaskHighFreq(void);
void TaskLowFreq(void);
void Timer0Init(uint16_t us);
void Timer1Init(void);
uint16_t GetPulseNum(void);
uint32_t GetSysTime(void);
#endif
```

4.Led7Seg.h

Led7Seg.h 文件定义了七段数码管的刷新函数和写入函数的原型,书中用到数码管显示的程序都需要包含此文件。刷新函数 Led7Seg_Flush 在定时器服务程序中调用,其调用周期是大约 5ms。Led7Seg_WriteNum 将要显示的数据写入缓冲区;Led7Seg_WriteCode 直接将显示码写入缓冲区。

```
#ifndef LED7SEG_H_
#define LED7SEG_H_
void Led7Seg_Flush(void);
void Led7Seg_WriteNum(uint8_t * NumBuf);
void Led7Seg_WriteCode(uint8_t * CodeBuf);
#endif
```

5.UART.h

UART.h 文件定义了 UART 初始化和读写函数的原型,书中用到串行通信的程序都需要包含此头文件。这些函数的实现在 UART.c 中,参考代码见 4.4.4 节。在使用中要注意,UART.c 文件中占用定时器 1 作为波特率发生器,定时器 2 作为接收超时判断。

```
#ifndef UART_H_
#define UART_H_
void UART_Init(void);
uint8_t UART_Read(uint8_t *Buf);
uint8_t UART_Write(uint8_t *Buf, uint8_t Num);
#endif
```

6.StepMotor.h

StepMotor.h 文件用于 4.5 节步进电机的控制。头文件中定义了步进电机控制参数结构体 Motor_Control_Param。此外,文件定义了马达控制函数 Motor_Control,还定义了一个定时器控制函数 SetTimerValue,来产生需要的延时。

```
#ifndef STEPMOTOR_H_
#define STEPMOTOR_H_
typedef struct
{
    uint16_t Angle;          //电机转角
    uint8_t Dir;             //电机转向
    uint16_t Speed;          //电机转速
}Motor_Control_Param;
void SetTimerValue(uint16_t SetValue);
void Motor_Control(Motor_Control_Param *ObjectParam);
#endif
```

7.EPWM.h

EPWM.h 文件用于 5.2 节中 PWM 波形的产生,包括单路 PWM 输出和带有死区的 PWM 双路输出。注意,在 EPWM.c 文件中,单路 PWM 用的是 PWM0,双路输出用的是 PWM0 和 PWM1,如果使用其他的 PWM 输出,要修改响应的程序。

```
#ifndef EPWM_H_
#define EPWM_H_
void ePWM_Init(uint16_t Freq, uint8_t Duty);
void ePWM_SetDuty(uint8_t Duty);
void ePWM_Dual_Init(uint16_t Freq, uint8_t Duty, uint16_t DeadZone_us);
void ePWM_Dual_Set(uint16_t Freq, uint8_t Duty, uint16_t DeadZone_us);
#endif
```

8.ADC.h

ADC.h 文件用于 5.1 节中 ADC 相关操作函数,提供了 ADC 初始化函数和查询方式 ADC 转换结果读取 ADC_Polling 以及中断方式 ADC 转换结果读取函数 ADC_Read。

```
#ifndef ADC_H_
#define ADC_H_
```

```
void ADC_Init(uint16_t ChannelSel);
uint16_t ADC_Polling(uint8_t Ch);
void ADC_Start(uint8_t Ch);
uint16_t ADC_Read(uint8_t Ch);
#endif
```

9.PCA.h

PCA.h文件用于5.3节PCA相关的操作,包括PWM功能和输入捕获功能。

```
#ifndef PCA_H_
#define PCA_H_
void PCA_PWM_Init(void);
void PCA_PWM0_SetDuty(uint16_t Duty);
void PCA_PWM1_SetDuty(uint16_t Duty);
void PCA_PWM2_SetDuty(uint16_t Duty);
void PCA_PWM3_SetDuty(uint16_t Duty);
uint16_t PCA_Capture_GetSpeed(void);
void PCA_Capture_Init(void);
#endif
```

10.SPI.h

SPI.h文件用于5.4节SPI相关的操作,包括PWM功能和输入捕获功能。例程中仅仅实现了对SPI从设备的写操作。

```
#ifndef SPI_H_
#define SPI_H_
void SPI_Master_Init(uint8_t Mode, uint8_t Clk);
uint8_t SPI_Master_Write(uint8_t *buf, uint8_t len);
#endif
```

11.MCP41.h

MCP41.h文件用于5.4节数字电位器相关的操作,由于其调用了SPI相关功能,因此在使用时必须同时包含SPI.h。

```
#ifndef MCP41_H_
```

```
#define MCP41_H_
void MCP41_Init(void);
void MCP41_SetValue(uint8_t Value);
#endif
```

12.IIC.h

IIC.h文件用于5.5节I²C主设备和从设备相关的操作,主要定义了主设备相关的函数。

```
#ifndef IIC_H_
#define IIC_H_
void IIC_Slave_Init(uint8_t DevAddr);
void IIC_Master_Init(void);
void IIC_Master_Wait();
void IIC_Master_Start();
void IIC_Master_SendData(char dat);
void IIC_Master_RecvACK();
char IIC_Master_RecvData();
void IIC_Master_SendACK();
void IIC_Master_SendNAK();
void IIC_Master_Stop();
#endif
```

13.DAQ_IIC.h

DAQ_IIC.h文件用于5.5节一个虚拟的I²C主设备和从设备相关的操作,由于其调用了I²C相关功能,因此在使用时必须同时包含IIC.h。

```
#ifndef DAQ_IIC_H_
#define DAQ_IIC_H_
void DAQ_IIC_Init(void);
uint16_t DAQ_IIC_Read_Ch(uint8_t Ch);
void DAQ_IIC_Read(uint16_t *Buf);
#endif
```

后 记

　　终于完稿了。这本教材首先是为了满足浙江科技学院电子设计特色班的教学需要而编写的,没想到从2017年开始,断断续续竟然写了五年之久。

　　浙江科技大学电子设计特色班是从2016年开设的。在此之前,是从2012年开始的电子竞赛培训班。2016年,教务处开始了特色班的建设,在原来电子竞赛培训班的基础上,增加一些课程,成立了电子设计特色班。特色班以培养学生创新能力为导向,以学科竞赛为依托,以理论与实践结合为原则,取得了令人瞩目的成绩。特色班学员在全国大学生智能汽车竞赛、电子设计大赛和机器人创意大赛中都取得了不俗的成绩,不少学员考取全国知名高校研究生,就业同学也具有不错的就业竞争力,在国内外知名企业中就职。

　　在特色班培养中,单片机和嵌入式系统是很重要的一门课。2014年安吉校区开办之初,在时任电气学院院长何致远教授的大力帮助下,笔者开始在安吉校区为大一学生开设单片机培训,从那时开始就一直酝酿编写一本关于单片机的教材。从某种意义上讲,单片机是不需要教材的,只要掌握了基本原理,唯一需要的资料就是用户手册或数据手册。但是,刚刚脱离高中教学方式的大学生,对教材的依赖明显高于高年级学生。而现有的单片机教材基本上都是建立在学生理解数字电子技术和模拟电子技术基础之上的,对大一学生来讲有一定难度。

　　虽然酝酿了很长时间,但是一旦执笔才发现自己低估了编写教材的困难。内容和材料的取舍,文字的组织和斟酌,图表的绘制和编辑,例程的编写与调试,都是费劲的事情。开始选择的单片机芯片是STC15系列,后来干脆改成了STC8系列,好在也不着急出版,就一点一点编写下去。2020年,申请了学校新形态教材编写项目,因为有时间节点的压力,这才加快了写作进度,把一些原来没有写好的地方补充进去。

　　一本介绍技术的好书,应该是深入浅出的,既能让读者学起来简单,又要有一定的深度。这就像一个跷跷板,维持平衡是相当困难的。本书在编写时力求做到这点,但是谈何容易。书写完之后,仍有不甚满意的地方。读者有什么意见或建议,不妨告知笔者,如果有再版的机会,笔者一定会多加考虑。

　　如果读者对本书有任何建议、疑问或要求,请加入QQ群:767213113,笔者将随时在群中与感兴趣的读者交流。

编　者

2023年6月